普通高等教育"十一五"国家级规划教材

建筑力学(下册)

（第二版）

罗　奕　主　编
赵凤婷
沈建康　副主编
苏铁坚
常伏德　主　审

人民交通出版社

内 容 提 要

本书为普通高等教育"十一五"国家级高职高专规划教材。

本书共三篇,分上、下两册。

下册为第三篇,共六章内容,主要介绍平面体系的几何组成分析、静定结构的内力分析、静定结构的位移计算、力法及其应用,位移法和力矩分配法、影响线等。

本书为高职高专土建类专业使用教材,亦可供成人高校及工程技术人员使用。

图书在版编目(CIP)数据

建筑力学(下册)/罗奕主编.—2版.—北京:人民交通出版社,2008.8

普通高等教育"十一五"国家级规划教材

ISBN 978-7-114-07233-8

Ⅰ.建… Ⅱ.罗… Ⅲ.建筑力学—高等学校:技术学校—教材 Ⅳ.TU311

中国版本图书馆CIP数据核字(2008)第090398号

普通高等教育"十一五"国家级规划教材

书　　名:建筑力学(下册)(第二版)

著 作 者:罗　奕

责任编辑:卢仲贤　王　霞

出版发行:人民交通出版社

地　　址:(100011)北京市朝阳区安定门外外馆斜街3号

网　　址:http://www.ccpress.com.cn

销售电话:(010)59757973

总 经 销:人民交通出版社发行部

经　　销:各地新华书店

印　　刷:大厂回族自治县正兴印务有限公司

开　　本:787× 1092　1/16

印　　张:11

字　　数:272千

版　　次:2003年8月 第1版

　　　　　2008年8月 第2版

印　　次:2020年8月 第7次印刷　总第11次印刷

书　　号:ISBN 978-7-114-07233-8

定　　价:53.00元(上、下共二册)

第二版前言

本教材第一版系根据教育部高教司高职高专处关于加强高职教学基本建设的指示精神和高等职业教育专门课教材建设开发指导委员会的要求编写而成，于2003年出版。

教育部2006年8月将本教材列入普通高等教育“十一五”国家级规划教材。为此，我们对教材作了修订和部分改写，对一些章节作了调整，充分体现高等职业教育的教学要求，使教材更具有针对性和实用性，注重学生基本素质、基本能力的培养，力求在内容上、形式上更加贴近实际。

本次修订工作由吉林交通职业技术学院罗奕任主编，辽宁交通高等专科学校赵凤婷、徐州建筑职业技术学院沈建康任副主编，辽宁交通高等专科学校王颀、鲁东大学土木工程学院郭兰英参加编写。长春工程学院常伏德教授、吉林建筑工程学院苏铁坚教授主审。其中，第一章、第二章、第三章、第四章、第五章、第六章由赵凤婷编写；第七章、第八章、第九章、第十章、第十一章、第十二章、第十三章由罗奕编写；第十四章、第十五章、第十六章由王颀编写；第十七章、第十八章由郭兰英编写；第十九章、第二十章、第二十一章、第二十二章由沈建康编写。

限于编者水平，书中不妥之处，恳请批评指正。

编　者

2008年3月

第一版前言

本教材系根据教育部高教司高职高专处关于加强高职教学基本建设的指示精神和高等职业教育专门课教材建设开发指导委员会的要求编写而成。

本教材的编写力求突出高职高专特点，因此，在内容的选取和体系的安排上，特别注意体现高职教材“运用为主，够用为度”的编写原则，突出彰显了基础理论在应用方面的内容。教材一方面照顾到传统性，将全书分为三篇，上册为静力学、材料力学，下册为结构力学；另一方面又按照建筑力学的统一性，对内容作了调整与选择，尽最大的可能使教材符合工程建设实际的需要。在教材内容的表述方面，力求做到清晰、简练，避免不必要的繁琐论证和叙述，着重讲清基本概念和基本理论的内涵及各部分内容在应用上的特点和方法，提高解决工程中常见的基础性力学问题的能力。为便于学习、复习巩固、掌握要点，本教材在各章末均有小结，并选配有足够数量的例题和习题。

本教材由吉林交通职业技术学院罗奕主编，徐州建筑职业技术学院沈建康，成都航空职业技术学院冯光灿，内蒙古大学职业技术学院李万龙为本教材副主编。吉林建筑工程学院苏铁坚教授主审。其中，绪论、第一章、第二章、第三章、第四章、第五章、第六章由吉林交通职业技术学院罗奕编写；第七章、第八章、第九章、第十章、第十六章由内蒙古大学职业技术学院李万龙编写；第十一章、第十二章、第十三章、第十四章、第十五章、第十七章、第十八章由成都航空职业技术学院冯光灿编写；第十九章、第二十章、第二十一章、第二十二章、第二十三章由徐州建筑职业技术学院沈建康编写。

限于编者水平，书中不妥之处，恳请批评指正。

编　者

2002 年 6 月

编 写 说 明

《建筑力学》是提供建筑结构受力分析和计算理论依据的一门科学。在进入各种具体问题讨论之前,首先就建筑力学研究对象,基本任务及基本内容作一简介。

一、建筑力学的研究对象

建筑物中承受和传递力作用的物体都称建筑结构(简称结构),大的如整幢高楼。楼面上的人群、设备重量以及各部分构件自身的重量等等,这些作用在建筑物上的力和重量在工程上称为荷载。建筑物承受荷载而起骨架作用的部分称为结构,组成结构或机械的单个部分则称为构件或零件。对土建类专业来讲,建筑力学主要研究对象就是组成结构的构件和构件体系。

二、建筑力学的主要内容和任务

承受和传递荷载的建筑结构构件,在荷载作用下,一方面会引起周围物体对它的反作用,例如一根受荷载作用的梁,搁在柱子上,梁对柱子有作用力,而柱对梁起支承力作用,这样,任何一个构件,在设计时首先需要弄清楚它们受到那些荷载的作用以及周围物体对它们有些什么反作用力;另一方面,当构件受到各种作用力的同时,构件本身发生变形,并且存在着破坏的可能,但结构构件本身是具有一定的抵抗变形和破坏能力的,即有一定的承载能力,这种承载能力的大小与构件的材料性质、截面几何形状及尺寸、受力性质、工作条件、构造情况等有关。在结构设计中,如果把构件截面设计得过小,构件承载能力小于所受的荷载,则结构不安全,因变形过大不能正常工作或破坏;如果把构件截面设计得过大,构件承受能力过分大于所受荷载,则用料过多,又会不经济。这样就需要对任何一个结构或构件的承载能力进行计算,以使所设计的结构既安全又经济。

建筑力学将以上这些内容分为静力学、材料力学、结构力学三部分来讨论。其中静力学,主要研究力之间的平衡关系并应用到结构的受力分析中;材料力学,主要研究构件受力后发生变形时的承载能力问题;结构力学,主要研究构件体系的承载能力,分析不同形式和不同材料的构件体系,为工程设计提供分析方法和计算公式。

在以上三部分内容中,静力学是建筑力学中有关力的基本规律,材料力学、结构力学则是各种构件及结构计算的基础理论。

综上,建筑力学的任务是:研究各种建筑结构或构件在荷载作用下的平衡条件以及承载能力。

建筑力学

（下册）

目　　录

第三篇　结构力学

第三篇 结构力学

引 言

建筑物中支承荷载、传递荷载并起骨架作用的部分叫做结构，如单层工业厂房中的基础、柱、屋架通过相互联结而构成的厂房的骨架，民用建筑中由梁、板、柱、基础等组成的框架，挡土墙、水池等。材料力学研究单个构件的强度、刚度和稳定性问题，结构力学则研究由构件所组成的体系的组成规律和合理形式以及结构在外因作用下的强度、刚度和稳定性的计算原理和计算方法。

实际结构很复杂，完全按照实际结构进行力学分析是不可能的，因此在对实际结构进行力学计算之前，常将实际结构进行简化，用一个简化的图形来代替实际结构。这种图形叫做结构的计算简图。

结构的简化包括构件的简化、结点的简化和支座的简化。

1．构件的简化

构件是指结构中的单个物体。一般情况下，构件的大小不同，形状各异。为便于研究，通常将构件分为杆、板(壳)、块体三类。

构件分类的方法，通常视构件在三个互相垂直方向的尺寸相对大小而定。

杆：一个方向尺寸比另外两个互相垂直且相差不大的尺寸大很多的构件。

板：一个方向的尺寸比另外两个互相垂直方向的尺寸小很多的构件。

块体：三个方向尺寸相差不大的构件。

对于以上三类构件，不同力学学科研究的对象不尽相同。材料力学主要研究杆，研究杆的强度、刚度、稳定计算；结构力学主要研究由杆件组成的结构；弹性力学除对杆件进行更精确的分析外，同时研究板、块体等非杆件的结构。当然，各力学学科之间不是绝对无关，而是相互关联、相互渗透的。

结构力学研究的对象是主要由杆件形成的结构。按其形成特性和受力特点，有如下几种结构形式，即梁、刚架、拱、桁架、组合结构、悬索结构，如图绪-1a)～f)所示。

2．结点的简化

杆件相互联结处称为结点。根据联结和受力特点，通常将结点简化为铰结点和刚结点。

铰结点的特征是交于结点处的所有杆端有相同的线位移，各杆端不存在任何方向的相对位移，但各杆可以互不影响的绕铰结中心自由转动，结构变形时，结点处各杆端转角各不相同。因此铰结点只能引起各杆端的轴力和剪力，不会引起弯矩。图绪-2 所示为一木屋架的结点构造，被联结的Ⅰ、Ⅱ两杆虽然不能绕联结点任意转动，但由于联结不可能理想的牢固，仍存在微小的相对转动，因此仍将该联结看成为铰结，其简图如图绪-2b)所示。

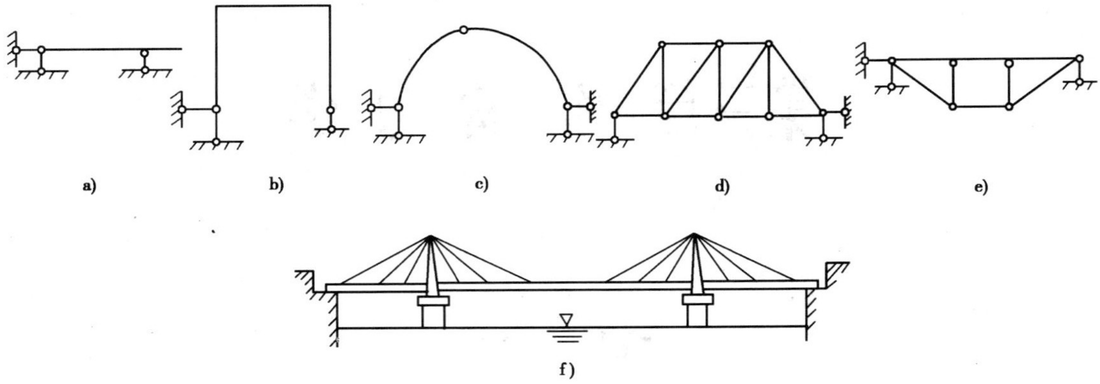

图绪-1

刚结点特征是各杆杆端相互牢固的联结在一起，各杆杆端有相同的线位移，但不能沿任何方向产生相对移动，也不能相对转动。因此刚结点对杆端具有相对转动的约束力存在，从而各杆端除产生轴力、剪力之外，还存在弯矩。此外，结构变形时，刚结点处的各杆杆端转角均相同。图绪-3a)表示的梁、柱联结的情形。事先将钢筋联结好，再用混凝土浇筑成整体，在联结处形成刚结点。图绪-3b)是刚结点简图，图绪-3c)表示了汇交于刚结点各杆杆端转角相同的情形。

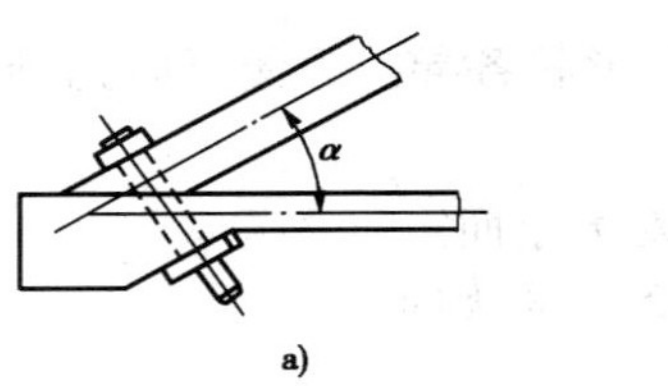

图绪-2

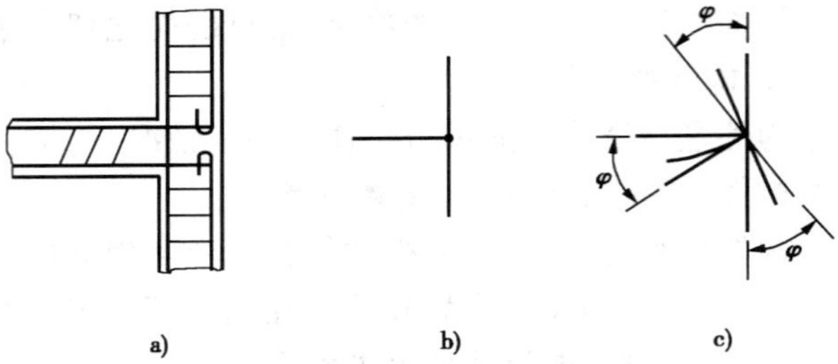

图绪-3

3. 支座的简化

把结构和基础联系起来的装置称为支座。常见支座形式有如下几种。

(1)活动铰支座　例如桥梁中的辊轴支座、摇轴支座，如图绪-4a)、b)所示。这种支座只能限制与梁联结处沿与支承面垂直的方向移动，不能限制与支承面平行方向的移动(因为支座可以沿支承面微小移动)。所以，这种支座对梁的作用力——支座反力的方向已知，总是和支承面相垂直。根据这一特点，活动铰支座的计算简图如图绪-4c)所示。

(2)固定铰支座　这种支座构造简图如图绪-5a)、b)所示。其特点是限制梁端沿任何方向移动，所以支座反力 R_A 方向是未知的。但不论沿什么方向，均可用它的两个分力 X_A、Y_A 取代，这种支座的计算简图如图绪-5c)所示。

(3)固定端支座　例如嵌入墙内的杆件，嵌入部分足够长且十分牢固以致使杆端既不能沿任何方向移动，也不能转动，则为固定端支座如图绪-6a)所示。这种支座的计算简图及支座反力如图绪-6b)所示。

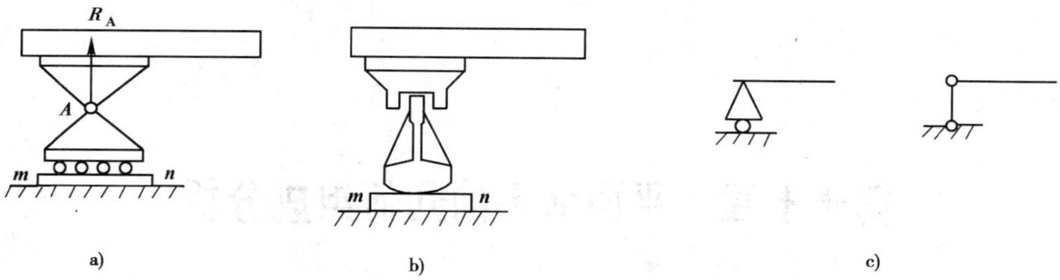

图绪-4

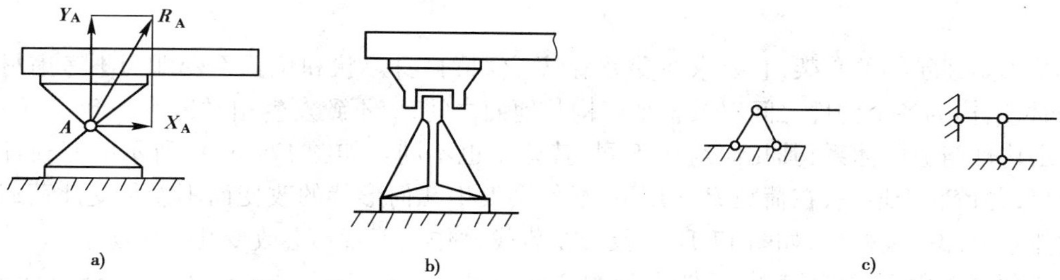

图绪-5

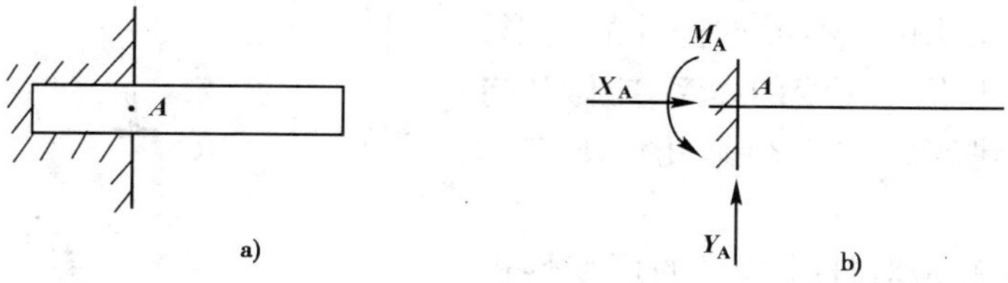

图绪-6

（4）滑动支座（又称定向支座） 其结构简图如图绪-7a）所示。这种支座限制梁端 A 沿图示铅垂方向移动和限制梁端绕 A 点转动，不能限制水平方向的移动。其计算简图及支座反力如图绪-7b）、c）所示。

图绪-7d）也是滑动支座的简图，它能限制梁 A 端沿图示水平方向移动和限制梁绕 A 点转动，不能限制沿铅垂方向移动，其计算简图和支座反力如图绪-7e）所示。

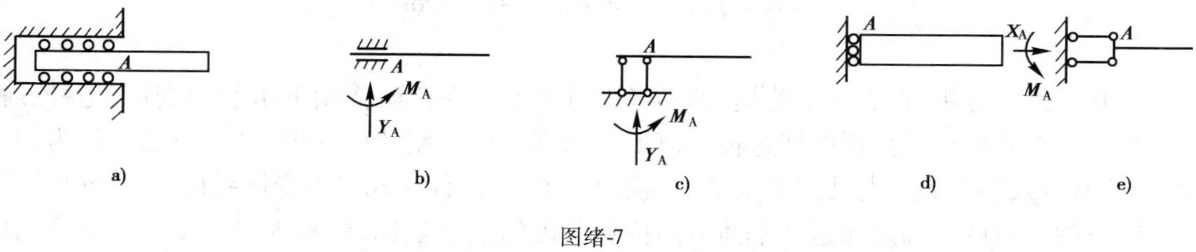

图绪-7

荷载：荷载是作用在结构上的主动力，如结构自重、风压、水压、人群、设备的重力等等。荷载按作用的时间长短分为恒载和活载。恒载又称永久荷载，是长期作用在结构上的不变荷载；活载又称为可变荷载，是临时作用在结构上的荷载；有些荷载在结构上的作用位置是移动的，称为移动荷载，如吊车等。荷载按作用范围和分布情况，简化为分布荷载和集中荷载。分布荷载是指连续分布在结构某一部分上的荷载，又分为均布荷载和非均布荷载。集中荷载是指作用在结构上某一点处的荷载，当实际结构上分布荷载的受载区域尺寸远小于结构尺寸时，为了计算简便，可将此区域内分布荷载的总和视为作用在区域内某一点上的集中荷载。

第十七章　平面体系的几何组成分析

§17-1　几何组成分析的目的

结构是建筑物的骨架,它要求在受力情况下保持自身形状和位置不变即当不考虑材料的应变时,结构的各个构件之间以及整个结构与地面之间,应不致发生相对运动。

由构件组成的体系,其几何组成不同,其体系也不同。如图17-1a)中所示的三根杆件相互铰接,并铰联于地基,在荷载P作用下,显然会发生几何形状的改变而不能承受此荷载。如在此体系上加一根杆件,如图17-1b)所示,在荷载P作用下就不会改变几何形状了。

在荷载作用下,如不考虑杆件本身的变形,能够保持几何形状和位置不变的体系,叫做**几何不变体系**。在荷载作用下,不考虑杆件的变形,不能保持几何形状和位置不变的体系,叫做**几何可变体系**。显然,建筑结构必须是几何不变体系。

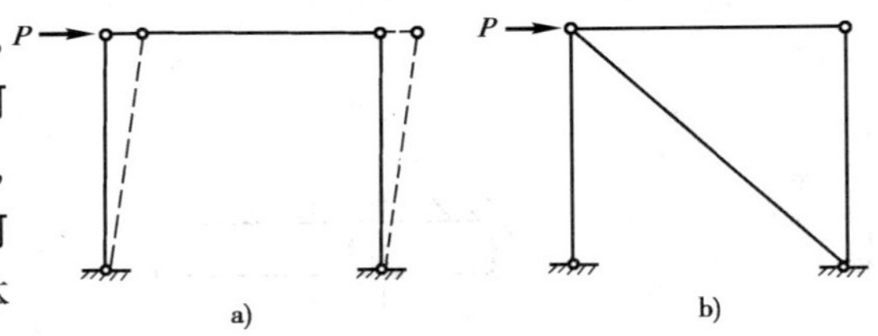

图　17-1

几何组成分析就是对杆件体系的可变性进行分析,即对杆件体系的几何组成进行分析,以判定体系是几何不变体系还是几何可变体系。

进行几何组成分析的目的:

(1)判别某一体系是否几何不变,从而决定它能否作为结构使用。

(2)研究几何不变体系的组成规则,以保证所设计的结构是合理的。

(3)区分静定结构和超静定结构,从而采用不同的计算方法计算结构的内力。

§17-2　自由度和约束

在几何组成分析时,有一个前提,即不考虑材料本身在荷载作用下引起的变形,把杆件视为刚性的。在几何组成分析中把这种几何不变的部分称为刚片。一根梁、一根柱可视为一个刚片;地基以及整个大地是几何不变的,可视为一个刚片;任一几何不变体系也是一个刚片。

体系的自由度　确定体系在平面内的位置所需的独立坐标,简称为自由度。在平面内的一个动点A,它的位置要由两个坐标x和y来确定,见图17-2a),它的自由度是2。平面内的一个刚片要固定它的位置,首先要用两个坐标x、y固定刚片上的任一点A,再固定刚片上任一直线AB的倾角α,则此刚片在平面的位置就完全固定下来,见图17-2b)。因此,一个刚片在平面内的自由度是3。

约束　是体系中杆件之间或体系与基础之间的联结装置。在刚片加上约束,它的自由度将会减少。凡能减少一个自由度的装置称为一个约束。在各刚片之间加入足够的约束且位置适当,就能使刚片与刚片之间不可能发生相对运动,从而形成几何不变体系。

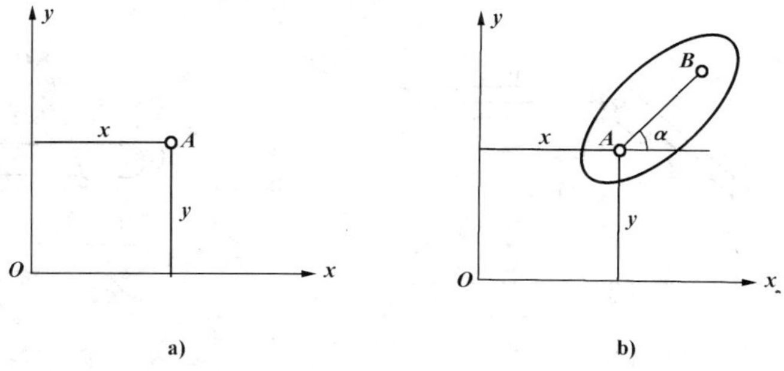

图　17-2

常见的约束装置有链杆、铰和刚性联结。

链杆只限制与其联结的刚片沿链杆方向移动，因此一个链杆相当于一个约束，能使体系减少一个自由度。在图 17-3 中，通过逐个增加链杆的数目，可以看出刚片的自由度的减少。

单铰　联结两个刚片的铰称为单铰。如图17-4，独立的两个刚片的自由度总数为 6，用单铰将两个刚片联结起来以后，刚片 I 仍需用三个独立坐标 x、y、α_1 来确定，它的自由度仍是 3，刚片 II 则只能绕 A 点转动，只需一个独立坐标 α_2 就可完全确定其位置，这时，由刚片 I 和刚片 II 所组成的体系的自由度是 4。所以，用一个铰将两个刚片联结起来，将使自由度的总数减少两个，因此一个单铰相当于两个约束。

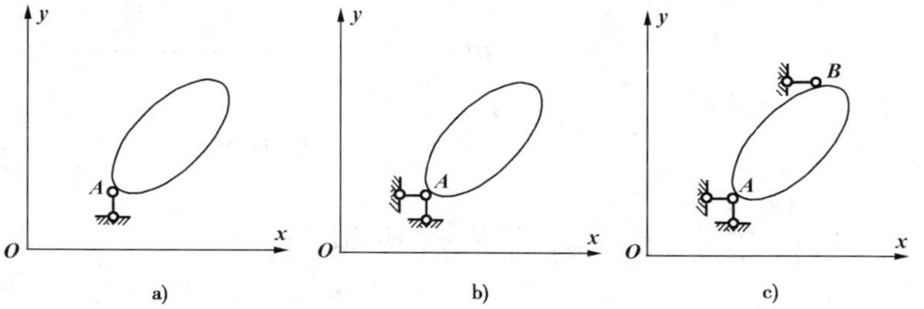

图　17-3

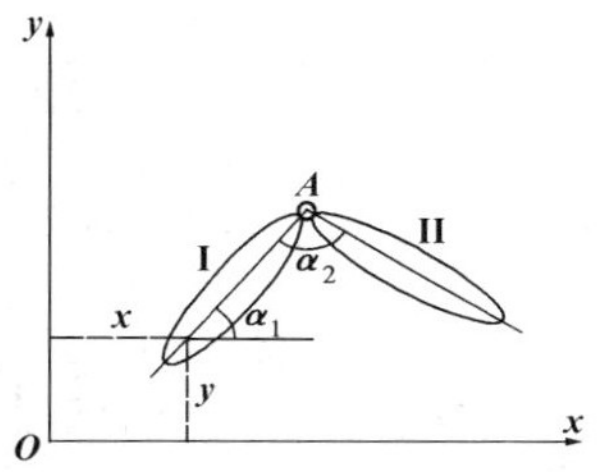

图　17-4

复铰　联结三个或多于三个刚片的铰称为复铰。如图 17-5 所示是三个刚片用铰 A 联结的情形。独立的三个刚片各三个自由度，用铰 A 联结后，如果将刚片 I 位置确定下来，刚片 II、III 都只能绕 A 点转动，从而各减少了二个自由度，整个体系只有五个自由度，减少了四个自由变，所以联结三个刚片的复铰相当于二个单铰。由此推知，联结 n 个刚片的复铰相当于$(n-1)$个单铰。

虚铰　图 17-6 所示刚片 I、II 用 AB、CD 两链杆相联结的情况。如果刚片 I 位置被确定，则刚片 II 运动时，链杆 AB 将绕 AB、CD 两链杆延长线相交的 O 点转动，B 点因此将沿着与 AB 杆垂直的方向运动；同理，D 点将沿着与 CD 杆垂直的方向运动。所以，刚片 II 将绕 O 点转动。我们把 O 点称为刚片 I、II 的相对转动瞬心。这种情况就相当于把两刚片在 O 点用一个铰相联结一样。因此，AB、CD 两链杆的作用相当于在其交点处的一个单铰，但这个铰的位置随着链杆的转动而改变，这种铰称为虚铰。

刚性联结　几个刚片十分坚固的联在一起，例如焊接在一起，称为刚性联接。固定支座和杆件间的刚结点都是刚性联结，图 17-7 所示，I、II 两个刚片在平面内共 6 个自由度，刚性联接后成为一个整体，刚片之间不能发生任何相对运动，整体的自由度只有三个，所以一个刚性联接相当于三个约束。

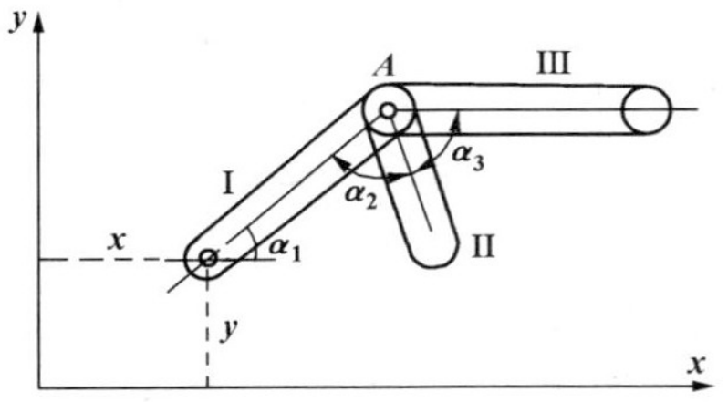

图　17-5

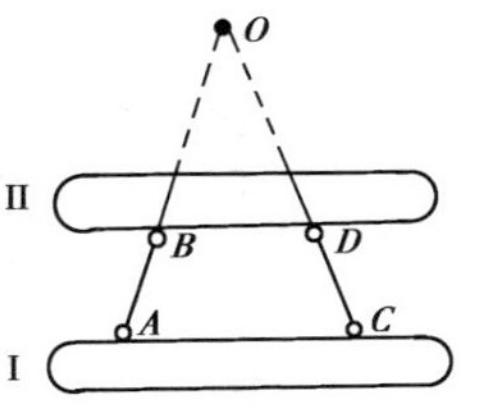

图　17-6

有时，在体系中加入约束并不能减少体系的自由度，这种约束称为多余约束。如在图17-8中，两刚片之间是刚性联结，已经不能再发生相对运动，这时，链杆1就是多余约束。

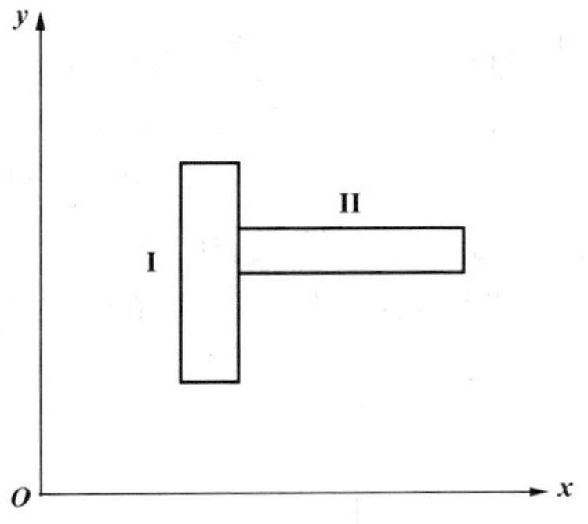

图　17-7

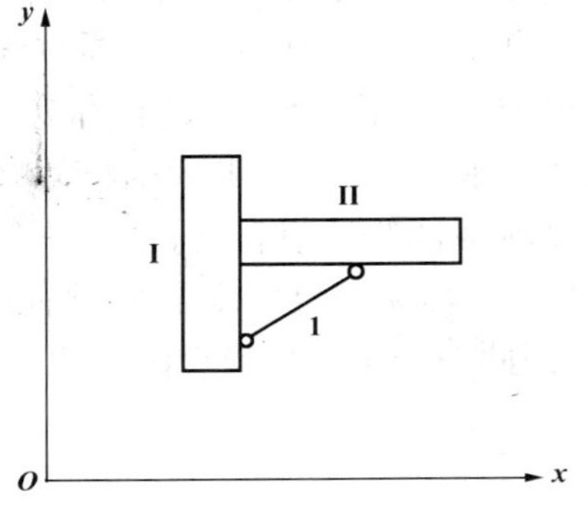

图　17-8

§17-3　几何不变体系的简单组成规则

一、几何不变体系的简单组成规则

1．两刚片的组成规则

平面中两个独立的刚片，共有六个自由度，如果将它们组成为一个刚片，应只有三个自由度。因此，应至少用三个约束相联，才可能组成一个几何不变体系。

(1) **两个刚片用一个铰和一根不通过此铰的链杆相连，组成的体系为几何不变体系，无多余约束。**如图17-9a)所示。

(2) **两个刚片用三根不完全平行也不全交于一点的链杆相连，则为几何不变体系，且无多余约束。**如图17-9b)所示。

2．三刚片的组成规则

平面中三个独立的刚片，共有九个自由度，而组成为一个刚片后便只有三个自由度。因此，在三个刚片之间应至少加入六个约束，才能组成几何不变体系。

三个刚片用不在同一直线上的三个单铰两两相联，则组成的体系是几何不变的，如图17-10所示。

3．二元体规则

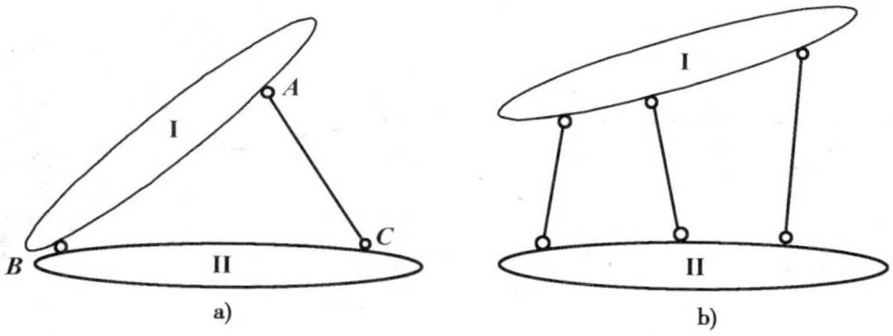

图　17-9

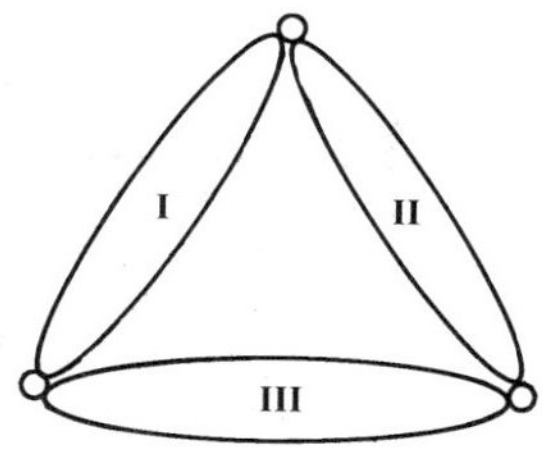

图　17-10

在体系几何组成分析中，**把用两根不在同一直线上的链杆联结一个新结点的装置称为二元体。** 如图 17-11 所示。

对于二元体，进行几何组成分析如下：刚片 I 原有三个自由度，增加一个点 A 将增加二个自由度，而这两个自由度恰好为新增加的两根不共线的链杆约束所减去，因此，在一个体系上增加一个二元体不改变原体系的自由度。同理，在一个体系上减去一个二元体也不改变原体系的自由度。二元体规则即：**在一个体系中增加一个或拆除一个二元，不改变原体系的几何组成性质，或：在一个几何不变体系上增加或减少一个二元体仍是几何不变的。**

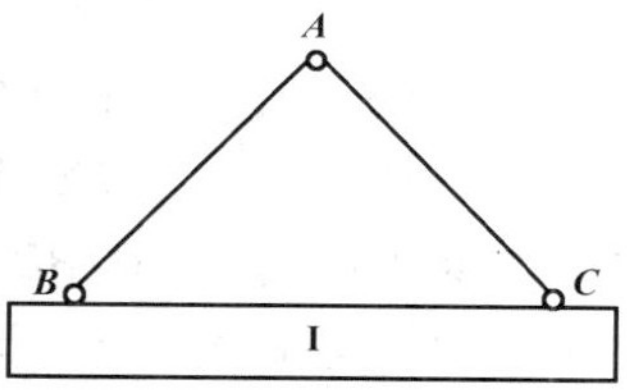

图　17-11

在进行几何组成分析时，先利用二元体规则拆除二元体，再对剩余部分进行分析，可以简化分析过程，所得结论不变。

二、瞬 变 体 系

用上述规则分析体系的组成时，都提出了一些限制条件，如要求联结两刚片的三根链杆不交于一点且不完全平行；联结三刚片的三个铰不在一条直线上；二元体结构中的两根杆不共线等。现在我们来研究当体系的组成不满足这些限制条件时，体系将如何变化。

如图 17-12a）所示，杆 AC、CB 和大地这三个刚片通过铰 A、B、C 两两相联，但这三个铰在同一直线上，不符合三刚片规则。在外力 F 作用下，两杆 AC 和 CB 可在 C 点做微小的运动，体系在这一瞬时是几何可变的。但 C 点经过微小位移变到 C'后，A、B、C、三个铰不再共线，C 点的位移也不能再续续增大，变成了几何不变体系。

这种本来是几何可变的体系，经过微小位移又变成几何不变的体系，叫做**瞬变体系**。瞬变体系不能作为结构使用。任何接近于瞬变体系的构造，也不允许出现在建筑结构中，因为当它受力时将可能出现很大的内力而导致破坏，或者产生过大的变形而影响使用。由图 17-12b）所示隔离体的平衡条件 $\sum F_y = 0$ 可得，$F_N = \dfrac{F}{2\sin\varphi}$。

因为 φ 是一无穷小量，所以

$$F_N = \lim_{\varphi \to 0} \frac{F}{2\sin\varphi} = \infty$$

可见，杆 AC、CB 将产生很大的内力和变形。因此，在工程中决不能采用瞬变体系。

须指出，瞬变体系也是一种几何可变体系，是可变体系中的一种特殊情况。为了明确和便于区别，我们将几何可变体系进一步分成常变体系和瞬变体系。一个体系即便受到极小的载荷作用，体系形状就会产生很大变化，体系内的物体将产生很大位移，这样的体系就是几何可

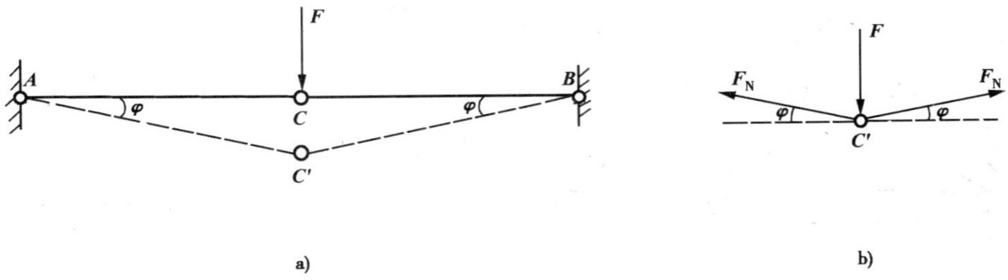

图 17-12

变体系中的常变体系,如图 17-1a)所示。

§17-4 几何组成分析示例

例 17-1 试对图 17-13 所示桁架结构作几何组成分析。

解 将 AB、AC、BC 看成三个刚片,它们用 A、B、C 三个铰两两相联成为一个几何不变体系。在此体系上增加二元体 BD、CD 后构成 $ABCD$,仍为几何不变体系,此体系和大地(刚片)再用三个不全平行也不全交于一点的链杆相联,所以整个体系为几何不变体系且无多余约束。

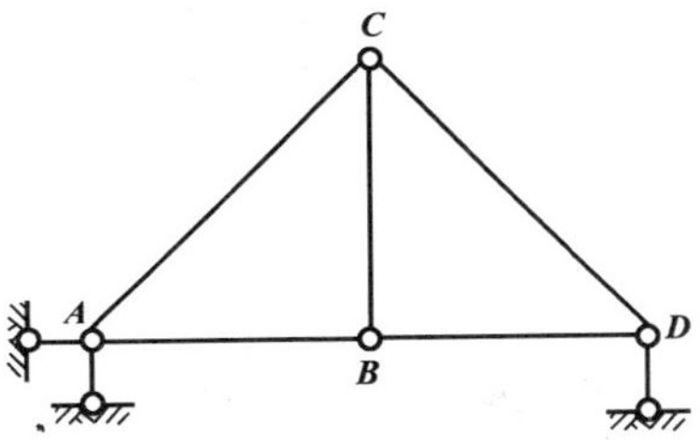

图 17-13

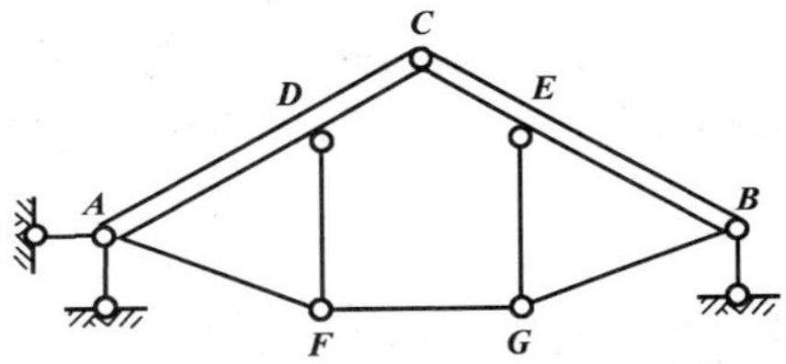

图 17-14

例 17-2 试分析图 17-14 中体系的几何组成。

解 在刚片 AC 上增加二元体 AF、DF;在刚片 CB 上增加二元体 BG、EG。左右两部分用铰 C 和不过铰 C 的链杆 FG 联结,形成一个大刚片。这个大刚片与大地用三根不全平行也不全交于一点的链杆相联,所以这是一个没有多余约束的几何不变体系。

也可以这样分析:A 处的两根链杆可视为从大地这个刚片上生成的二元体,构成新刚片,这一新刚片与刚片 $ACBGF$ 用铰 A 和不过此铰的 B 处的链杆相连。所以整体体系为无多余约束的几何不变体系。

例 17-3 试对图 17-15 所示体系进行几何组成分析。

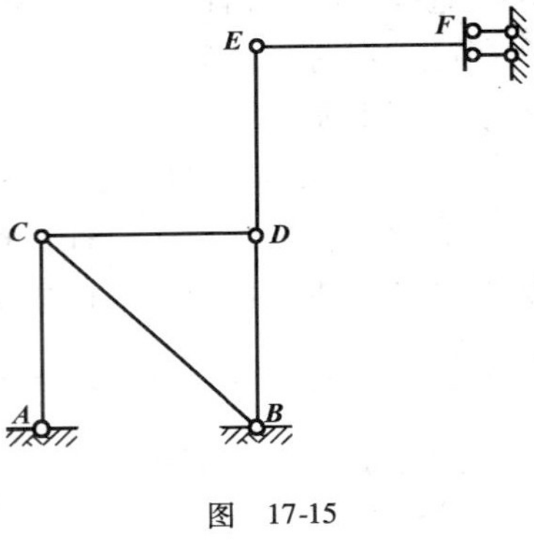

图 17-15

解 在基础上依次增加二元体 AC、BC 和 CD、BD,这样基础与 $ACDB$ 构成新刚片。再将 EF 视为另一刚片。该两刚片由链杆 ED 和 F 处两根水平链杆相联,而这三根链杆既不全交于一点又不全部平行,故该体系是几何不变的,且无多余约束。

从以上例题可见,对体系进行几何组成分析,是灵活运用前面三个组成规则的过程,而这三个组成规则又是有联系的。同一个体系,可从不同的角度用不同的方法进行分析,得出的结论是相同的。

§17-5　静定结构和超静定结构

用来作为结构的体系，必须是几何不变的。几何不变体系又可分为无多余约束和有多余约束的两种。前面几个例题中都是无多余约束的几何不变体系。这种无多余约束的结构称为静定结构。有些体系的约束数目除满足几何不变性要求外尚有多余，如图17-16a)所示。

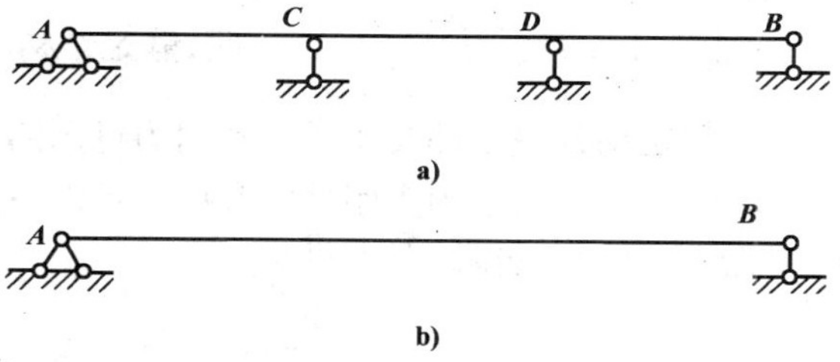

图　17-16

杆 AB 视为刚片，它与大地通过 A 处两根链杆和 B 处链杆相联，因这三链杆不全平行也不全交于一点，故构成几何不变体系。但 C、D 处又联出两链杆，从几何不变性角度分析，它们是不必要的多余链杆(约束)。同理，也可将 D、B 或 C、B 处链杆视为多余链杆。去除两个多余约束后的结构仍是几何不变体系，如图17-16b)所示。这种有多余约束的结构称为超静定结构。有一个多余约束的结构称为一次超静定结构；有二个多余约束的结构称为二次超静定结构，以此类推。超静定结构由于有多余约束，如果破坏其中的一些约束，原结构可能仍是几何不变的；而静定结构中任何一个约束的破坏都会使原结构变成几何可变体系。

静定结构中全部支座反力和内力可用静力学平衡条件求得。超静定结构的支座反力和内力不能只依靠静力平衡条件求出。

到这里，我们更清楚了体系几何组成分析的目的，通过分析体系是几何可变、几何不变或瞬变的，以确定它是否可作为建筑结构；通过分析结构是静定的或超静定的，以便确定用什么方法求解该结构。

小　　结

一、几 何 体 系

1. 几何可变体系包括常变体系和瞬变体系，不能作为结构；
2. 几何不变体系　无多余约束——静定结构；
3. 几何不变体系　有多余约束——超静定结构。

二、平面体系的约束

1. 一个链杆相当于一个约束，能使平面体系减少一个自由度；
2. 一个单铰相当于两个约束，能使平面体系减少两个自由度；
3. 一个刚节点相当于三个约束，能使平面体系减少三个自由度。

三、几何不变体系的组成规则

1. 二刚片的组成规则　两个刚片用一个铰和不通过此铰的链杆相联，构成几何不变体系且无多余约束；

2. 三刚片的组成规则　①三个刚片用不在同一条直线的三个铰两两相联构成几何不变体系且无多余约束；②三个刚片用不全平行、不全交于一点的三根链杆相联，构成几何不变体系且无多余约束；

3. 二元体规则　在体系上增加或拆除二元体，不改变原体系的几何组成性质。

四、静定结构和超静定结构

1. 静定结构中全部支座反力和内力可用静力平衡条件求得；

2. 超静定结构中的支座反力和内力不能只用静力平衡条件求得，须用其他辅助条件和静力平衡条件共同求得。

习　　题

17-1　分析下列体系的几何组成：

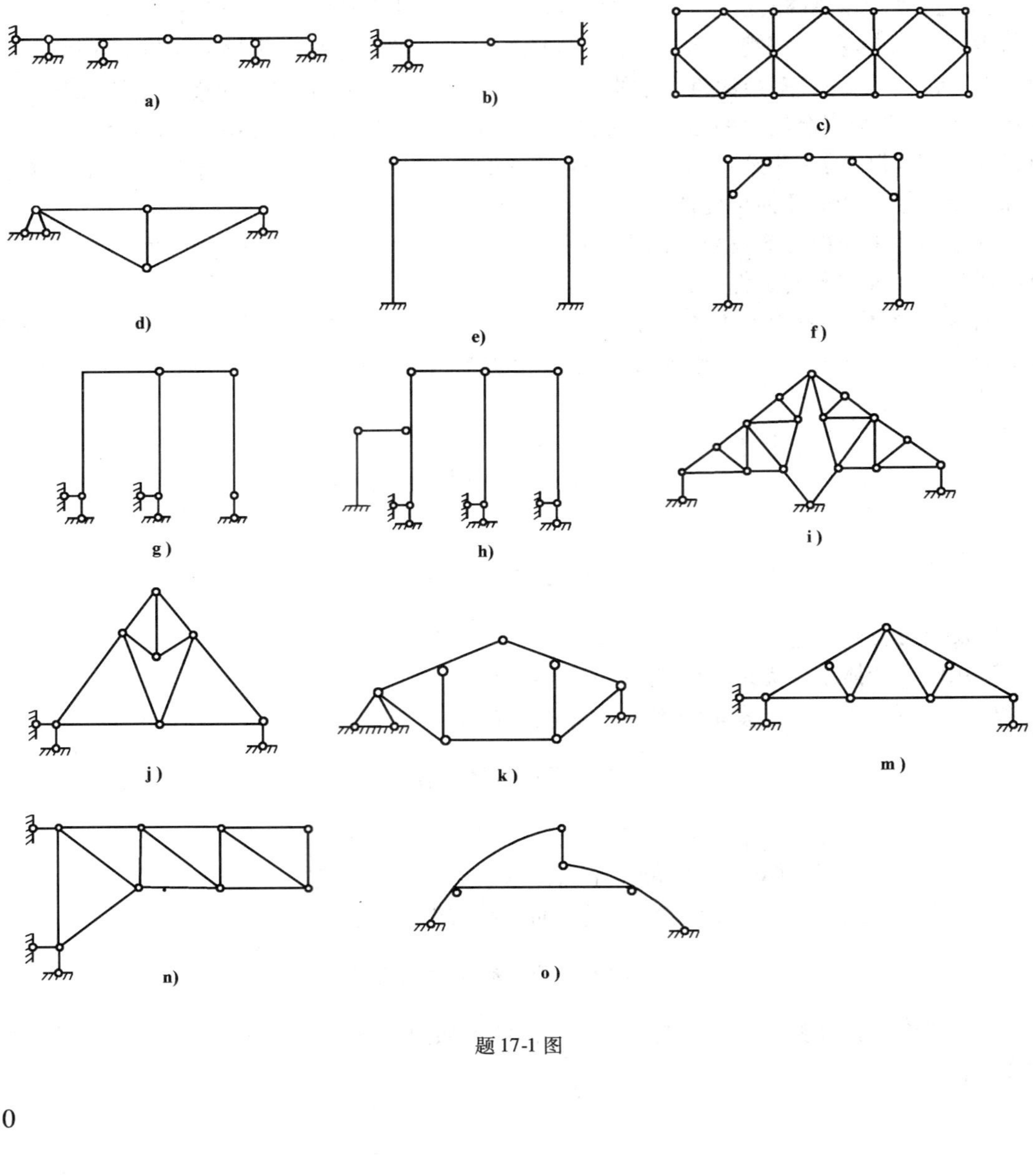

题 17-1 图

第十八章　静定结构的内力分析

静定结构是没有多余约束的几何不变体系，在实际工程中应用很广泛，如砖混结构中的门窗过梁和预制楼板，单层工业厂房中由柱、屋架等组成的排架，钢结构桥梁中大量使用的桁架等，都是静定结构。

静定结构的所有约束反力和内力都可用静力平衡条件解出。一组荷载作用在静定结构上，其产生的结果等于每一个荷载单独作用所产生的结果之和，这种叠加原理是很有用的。静定结构内力分析的基本步骤是：画受力图→用静力平衡条件求约束反力→用截面法求杆件内力→绘出内力图，判断内力最大值和出现的位置。

§18-1　静　定　梁

一、单跨静定梁

单跨静定梁有简支梁、伸臂梁、悬臂梁三种形式，如图 18-1 所示。在荷载作用下，梁的支座处将产生反力。而梁的任一载面上，一般将产生弯矩 M、剪力 Q 和轴力 N 三个内力分量。这些知识在材料力学中已作详细讨论，这里只作简略复习。

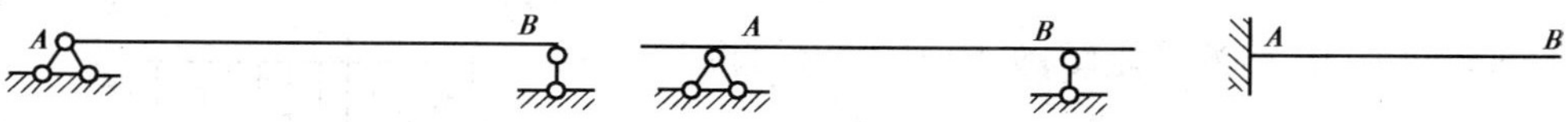

图　18-1

单跨静定梁的内力计算步骤是：

1. 计算支座反力　不论是简支梁、伸臂梁还是悬臂梁，在任意荷载作用下，其支座反力均只有三个。取全梁为隔离体，利用三个静力平衡条件就可解出。

2. 求梁任一截面的内力并作内力图　用截面法在欲求内力处将梁切开，暴露其内力，根据截面法的运算可以得知由外力直接计算内力的法则：

某截面上的轴力在数值上等于截面任意一侧所有外力（包括荷载和反力）沿截面法线方向的投影代数和。其表达式为

$$N=(\text{左或右侧})\sum F_n$$

某截面上的剪力在数值上等于截面任意一侧所有外力沿截面切线方向的投影代数和。其表达式为

$$Q=(\text{左或右侧})\sum F_S$$

某截面上的弯矩在数值上等于截面任意一侧所有外力对截面形心的力矩代数和。其表达式为

$$M=(\text{左或右侧})\sum M(F_i)$$

特别注意内力与荷载的关系，注意内力图的主要特征：

（1）梁上无荷载的区段，Q 图为一水平直线，M 图为一斜直线，斜率为剪力 Q；

(2)在集中力作用处,Q 图发生突变,突变值等于该集中力;M 图发生转折;

(3)梁上有均布荷载的区段,Q 图为一斜直线,斜率为均布荷载集度 q,M 图为二次抛物线;

(4)在集中力偶作用处,Q 图无变化,M 图有突变,突变值为该集中力偶的力偶矩;

(5)剪力为零的截面上弯矩为极值。

内力图的规律不仅可用来检查内力图是否正确,还可以用来简捷地画出内力图。

二、区段叠加法作弯矩图

一般情况下,梁上作用有多个荷载,把梁分成若干段(支座处、集中力、集中力偶作用点,分布荷载的起止点是分段点)。画梁的弯矩图,分段画出,然后对接起来就是全梁的弯矩图。

画某段梁的弯矩图,采用区段叠加法,是十分方便快捷的。其具体画法如下:

任取一段梁 AB,两端截面为控制截面。其上有弯矩 M_A、M_B,剪力 Q_A、Q_B,同时梁上有均布荷载如图 18-2a)所示。我们将此段梁与其简支梁(图 18-2b)相对比,简支梁的支座反力与 Q_A、Q_B 相等。因此两者受力情况完全相同。这样,梁段 AB 的弯矩图和该简支梁的弯矩图完全相同,画出简支梁的弯矩图即可。先画出在 M_A、M_B 作用下的弯矩图,为此,在 A、B 端受拉一侧作坐纵标,分别等于 M_A、M_B,将其顶点联成虚线,如图 18-2c)(如果梁上无均布荷载,联成实线即为梁的弯矩图),再以虚线为基线叠加上只有均布荷载作用的弯矩图,如图 18-2e)(中间截面弯矩为$\frac{ql^2}{8}$),其重合部分相抵消,余下部分即为 AB 梁的弯矩图,如图 18-2f)(该图是按 $\left|M_B\right| > \left|M_A\right|$,$\left|\frac{ql^2}{8}\right| > \left|\frac{1}{2}(M_A+M_B)\right|$ 画出的)。

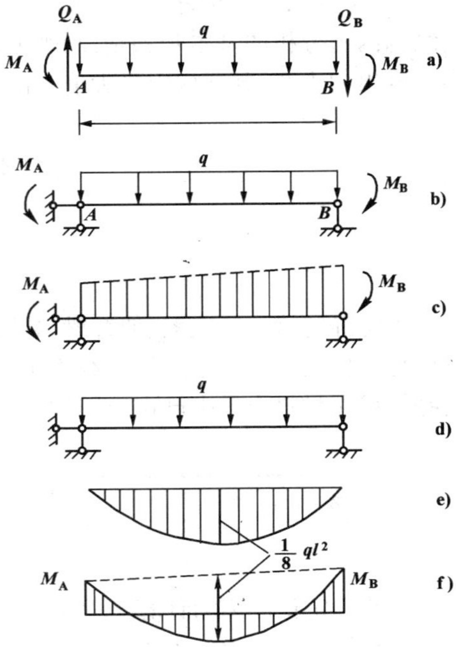

图 18-2

须注意,弯矩图的叠加,是指弯矩图各点纵坐标的叠加,亦即各纵坐标值的代数和。因此图中$\frac{ql^2}{8}$中沿竖直方向量取,而不是沿垂直于 M_A、M_B 顶点连线方向量取。

也可用区段叠加法画出剪力图,过程和上述画弯矩图的相同,不再赘述。

三、斜 简 支 梁

一般的梁,其轴线是水平的,荷载也沿水平方向分布。当梁轴倾斜时,我们称它为斜梁,如图 18-3 所示的楼梯及刚架中的斜杆等。

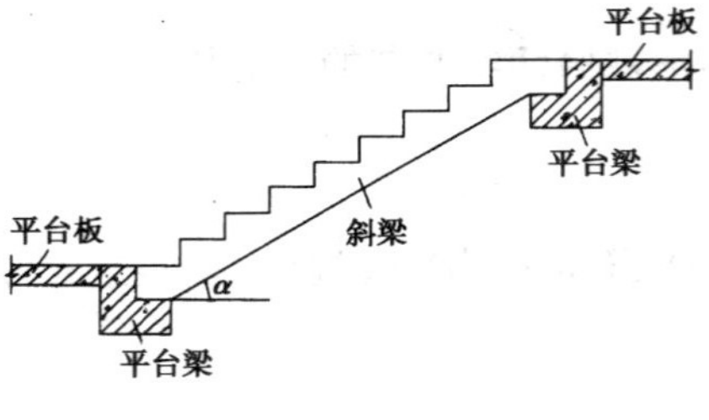

图 18-3

斜梁受均布荷载作用时,分布形式有两种。一种是荷载集度 q_1 沿水平分布,如人群对梁的作用;另一种是荷载集度 q_2 沿梁轴方向分布,如图 18-4a)所示。对斜梁计算时,为了方便,往往将后种形式荷载 q_2 变换成水平分布,变换后荷载集度 q_0 为

$$q_0 = \frac{q_2}{\cos\alpha}$$

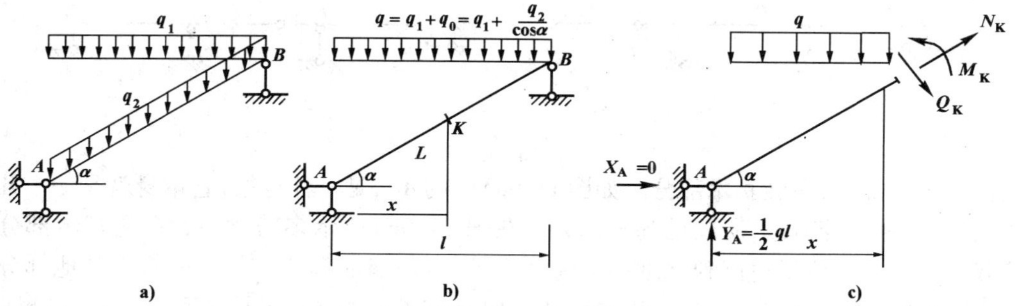

图 18-4

再与 q_1 相加,如图 18-4b)所示。

对斜梁进行计算,首先求出支座反力 $X_A = 0, Y_A = Y_B = \frac{ql}{2}(\uparrow)$,在梁上任一点 K 切开,取 AK 为隔离体,如图 18-4c)所示,K 截面上内力为:

$$M_K = \frac{1}{2}qlx - \frac{1}{2}qx^2$$

$$Q_K = \frac{1}{2}ql \cdot \cos\alpha - qx \cdot \cos\alpha = \left(\frac{ql}{2} - qx\right)\cos\alpha$$

$$N_K = qx \cdot \sin\alpha - \frac{1}{2}ql \cdot \sin\alpha = \left(qx - \frac{ql}{2}\right)\sin\alpha$$

由以上内力可知,该斜梁的弯矩图是二次抛物线,跨中弯矩为$\frac{1}{8}ql^2$,剪力图和轴力图是一斜直线,如图 18-5 所示。

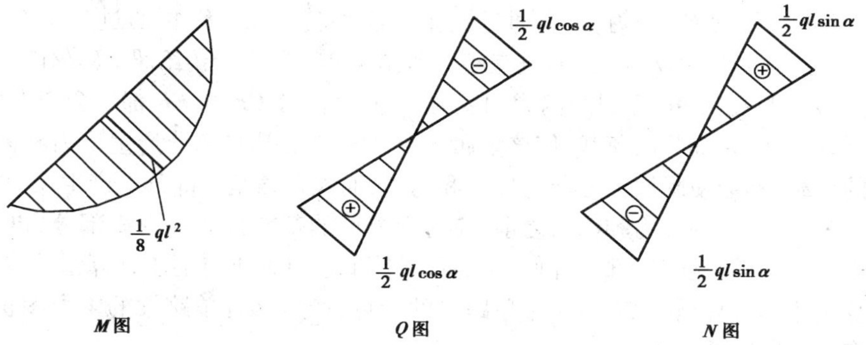

图 18-5

绘制斜梁内力图,一般以梁轴为基线,内力图竖标与梁轴垂直。将斜梁与相应的水平简支梁比较,其弯矩图是相同的;但斜梁有轴力存在,水平简支梁没有轴力。

四、多跨静定梁

多跨静定梁是由若干个单跨梁用铰联结而成的静定结构。在工程结构中,木屋盖的檩条、钢筋混凝土桥梁等,常采用这种结构形式。多跨静定梁的基本组成形式有两种,如图 18-6 所示。

1. 多跨静定梁的几何组成

多跨静定梁的各部分可分为基本部分和附属部分。凡在荷载作用下能独立地承受荷载并

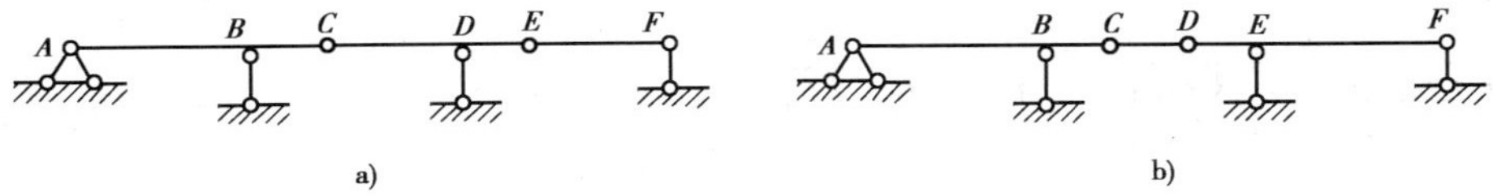

图 18-6

能维持平衡的部分，叫做**基本部分**。如图 18-6a）中的 AC，是一伸臂梁，它本身就是一个几何不变体系，可单独承受荷载，所以是基本部分。在图 18-6b）所示多跨梁中，AC 是基本部分在竖向荷载作用下，DF 段梁也能独立维持平衡，也可认为是基本部分。而必须依靠其他部分才能承受荷载并维持平衡的部分，称为**附属部分**。如图 18-6a）中，CE 梁是能通过铰 C 和链杆 D 联结在 AC 梁和基础上；梁 EF 又是通过铰 E 和链杆 F 联结在 CE 梁和基础上，所以 CE 梁和 EF 梁都是多跨梁的附属部分。在图 18-6b）中，梁 CD 也是附属部分。

根据上述分析，再利用两根链杆可代替一个铰的特点，便可清楚地表达梁之间力的传递过程，这种图叫作**层次图**，如图 18-7 所示。

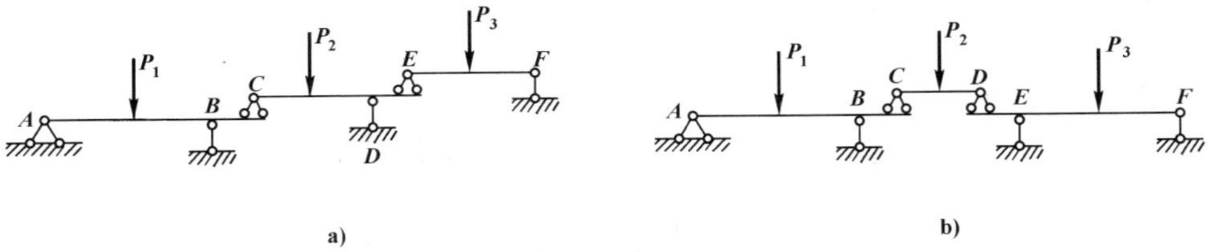

图 18-7

2. 多跨静定梁的内力分析

从层次图可以得到力的传递过程。例如在图 18-7a）中，作用在最上面的附属部分 EF 上的荷载 P_3，不但会使梁 EF 受力，还会通过支座 E 将力传给梁 CE，再通过支座 C 传给梁 AC。荷载 P_2 不但会使梁 CE 受力，还会通过支座 C 传给梁 AC，但不会传给梁 EF。作用在基本部分 AC 上的荷载 P_1，只在梁 AC 上引起内力和反力，对附属部分 CE 和 EF 都不会产生影响。

总之，作用于附属部分的荷载，使该附属部分及相关的基本部分产生反力和内力；作用于基本部分的荷载，不会使附属部分产生反力和内力，而仅在该基本部分上产生反力和内力。因此，在计算多跨静定梁的反力和内力之前，应先弄清梁的基本部分和附属部分，再将梁从铰接处拆成若干个单跨梁，从附属部分开始，按组成顺序的逆过程进行逐步计算到基本部分。这样就把多跨静定梁的计算，转化为若干个单跨梁的计算，最后将各单跨梁的内力图拼在一起，就得到整个多跨静定梁的内力图。

例 18-1　作图 18-8a）所示多跨静定梁的内力图。

解　（1）先对该多跨静定梁进行几何组成分析：梁 AC 为基本部分。因为只受到竖向荷载作用，DF 也是基本部分。CD 为附属部分。其层次图如图 18-8b）所示。

（2）求支座反力　先求 CD 梁的支座反力，为 $Y_C = 15\text{kN}(\uparrow)$，$Y_D = 15\text{kN}(\uparrow)$。将 Y_C，Y_D 变向加在 AC 梁的 C 处和 DF 梁的 D 处，如图 18-8c）所示，求其支座反力。各梁水平支座反力均为零。

（3）作弯矩图　分别作出 AC、CD、DF 各梁的弯矩图如图 18-8d）所示。将各梁弯矩图连接在一起即为此多跨静定梁的弯矩图［如图 18-8e）］。

（4）作剪力图　分别作各梁剪力图并对接在一起即为此多跨静定梁的剪力图［如图 18-8f）］所示。

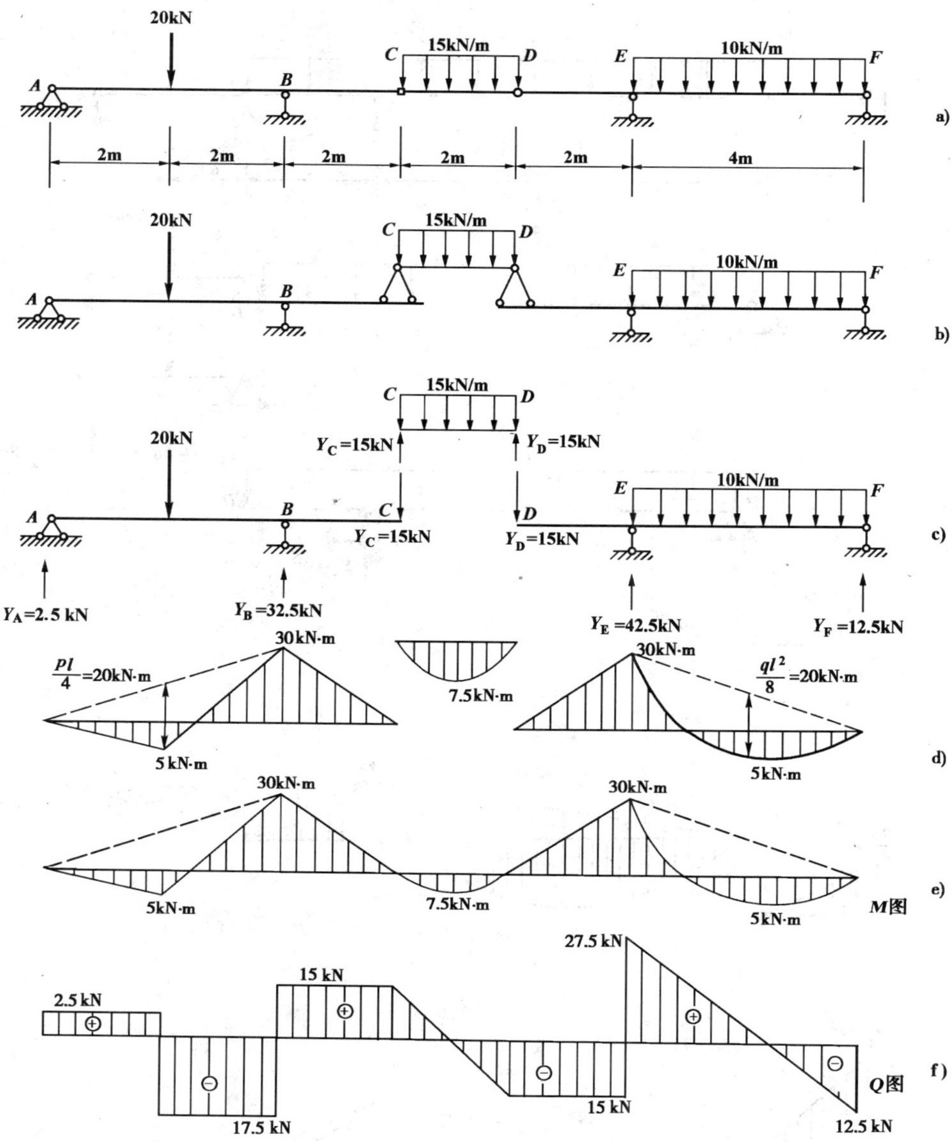

图 18-8

例 18-2 试画图 18-9 所示多跨静定梁的弯矩和剪力图。

解 (1)先进行几何组成分析。*AB* 为基本部分,*BD*、*DE* 为附属部分,层次图如图 18-9b)所示。

(2)求支座反力。先从 *DE* 梁开始,依次求出 *AB* 梁的支座反力,各梁水平支座反力均为零,如图 18-9c)。

(3)分别作出各梁的弯矩图[图 18-9d)]、剪力图,将其对接在一起即可,如图 18-9e)、f)所示。

3. 多跨静定梁的受力特性

多跨静定梁内力分布有一些普遍规律,尤其在铰结点处,应多加注意。在多跨静定梁的铰结点处,弯矩为零;在铰结点处如无集中荷载作用,其剪力无变化。

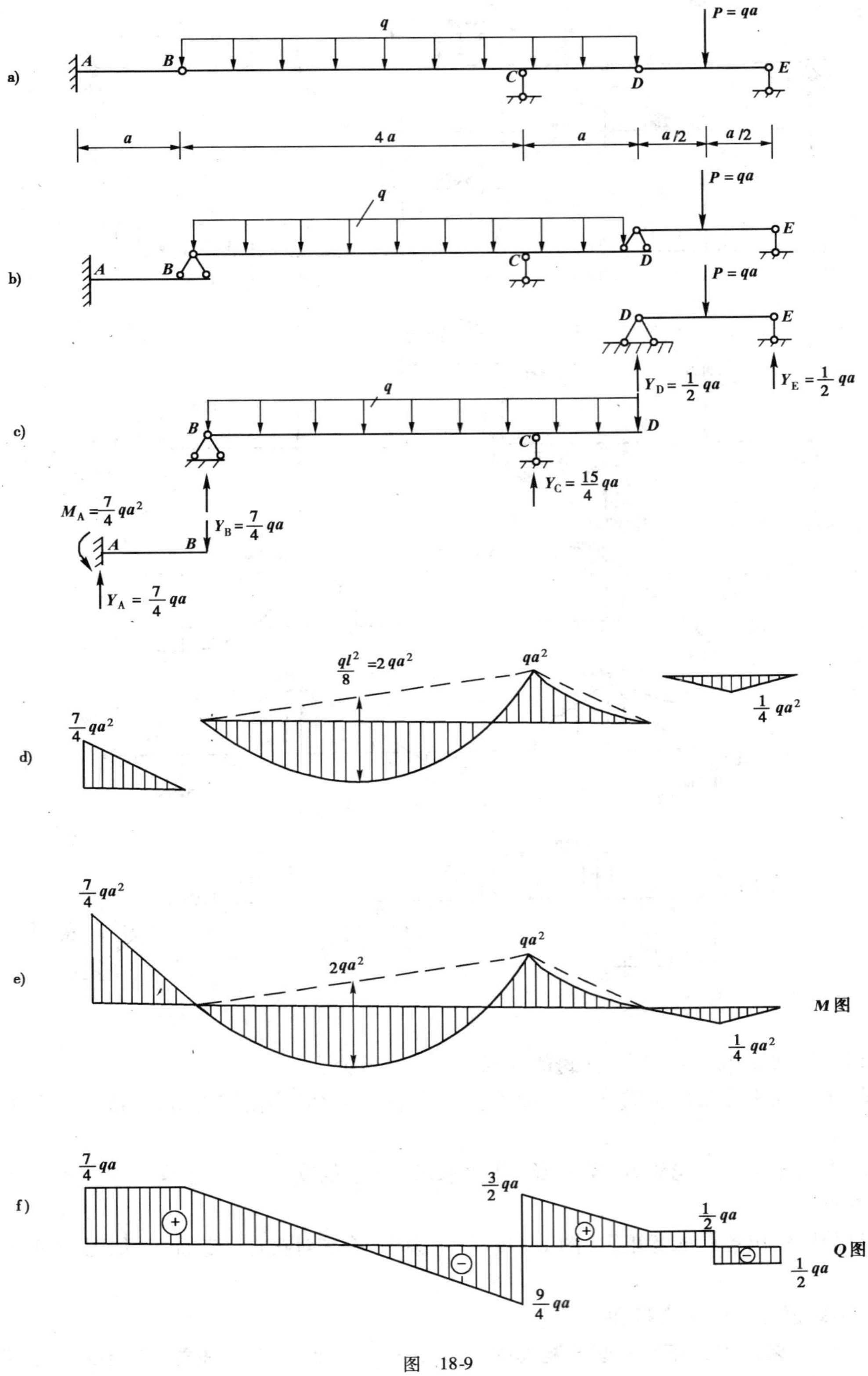
a)
b)
c)
d)
e)
f)
q
P = qa
A
B
C
D
E
a
4 a
a
a/2
a/2
$Y_D = \frac{1}{2}qa$
$Y_E = \frac{1}{2}qa$
$Y_C = \frac{15}{4}qa$
$Y_B = \frac{7}{4}qa$
$M_A = \frac{7}{4}qa^2$
$Y_A = \frac{7}{4}qa$
$\frac{ql^2}{8} = 2qa^2$
qa^2
$\frac{7}{4}qa^2$
$\frac{1}{4}qa^2$
$2qa^2$
M 图
$\frac{7}{4}qa$
$\frac{3}{2}qa$
$\frac{1}{2}qa$
$\frac{9}{4}qa$
Q 图

图 18-9

另外,由于多跨静定梁由伸臂梁和短梁组合而成,而短梁的跨度较小,所以跨中弯矩也较小;外伸梁由于支座负弯矩的存在,也减小了跨中的正弯矩。图 18-10 对同样跨度和同样荷载的多跨简支梁和多跨静定梁进行比较,可以清楚地看出,多跨静定梁的弯矩比一系列简支梁的弯矩小,可以节省材料,但其构造要复杂一些。

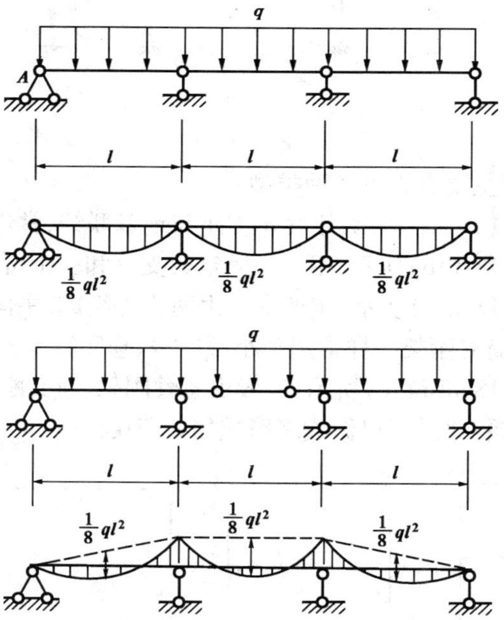

图 18-10

§18-2 静定平面刚架

一、刚架的特征

刚架是由直杆组成,主要通过刚性联结(刚结点)而成的结构。它的最大特征是具有刚结点。如果刚架所有构件的轴线都在同一平面内,且荷载也作用于该平面内,就称为平面刚架。图 18-11a)所示刚架,它由两根横梁和一根柱组成,梁与柱的联结处为刚性联结。图 18-11b)也是一个刚架,其梁与柱的联结也是刚结。刚性联结是指当刚架受力而变形时,汇交于刚性联结处的各杆端是一个整体,不发生相对移动和相对转动,各杆端之间的夹角始终保持不变。这种结点叫刚结点。

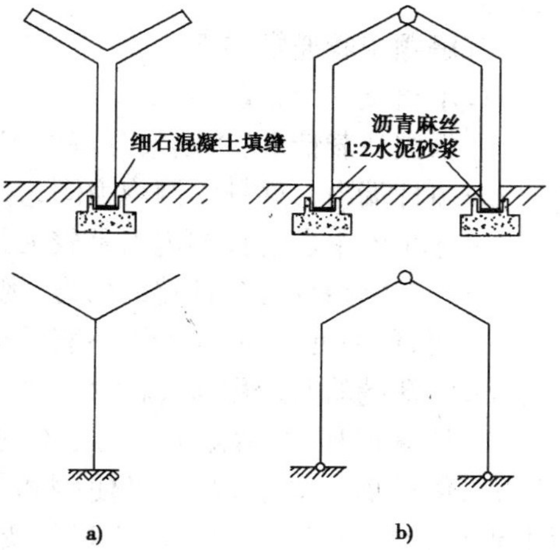

图 18-11

从结构的几何组成进行分析,静定刚架的几何不变性是依靠刚结点处的刚性联结维持的。如果把刚架中的刚结点变成铰结点,如图 18-12b),就会成为几何可变体系。如果要维持其几何不变性,就只能用斜向支撑,如图 18-12c)所示。这无疑会大大减小结构的净空，从而影响使用。因此在刚架的施工中，保证刚结点的可靠性十分重要。

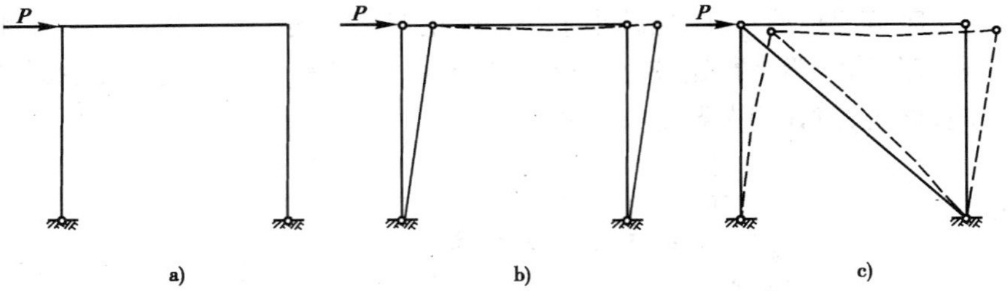

图 18-12

常见的静定平面刚架主要有以下四种类型：

(1)悬壁刚架　如图 18-13a)所示，用固定支座与地基联结，常用于站台、加油站等。

(2)简支刚架　如图 18-13b)所示，用一个固定铰支座和一个可动铰支座与地基相联。

(3)三铰刚架　如图 18-13c)所示，刚架本身由两构件组成，中间用铰联结，底部用两个固定铰支座与地基相联，与简支刚架一样常用于小型厂房、仓库等。

(4)组合刚架　如图 18-13d)、e)所示，一般由悬臂刚架、简支刚架和三铰刚架中的一种作为基本部分，再联结上附属部分，可以做成多跨或加大跨度。

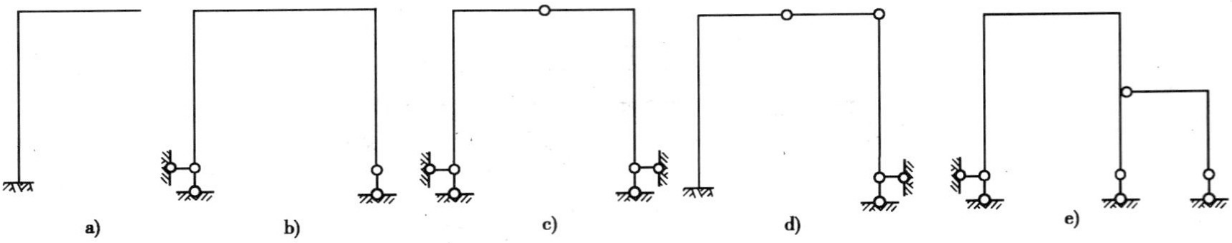

图 18-13

二、静定平面刚架的内力分析

刚架的内力是指刚架各杆件中垂直于杆轴的横截面上的弯矩、剪力和轴力。由于刚架是由若干单个杆件联结而成，作内力图时要先作各单个杆件的内力图，再组合成刚架的内力图。

其解题步骤通常如下：

1. 求出支座约束反力；

2. 根据荷载情况，将刚架分解成若干杆段，用截面法计算杆端的内力；

3. 由杆端内力逐杆绘制内力图，直接对接，从而得到整个刚架的内力图。

上述步骤中求解杆端内力是较为关键的一步。由于刚结点处联结了若干杆件，为了更清楚地表达在刚结点处各杆端的内力，规定在内力符号下面用两个下标，前一个下标表示该内力所属杆端，称为近端，后一个下标表示该杆件的另外那端称为远端。如杆件 AB，A 端的弯矩用 M_{AB}表示，B 端的弯矩用 M_{BA}表示。图 18-14 真切地表达出了这种规定。

在计算过程中，弯矩的符号以使刚架内侧纤维受拉为正，弯矩图画在杆件受拉的一侧；剪力与梁的剪力规定相同，以使隔离体绕顺时针方向转动为正，剪力图可画在杆件的任一侧，但要标明正负号；轴力以使杆件受拉为正，轴力图也必须标明正负号，可画在杆件的任一侧。

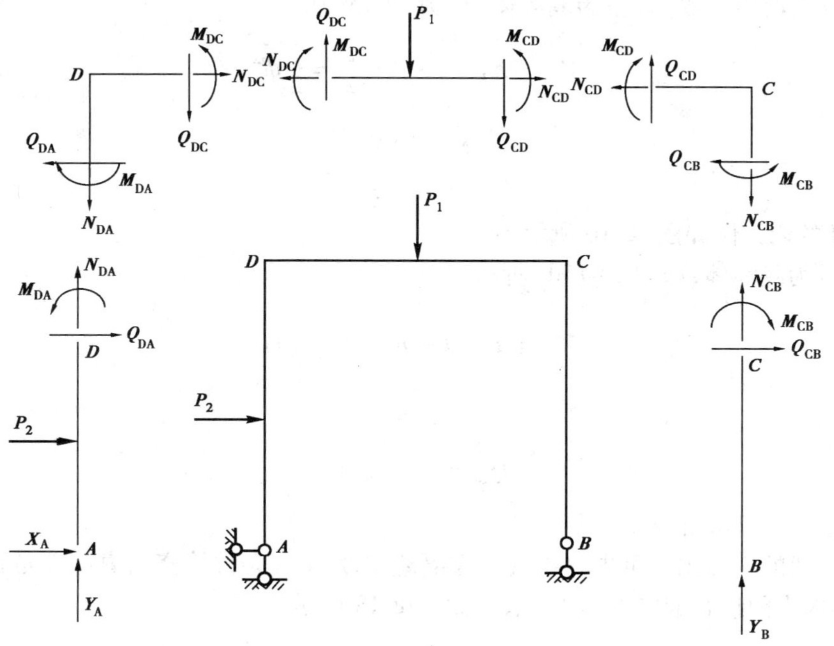

图 18-14

例 18-3 试作图 18-15a)所示刚架的内力图。

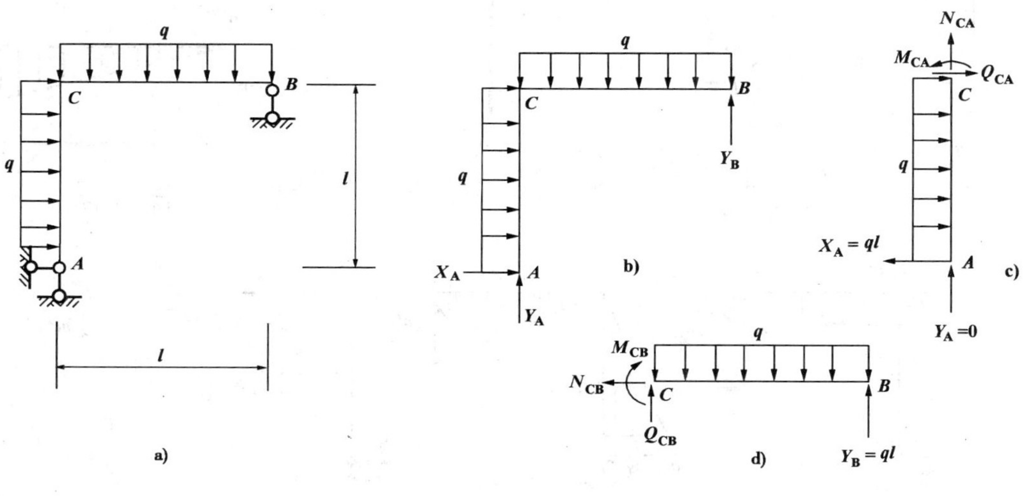

图 18-15

解 (1)求支座反力。利用刚架的整体平衡条件求其支座反力如图 18-15b)所示。

$$\sum m_A = 0, ql \cdot \frac{l}{2} + ql \cdot \frac{l}{2} - Y_B \cdot l = 0 \quad Y_B = ql(\uparrow)$$

$$\sum X = 0, X_A = -ql(\leftarrow)$$

$$\sum Y = 0, Y_A = 0$$

(2)求杆端内力。取 AC 段为隔离体[如图 18-15c)]

$$M_{CA}=X_A\cdot l-ql\cdot\frac{l}{2}=\frac{1}{2}ql^2$$

$$N_{CA}=-Y_A=0$$

$$Q_{CA}=X_A-ql=0$$

AC 段杆的内力图如图 18-16 所示。

取 CB 段为隔离体,如图 18-15d)所示

$$M_{CB}=Y_B\cdot l-ql\cdot\frac{l}{2}=\frac{1}{2}ql^2$$

$$N_{CB}=0$$

$$Q_{CB}=ql-Y_B=0$$

CB 段杆内力图如图 18-17 所示。

(3)作刚架的内力图。可先取结点 C 作隔离体,用平衡条件检查内力计算是否有误,再将 AC、CB 段的内力图组合成刚架的内力图,如图 18-18 所示。

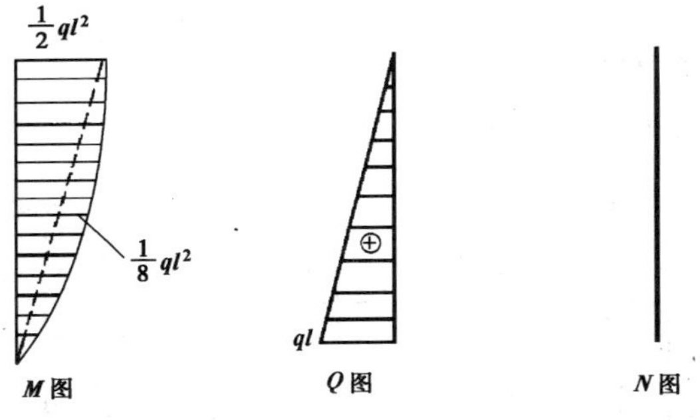

图 18-16

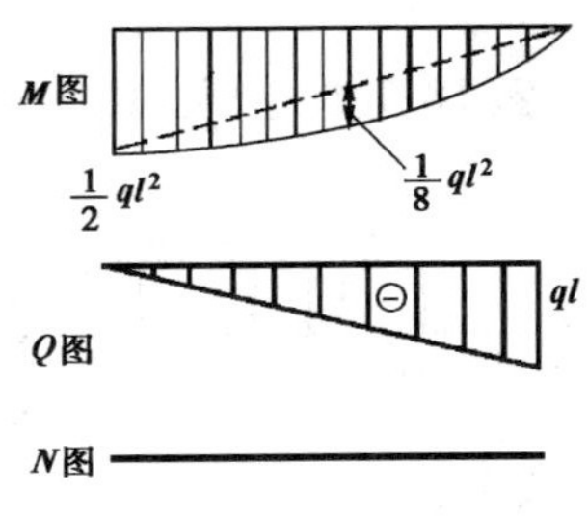

图 18-17

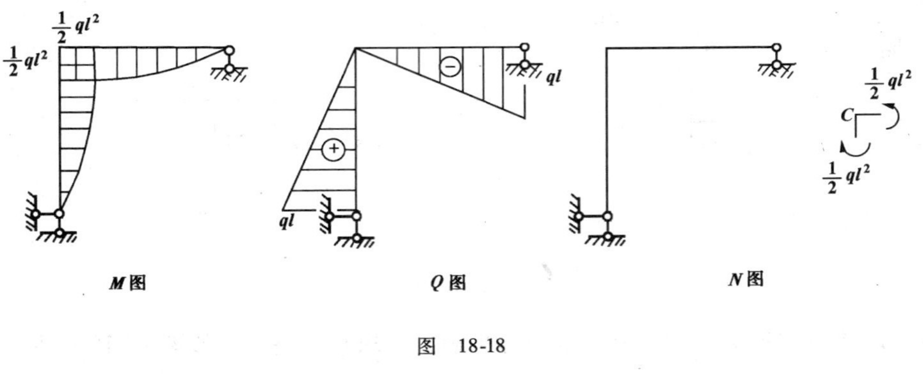

图 18-18

例 18-4 画图 18-19 所示刚架内力图。

解 这是一个悬臂刚架,其内力计算由自由端开始,可不求支座反力。

(1)求各段杆端的内力。

取 CB 段为隔离体,如图 18-19b)所示。

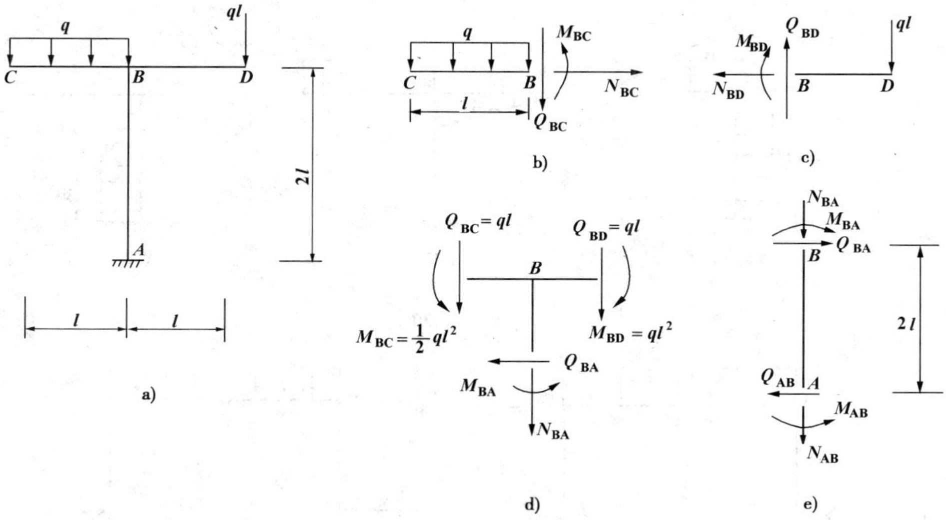

图 18-19

$$M_{BC} = -\frac{1}{2}ql^2$$

$$Q_{BC} = -ql$$

$$N_{BC} = 0$$

取 BD 段为隔离体,如图 18-19c)所示。

$$M_{BD} = -ql^2$$

$$Q_{BD} = ql$$

$$N_{BD} = 0$$

取结点 B 为隔离体,如图 18-19d)所示,将已求得的 BC 杆、BD 杆的杆端内力按实际方向标于图中。

$$M_{BA} = ql^2 - \frac{1}{2}ql^2 = \frac{1}{2}ql^2\text{(左侧受拉)}$$

$$N_{BA} = -2ql$$

$$Q_{BA} = 0$$

取 BA 段为隔离体,如图 18-19e)所示,将已求出的 BA 杆的杆端内力按实际方向标于图中,可求出 A 端的内力。

$$N_{AB} = -2ql$$

$$Q_{AB} = 0$$

$$M_{AB} = M_{BA} = \frac{1}{2}ql^2\text{(左侧受拉)}$$

(2)作内力图。

根据已求出的各杆端内力和荷载分布情况,画出刚架的内力图如图 18-20 所示。

例 18-5 试作图 18-21a)所示三铰刚架的内力图。

解 (1)求支座反力。

先取全刚架为隔离体,如图 18-21b)所示。

$$\sum X = 0, X_A - X_B = 0, \text{得 } X_A = X_B$$

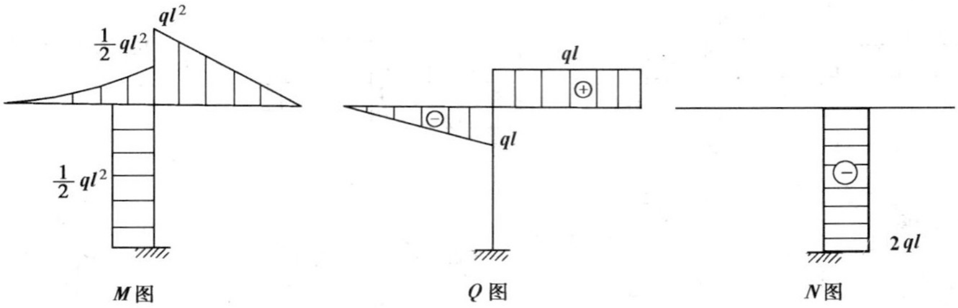

图 18-20

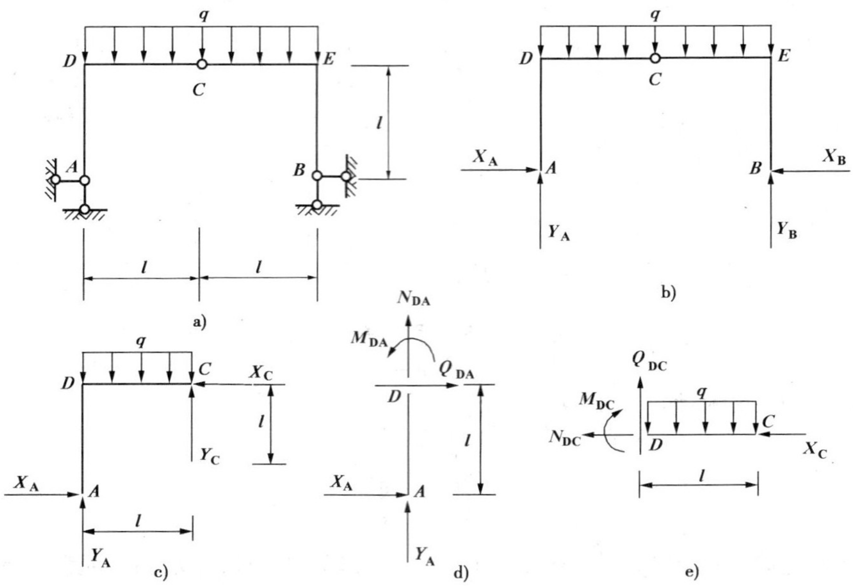

图 18-21

刚架对称于过 C 点的 y 轴，得 $\qquad Y_A = Y_B = ql$

取半个刚架 ADC 为隔离体，如图 18-21c）所示

$$\sum M_C = 0, Y_A \cdot l - ql \cdot \frac{l}{2} - X_A \cdot l = 0, \text{得 } X_A = \frac{1}{2}ql$$

$$\sum X = 0, X_A - X_C = 0, \text{得 } X_C = X_A = \frac{1}{2}ql$$

$$\sum Y = 0, Y_A + Y_C - ql = 0, \text{得 } Y_C = ql - Y_A = 0$$

（2）求杆端内力。

取 AD 段为隔离体，如图 18-21d）所示。

$$M_{DA} = -X_A \cdot l = -\frac{1}{2}ql^2 \text{（外侧受拉）}$$

$$N_{DA} = -Y_A = -ql$$

$$Q_{DA} = -X_A = -\frac{1}{2}ql$$

取 DC 段为隔离体，如图 18-21e）所示。

$$M_{DC} = Y_C \cdot l - ql \cdot \frac{1}{2} = -\frac{1}{2}ql^2$$

$$Q_{DC} = ql$$

$$N_{DC} = -X_C = -\frac{1}{2}ql$$

(3)作内力图如图 18-22 所示,并注意其对称性。

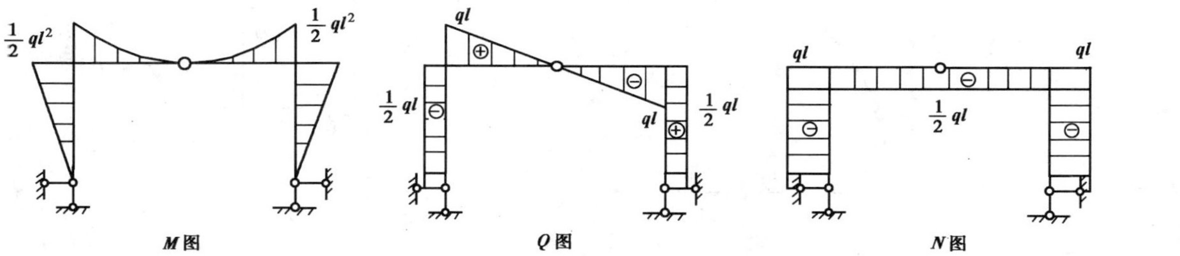

图　18-22

§18-3　三　铰　拱

拱是一种重要的结构形式,在房屋建筑、桥涵建筑、水工建筑中应用比较广泛。拱根据支承和连接形式的不同,可分为三种,如图 18-23 所示。其中无铰拱和两铰拱是超静定的,三铰拱是静定的。

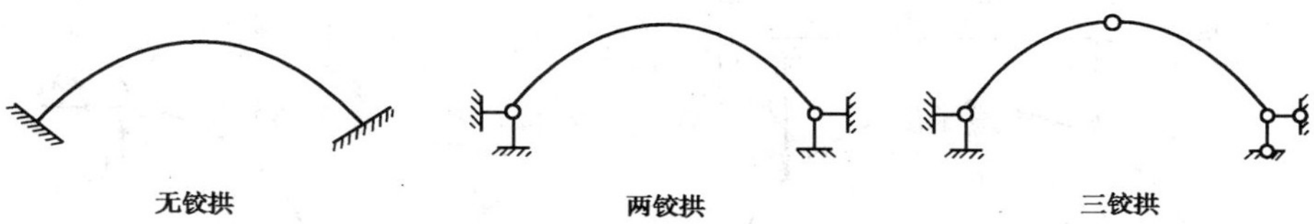

图　18-23

一、拱 的 特 点

拱的基本特点有两个:一是杆轴为曲线;二是在竖向荷载作用下支座将产生水平反力。这种水平反力叫做水平推力,简称推力。这个水平推力是区别梁与拱的关键。图 18-24 所示的两个结构,它们的杆轴都是曲线,图 a)中的结构在竖向荷载作用下不产生水平推力,其弯矩与同跨度、同荷载的相应简支梁的弯矩相同,所以这种结构不是拱结构而是一根曲梁。图 18-24b)所示的结构,由于其两端都有水平的支座链杆,在竖向荷载作用下将产生水平推力,所以是拱结构。

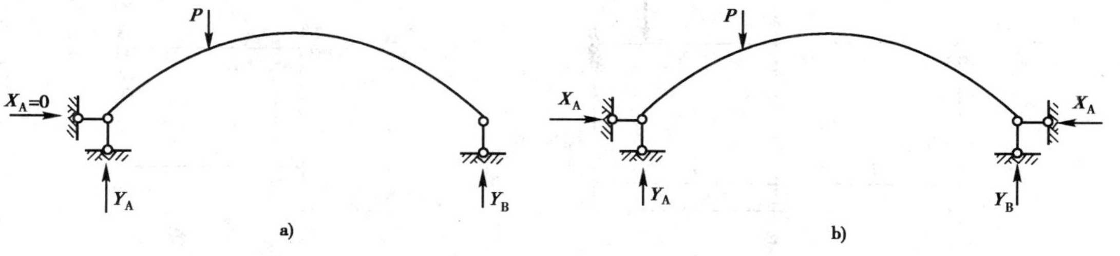

图　18-24

图 18-25 所示为三铰拱,拱结构的最高点称为拱顶。三铰拱的中间铰通常布置在拱顶。拱的两端与支座联结处称为拱脚,或称拱趾。两拱脚间的水平距离 l 叫做跨度,或称拱跨。拱顶到两拱脚连线的垂直距离 f 叫做拱高,或者称为拱矢。拱高与跨度之比 f/l 称为高跨比或矢跨比。两拱脚在同一水平线上的拱称为平拱,否则为斜拱。

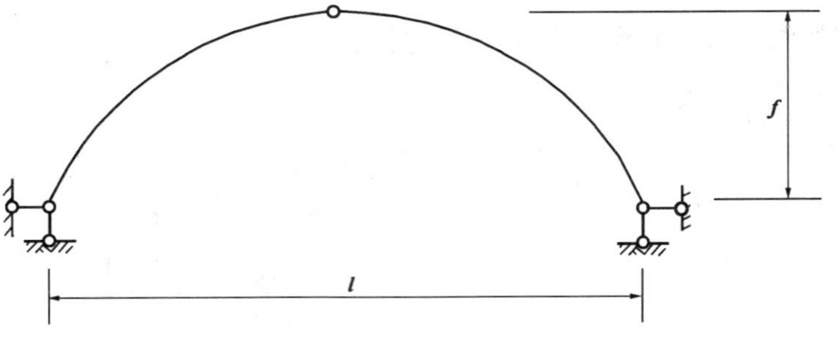

图 18-25

二、三铰拱的支座反力

三铰拱的两端都是固定铰支座,因此有四个支座反力。

如图 18-26a)所示,首先考虑三铰拱的整体平衡,由 $\sum M_A = 0$,有

$$P_1 a_1 + P_2 a_2 - Y_B l = 0$$

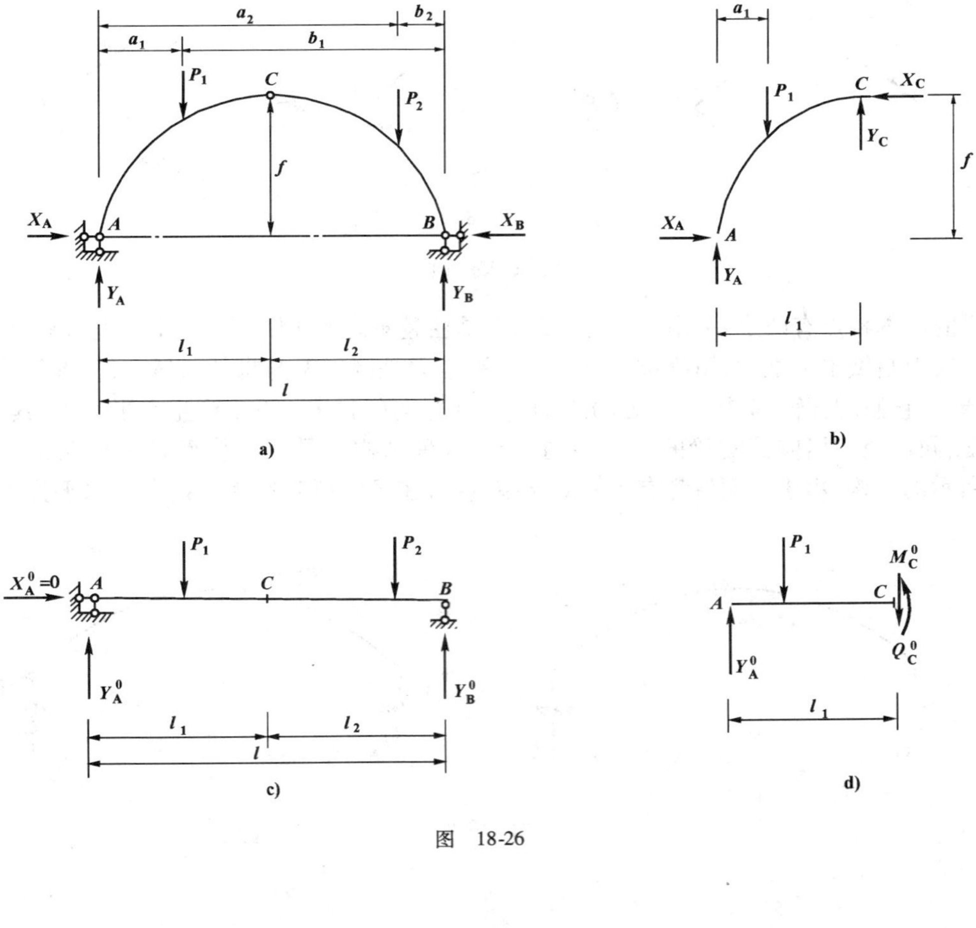

图 18-26

$$\therefore \qquad Y_B = \frac{P_1a_1 + P_2a_2}{l} \tag{a}$$

由$\sum M_B = 0$　有

$$Y_Al - P_1b_1 - P_2b_2 = 0$$

$$\therefore \qquad Y_A = \frac{P_1b_1 + P_2b_2}{l} \tag{b}$$

由$\sum M_X = 0$　$X_A = X_B = H$

再取左半拱为隔离体，如图 18-26b)，由$\sum M_C = 0$　有

$$Y_Al_1 - X_Af - P_1(l_1 - a_1) = 0$$

$$\therefore \qquad H = X_A = X_B = \frac{Y_Al_1 - P_1(l_1 - a_1)}{f} \tag{c}$$

为便于比较，取一个简支梁，令其跨度、荷载均与图 18-26a)中的三铰拱相同，这个梁叫做三铰拱的对应简支梁，如图 18-26c)所示。取对应简支梁整体为隔离体，由$\sum M_A = 0$　得

$$P_1a_1 + P_2a_2 = Y_B^0 l$$

$$\therefore \qquad Y_B^0 = \frac{P_1a_1 + P_2a_2}{I} \tag{a^0}$$

由$\sum M_b = 0$得

$$\therefore \qquad Y_A^0 = \frac{P_1b_1 + P_2b_2}{l} \tag{b^0}$$

再由图 18-26d)，可求得对应简支梁 C 截面的弯矩 M_C^0。由$\sum M_C = 0$得

$$M_C^0 = Y_A^0 l_1 - P_1(l_1 - a_1) \tag{c^0}$$

比较三铰拱与对应简支梁的支座反力，可得到：

$$\begin{cases} Y_A = Y_A^0 \\ Y_B = Y_B^0 \\ H = \dfrac{M_C^0}{f} \end{cases} \tag{18-1}$$

所以，三铰拱的支座反力，可利用对应简支梁进行计算。

从式(18-1)中可以总结出三铰拱的支座反力的特点：

(1)在竖向荷载的作用下，三铰拱的竖向反力与其对应简支梁的竖向反力相等。

(2)三铰拱的水平推力 H 等于对应简支梁 C 截面的弯矩 M_C^0 除以拱高 f。当荷载和跨度不变时，推力 H 与拱高 f 成反比。也就是说，高跨比小，水平推力就大。所以高跨比是拱的重要几何参数。

水平推力 H 的存在，不仅是区别拱与梁的关键，而且在很大程度上影响甚至决定着支承结构。为了消除这种水平推力的影响，常在两支座铰之间设置水平拉杆，如图 18-27 所示。这样拉杆内所产生的拉力代替了支座水平推力的作用，在竖向荷载作用下，支座只产生竖向反

力，从而简化支座的构造，节省材料。这种结构的内部受力情况与三铰拱完全相同，称为具有拉杆的拱，简称拉杆拱。拉杆的内力只有拉力，所以拉杆的截面通常很小，拱的挠度会较大，通常设置吊杆来减小挠度，在分析拱的内力时可不考虑吊杆。

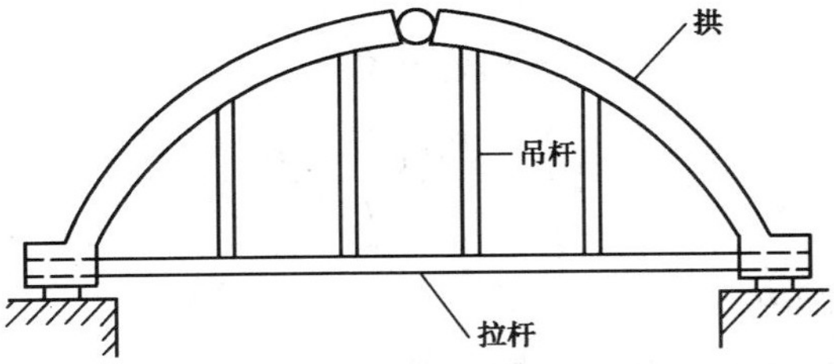

图 18-27

三、三铰拱的内力

三铰拱的内力计算方法仍然用截面法。要注意的是，由于拱轴是曲线，所取截面应与拱轴线相垂直。每一个截面 K 的位置取决于该截面形心的坐标 x_K、y_K 以及该截面与 x 坐标轴的倾角 φ_K。这三个坐标由拱轴方程 $y=f(x)$ 确定。任一截面 K 的内力可分解为弯矩 M_K、剪力 Q_K 和轴力 N_K，其中 Q_K 沿着截面，N_K 垂直于截面。

1. 弯矩的计算

弯矩的符号规定以使拱内侧纤维受拉的为正，反之为负。

取 AK 段为隔离体，如图 18-28c）所示，由 $\sum M=0$ 有

$$Y_A \cdot x_K - H \cdot y_K - P_1(x_K - a_1) - M_K = 0$$

$$\therefore \quad M_K = Y_A \cdot x_K - H \cdot y_K - P_1(x_K - a_1)$$

而相应简支梁上，$M_K^0 = Y_A^0 x_K - P_1(x_K - a_1)$

$$\therefore \quad M_K = M_K^0 - H \cdot y_K \tag{18-2}$$

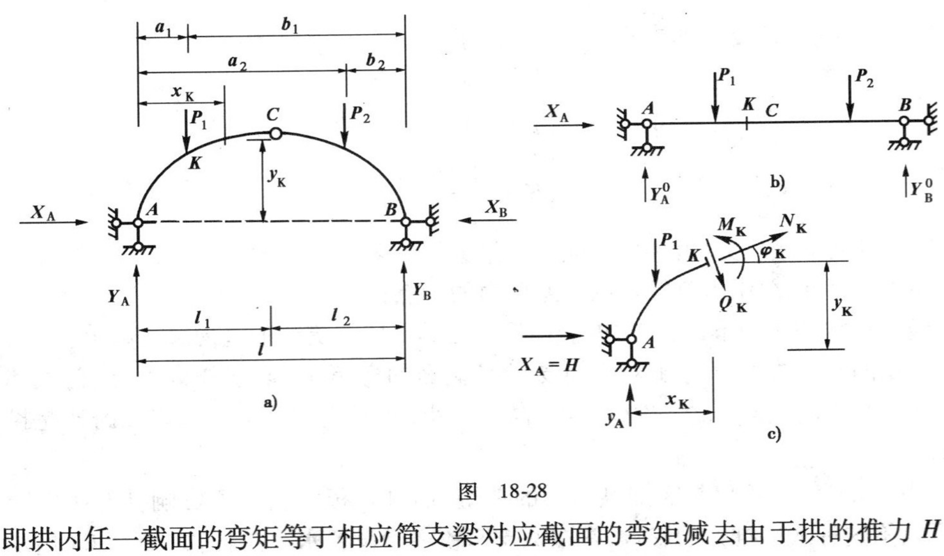

图 18-28

即拱内任一截面的弯矩等于相应简支梁对应截面的弯矩减去由于拱的推力 H 所引起的弯矩 $H \cdot y_K$。所以三铰拱的各截面弯矩总是小于对应简支梁的弯矩。

2. 剪力的计算

剪力的符号规定以使隔离体有顺时针方向转动趋势的为正,反之为负。

取 AK 段为隔离体,沿 Q_K 方向投影,由 $\sum Y'=0$,得

$$\begin{aligned}Q_K &= Y_A\cos\varphi_K - H\sin\varphi_K - P_1\cos\varphi_K \\ &= (Y_A - P_1)\cos\varphi_K - H\sin\varphi_K\end{aligned}$$

在相应简支梁上,

$$Q_K^0 = Y_A^0 - P_1$$

∴ $$Q_K = Q_K^0 \cdot \cos\varphi_K - H\sin\varphi_K \tag{18-3}$$

3. 轴力的计算

轴力的符号通常规定以受拉为正,受压为负。

取 AK 段为隔离体,沿 N_K 方向投影,由 $\sum X'=0$,得

$$N_K = -Y_A\sin\varphi_K - H\cos\varphi_K + P_1\sin\varphi_K = -(Y_A - P_1)\sin\varphi_K - H\cos\varphi_K$$

而在相应的简支梁上,$Q_K^0 = y_A^0 - P_1$

∴ $$N_K = -(Q_K^0\sin\varphi_K + H\cos\varphi_K) \tag{18-4}$$

由此可见,拱截面有轴力,且为压力。

有了上述公式,再已知拱轴的曲线方程,就可以很容易计算任一截面的内力,作出内力图。

例 18-6 试求图 18-29 所示圆弧三铰拱的支座反力,并求截面 K 的内力。

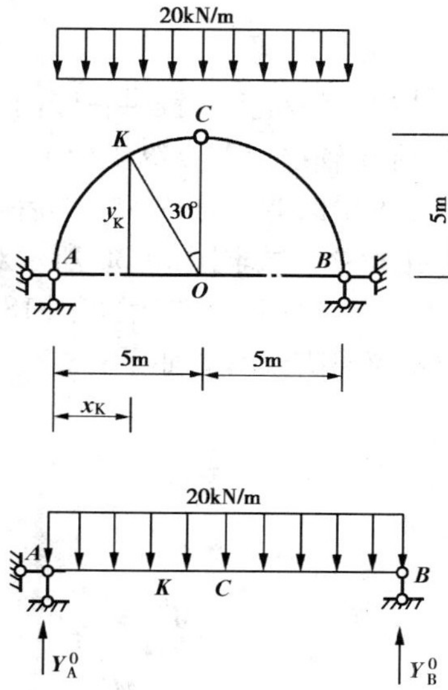

图 18-29

解 先求对应简支梁的支座反力和相关截面弯矩。

由对称性,$Y_A^0 = Y_B^0 = \dfrac{1}{2}\times 20\times 10 = 100\text{kN}$

$$M_C^0 = \frac{1}{8}\times 20\times 10^2 = 250\text{kN·m}$$

又 $$x_K = 5 - 5\sin30° = 2.5\text{m}$$
$$y_K = 5\cos30° = 4.33\text{m}$$

$$M_K^0 = Y_A^0 x_K - 20\cdot x_K\cdot\frac{x_K}{2} = 100\times 2.5 - \frac{20}{2}\times 2.5^2$$
$$= 187.5\text{kN·m}$$

$$Q_K^0 = Y_A^0 - q\cdot x_K = 100 - 20\times 2.5 = 50\text{kN}$$

由公式(18-1)~(18-4)可得:

$$Y_A = Y_A^0 = 100\text{kN}$$

$$Y_B = Y_B^0 = 100\text{kN}$$

$$H = \frac{M_C^0}{f} = \frac{250}{5} = 50\text{kN}$$

$$M_K = M_K^0 - H\cdot y_K = 187.5 - 50\times 4.33 = -29\text{kN·m}$$

$$Q_K = Q_K^0\cos\varphi_K - H\sin\varphi_K = 50\times\cos30° - 50\times\sin30° = 6.16\text{kN}$$

$$N_K = -Q_K^0\sin\varphi_K - H\cos\varphi_K = -11.16\text{kN}$$

四、三铰拱的合理拱轴

对于三铰拱来说,在一般情况下,截面上同时有弯矩、剪力、轴力的作用。轴力使截面上产生均匀的正应力,但弯矩则产生不均匀的正应力,于是截面处于偏心受压状态,截面上的正应力分布不均匀。截面上的弯矩越小,截面的受压状态越均匀。如果使弯矩为零,则截面上的正应力将均匀分布。在给定荷载作用下,可以选择一条适当的拱轴线,使拱上各截面只承受轴力,而弯矩为零。这样的拱轴线就称为**合理拱轴**。

由公式(18-2)知,任意截面 K 的弯矩为 $M_K = M_K^0 - H \cdot y_K$

当拱的跨度和荷载为已知时,M_K^0 与拱轴无关,H 和 y_K 则与拱轴有关,其中 H 只与三个铰的位置有关,而与铰间的轴线无关。因此,可以在三个铰位置不变的前提下(即跨长 l 和拱矢高 f 不变)适当地选择拱的轴线形式,使拱中各截面的弯矩 M 都为零。即

$$M = M^0 - H \cdot y = 0$$

$$\therefore \qquad y = \frac{M^0}{H} \tag{18-5}$$

式(18-5)称为三铰拱在竖向荷载作用下合理拱轴的一般方程。它表明,在竖向荷载作用下,合理拱轴线上各点纵坐标 y 与相应简支梁弯矩图的纵坐标成正比。当荷载已知,只要求出相应简支梁的弯矩方程 M^0,然后除以 H,便得到合理拱轴线方程。

例 18-7 试求图 18-30 所示对称三铰拱在竖向均布荷载 q 作用下的合理拱轴。

解 作出相应简支梁如图 18-30b)所示,取隔离体如图 18-30c)所示,可分别求出支座反力和相应简支梁弯矩如下:

$$Y_A^0 = Y_B^0 = \frac{ql}{2}$$

$$Y_A = Y_B = \frac{ql}{2}$$

$$M_C^0 = \frac{1}{8}ql^2$$

$$H = \frac{M_C^0}{f} = \frac{ql^2}{8f}$$

$$M^0 = Y_A^0 x - q \cdot x \cdot \frac{x}{2} = \frac{ql}{2} \cdot x - \frac{1}{2}qx^2$$

$$= \frac{1}{2}qx(l - x)$$

由公式(18-5)可得

$$y = \frac{M^0}{H} = \frac{\frac{qx}{2}(l - x)}{\frac{ql^2}{8f}} = \frac{4f}{l^2}x(l - x)$$

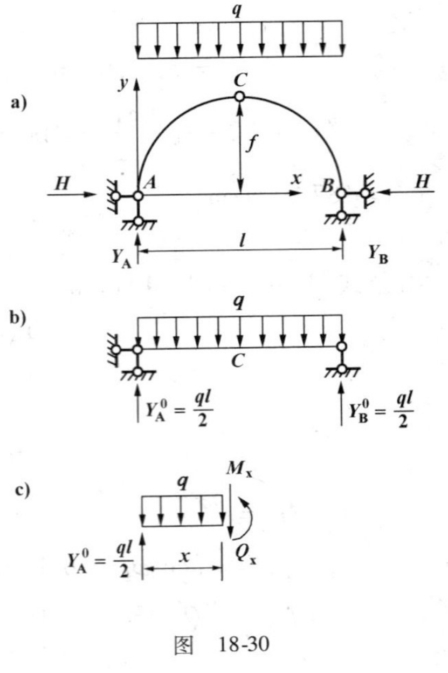

图 18-30

这是一个二次抛物线方程。由此可知,在满跨竖向均布荷载作用下,三铰拱的合理拱轴是一抛物线。

§18-4　静定平面桁架

一、桁架的特点及组成

若干直杆两端联结简化为铰链联结，这样构成的几何不变体系称为桁架。在土木工程中应用广泛。如民用房屋和工业厂房的屋架、托架，特别是在大跨度结构中，桁架更是一种重要的结构形式。武汉长江大桥和南京长江大桥的主体结构都是桁架。

桁架的实际受力情况比较复杂。为了简化计算，又能反映杆件的主要受力特点，在选取桁架的计算简图时，通常假设：

1. 各杆的两端用无摩擦的理想铰连接；

2. 各杆的轴线都是直线，且通过铰的中心，都在同一平面内；

3. 荷载和支座反力都作用在结点上并位于桁架平面内。

满足上述假定的桁架称为理想桁架，如图 18-31 所示。理想桁架中的各杆只产生轴力，都是二力杆，其任一截面上的正应力均匀分布。理想桁架与工程实际中的桁架有一定的差异，例如连结各杆的并不是理想的铰，结点具有一定的刚性，有些杆件在结点处可能连续不断，或各杆之间的夹角几乎不可能变动；另外，各杆轴不可能绝对平直，结点上各杆的轴线也不一定全交于一点，有时荷载不一定都作用在结点上等。但在一般情况下，按桁架计算简图计算的结果，可以满足工程使用要求。只是在较精确的计算中或计算较重要的结构时，才考虑桁架杆端弯矩产生的附加内力。

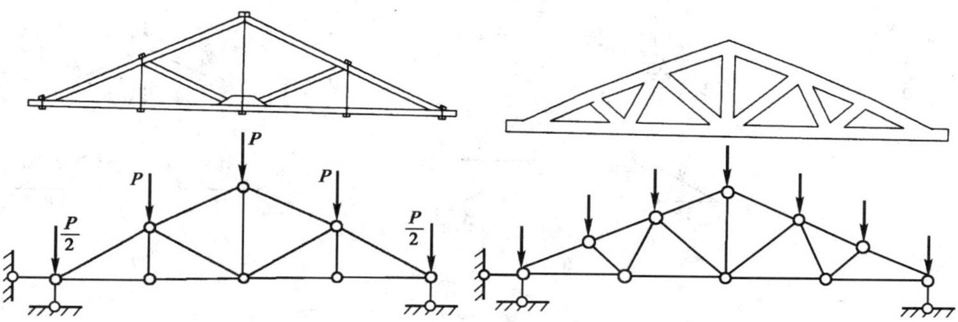

图　18-31

桁架各杆依其所在位置不同，分为弦杆和腹杆。桁架上、下外围的杆件分别称为上弦杆和下弦杆；桁架上、下弦之间的叫做腹杆，腹杆又分为竖杆和斜杆。

常用的桁架按其几何组成，可分为简单桁架和联合桁架。简单桁架由一个基本铰接三角形开始，依次增加二元体组成，如图 18-32a）所示；联合桁架由几个简单桁架按照几何不变体系的组成规则联成，如图 18-32b）所示。简单桁架和联合桁架都是静定桁架。

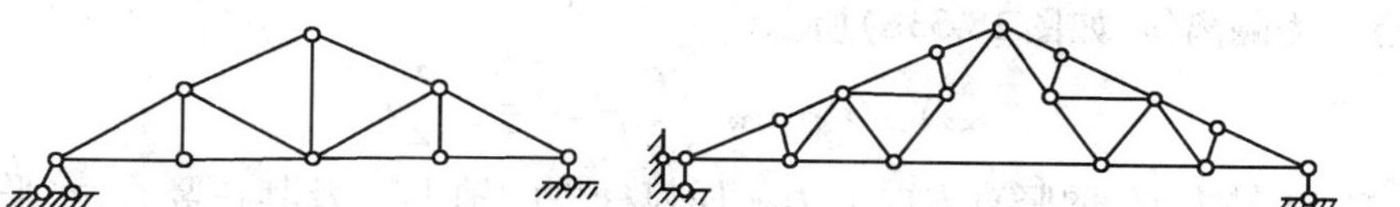

a)　　　　b)

图　18-32

二、静定平面桁架的内力计算

1. 结点法

结点法就是取桁架的结点为隔离体，利用结点的静力平衡条件来计算杆件的内力。因为桁架的各杆只承受轴力，每一个结点上有已知的荷载或支座反力和未知的杆件轴力，这些力组成了一个平面汇交力系，用平面汇交力系的平衡条件，可以解出两个未知轴力。因此在用结点法求桁架的轴力时，应当从只包含两个或一个未知力的结点开始，依次进行结点计算。

在画结点隔离体时，对已知的力要按实际方向画出，包括荷载、支座反力和已知轴力；对未知的杆件内力，假设受拉。这样的假设计算出的正负号能表示内力的性质：计算结果为正号是拉力，计算结果为负号是压力。

例 18-8　试用结点法计算图 18-33a）所示桁架的内力。

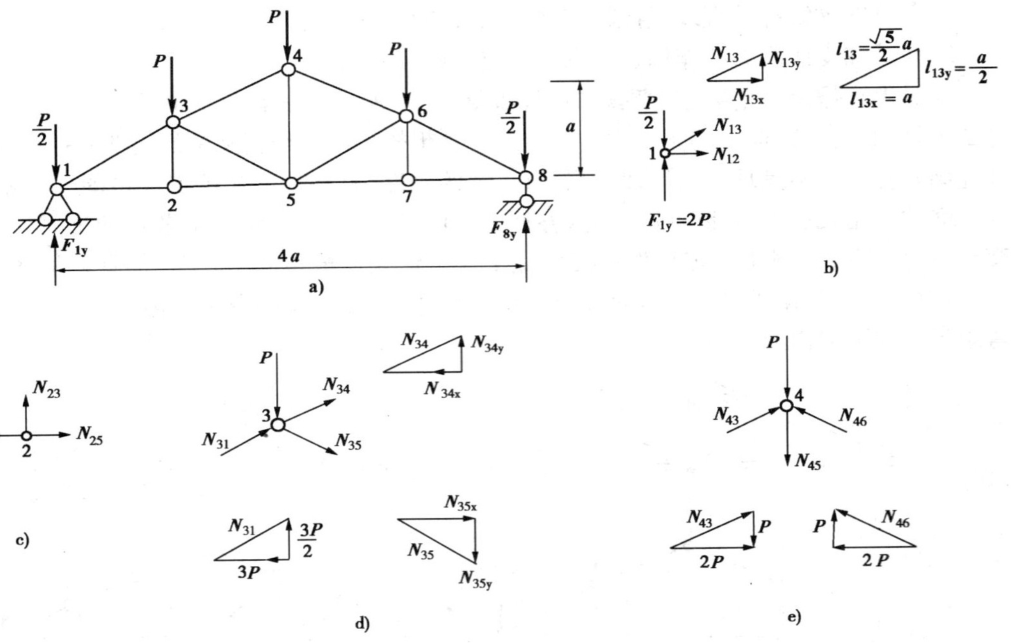

图　18-33

解　桁架和荷载都是对称的，所以相应的支座反力和杆件内力也是对称的。

1. 计算支座反力

$$F_{1y}=F_{8y}=2P$$

2. 计算各杆的内力

从只含两个未知力的结点开始，这里有 1、8 两个结点，我们从结点 1 开始，然后依次分析其相邻结点。

取结点 1 为隔离体，如图 18-33b）所示。

$$\sum Y=0 \quad N_{13y}=\frac{P}{2}-2P=-\frac{3}{2}P$$

N_{13y}为杆 13 轴力 N_{13}的竖直方向分力。任何杆件的轴力 N 及其在竖直、水平两方向的分力 N_y、N_x 与该杆长度 l 及其在竖直、水平方向的投影 l_y、l_x 对应成比例，即$\frac{N}{l}=\frac{N_y}{l_y}=\frac{N_x}{l_x}$，对于 13

杆，力与长度对应关系如图 18-33b）所示。

由比例关系得 $$N_{13x}=2N_{13y}=-3P$$

$$N_{13}=\sqrt{5}N_{13y}=-\frac{3}{2}\sqrt{5}P=-3.35P$$

由 $\sum X=0$ 得 $N_{12}=-N_{13x}=3P$

取结点 2 为隔离体，如图 18-33c）所示。

由 $$\sum Y=0 \text{ 得 } N_{23}=0$$

由 $$\sum X=0 \text{ 得 } N_{25}=N_{21}=3P$$

取结点 3 为隔离体，如图 18-33d）所示。

$$\sum Y=0 \text{ 得 } N_{34y}-N_{35y}-P+\frac{3}{2}P=0$$

即 $$N_{34y}-N_{35y}=-\frac{1}{2}P \tag{a}$$

$$\sum X=0 \text{ 得 } N_{34x}+N_{35x}+3P=0$$

即 $$N_{34x}+N_{35x}=-3P \tag{b}$$

利用比例关系 $N_{34x}=2N_{34y}\quad N_{35x}=2N_{35y}$，联立式（a）、（b），得

$$N_{34y}=-P\quad N_{35y}=-\frac{1}{2}P$$

$$N_{34x}=-2P\quad N_{35x}=-P$$

$$N_{34}=-\sqrt{5}P=-2.24P$$

$$N_{35}=-\frac{\sqrt{5}}{2}P=-1.12P$$

取结点 4 为隔离体，如图 18-33e）所示。

由对称性可知，$N_{46}=N_{43}=-2.24P$；由 $\sum Y=0$ 得 $N_{45}=P$。

将所有计算结果标注于图上，如图 18-34 所示。

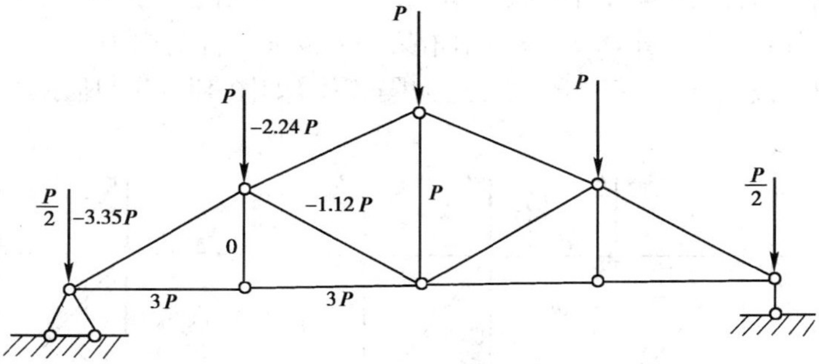

图 18-34

在桁架中常有一些特殊形状的结点，掌握了这些特殊结点的平衡规律，可给计算带来很大的方便。现列举几种特殊结点如下：

（1）**不共线的两杆结点，若无荷载作用**［图 18-35a）］，**则两杆的内力都等于零。凡内力等于零的杆件称为零杆。**

（2）**不共线的两杆结点，若有与一杆共线的荷载作用**［图 18-35b）］，**则另一杆必为零杆。**

（3）**三杆结点上无荷载作用时，若其中两杆共线**［图 18-35c）］，**则另一杆必为零杆，而在同一直线上的两杆的内力，必定大小相等，且性质相同。**

(4)**四杆结点上无荷载作用时，若四杆两两共线**[图 18-35d)]，**则在同一直线上的两杆的内力大小相等，且符号相同。**

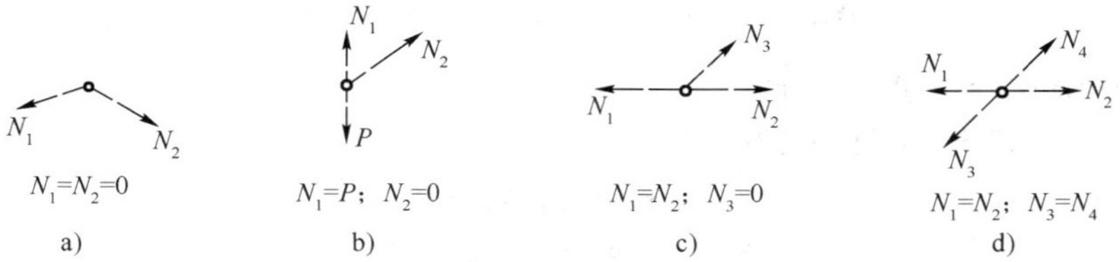

图 18-35

利用上述结论，可以判断图 18-36 中用虚线所示的零杆。在分析桁架时，首先将零杆识别出来，可使计算工作大为简化。

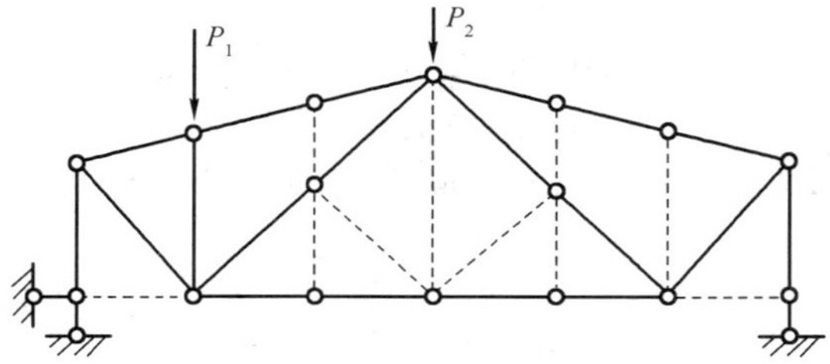

图 18-36

2. 截面法

截面法就是取部分桁架(包括两个或两个以上结点)为隔离体，利用该隔离体的平衡条件求解内力。作用于隔离体上有荷载、支座反力和未知的杆件内力，这些力组成了平面一般力系。如果隔离体上未知力数目不多于三个，则可以利用平面一般力系的三个平衡方程，求出这一截面上的全部未知力。截面法对于联合桁架或对桁架中指定杆件内力的计算十分快捷。

例 18-9 试用截面法求图 18-37a)所示桁架中 a、b、c 三杆的内力。

解 作截面 I-I 截断 a、b、c 三杆，取右边为隔离体，如图 18-37b)所示。建立平衡方程，求解未知力。

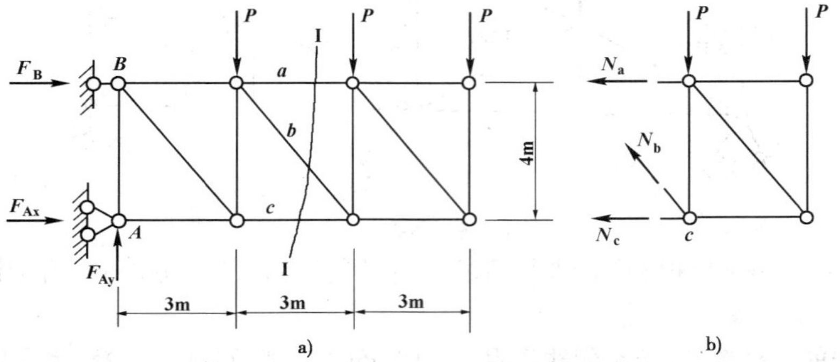

图 18-37

$$\sum M_C = 0 \quad 4N_a - 3P = 0 \quad \therefore N_a = \frac{3}{4}P$$

$$\sum Y = 0 \quad \frac{4}{5}N_b = 2P \quad \therefore N_b = 2.5P$$

$$\sum X=0 \quad N_a+N_c+\frac{3}{5}N_b=0$$

$$\therefore \qquad N_c=-N_a-\frac{3}{5}N_b=-\frac{3}{4}P-\frac{3}{5}\times\frac{5}{2}P=-\frac{9}{4}P=-2.25P$$

3. 结点法与截面法的联合应用

在桁架的计算中，经常只需求解某几根指定杆件的内力。如单独采用结点法求解，必须从端部开始，逐个截取结点，步骤较多。单独采用截面法求解，有时会出现太多未知内力，难以求出结果。这时，联合应用结点法和截面法，效果较好。

如在图18-38所示桁架中，欲求斜杆 a、b 的内力，若单独使用结点法或截面法，都难以一次得出结果。可先用结点法，取结点1为隔离体，由 $\sum X=0$，建立 N_a、N_b 的关系式；再用截面法，取I-I截面的左半桁架为隔离体，由 $\sum Y=0$，建立 N_a、N_b 的关系式，联立解出 N_a、N_b。

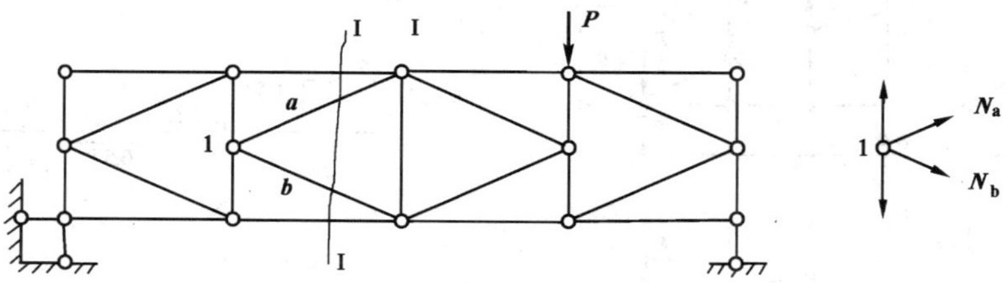

图 18-38

又如在图18-39中，要计算 a 杆的内力。如果单独用截面法或单独用结点法，都难以求出结果。这时，就可以联合应用结点法和截面法。先用截面I-I截取半个桁架，利用 $\sum M_A=0$，可求出 N_b；再用截面II-II截取左侧部分桁架，由 $\sum M_D=0$，可求出 N_C；最后取结点 E，由 $\sum Y=0$，可求出 N_a。

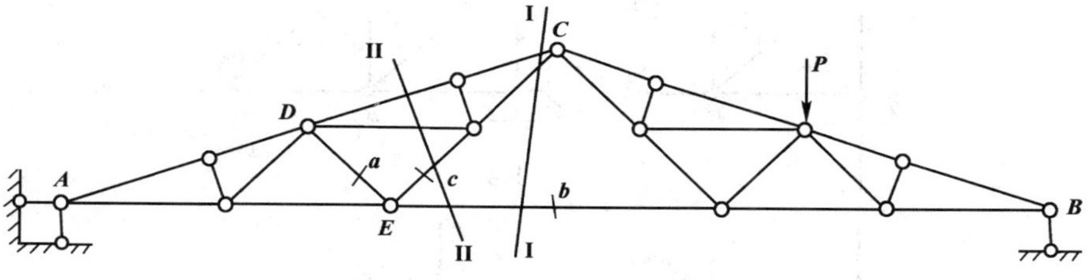

图 18-39

三、几种常用桁架的内力分布及比较

工程中常用的桁架根据其外形可分为四种：平行弦桁架、三角形桁架、抛物线桁架和梯形桁架。为了便于比较，我们分析几种桁架在相同跨度和相同荷载作用下的主要内力值，并与同跨度、同荷载的简支梁相比较。在图18-40中a)、b)、c)、d)所示为四种桁架，图e)所示为它们的对应简支梁，f)、g)分别为相应简支梁的弯矩图和剪力图。

1. 平行弦桁架

用截面法分别取平行弦桁架和相应简支梁的隔离体如图18-41所示。通过平衡方程求出三杆轴力如下：

$$\sum M_A=0 \quad N_2=\frac{2.5Pa}{a}=\frac{M^0}{a}$$

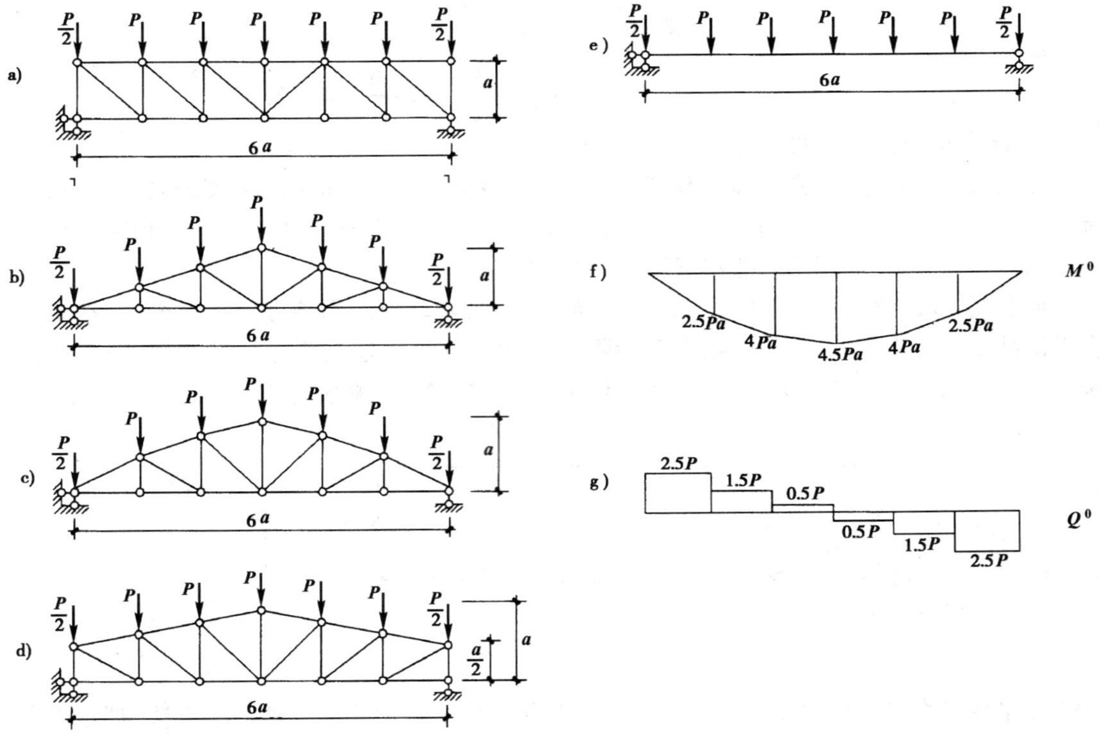

图 18-40

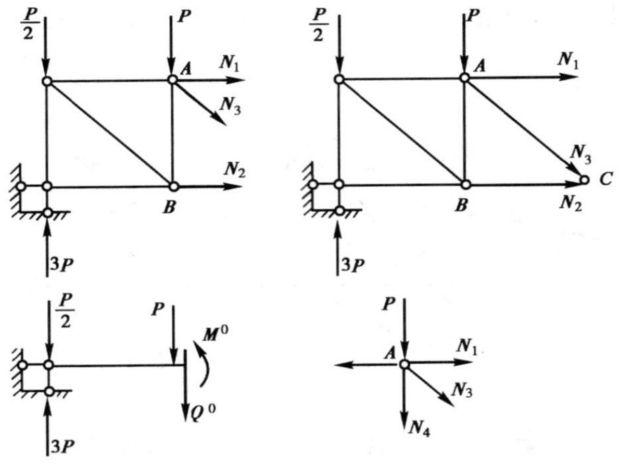

图 18-41

$$\sum Y=0 \quad N_{3y}=3P-\frac{P}{2}-P=1.5P=Q^0$$

$$\sum M_C=0 \quad N_1=-\frac{2.5Pa\cdot 2a-Pa}{a}=-\frac{4Pa}{a}=-\frac{M^0}{a}$$

对结点 A 取隔离体，由 $\sum Y=0$，可得 AB 杆轴力 N_4 为：

$$N_4=-P-N_{3y}=-2.5P=-Q^0$$

其他节间可由此类推，也可得出相同的结论。将上述结果归纳起来，有：(1) 弦杆内力 $N_x=\pm\frac{M^0}{a}$，即弦杆内力值与 M^0 成正比，上弦杆受压，下弦杆受拉，类似于一个高度较大的简支梁。(2)腹杆竖向内力 $N_y = \pm Q^0$,即腹杆(包括竖杆和斜杆)内力的竖向分量等于相应简支梁的剪力 Q^0,竖杆受压,斜杆受拉。

2. 三角形桁架

用同样的方法可得出,弦杆内力的水平分量为 $N_x = \pm \dfrac{M^0}{r}$,r 为各节间桁架的高,也即是竖杆的长度。

3. 抛物线桁架

同样可得弦杆内力为 $N_x = \pm \dfrac{M^0}{r}$,此时,r 也是各节间竖杆的长度。由于 r 和 M^0 都是抛物线分布,因而各节间的弦杆内力水平分量相等,即下弦杆内力大小相等,上弦杆内力因倾斜变化不大也近乎相等,同时,腹杆内力全部为零。

4. 梯形桁架

梯形桁架介于平行弦桁架和三角形桁架之间,上下弦杆的内力变化不大,腹杆内力由两端向中间递减。

四种桁架的内力见图 18-42。

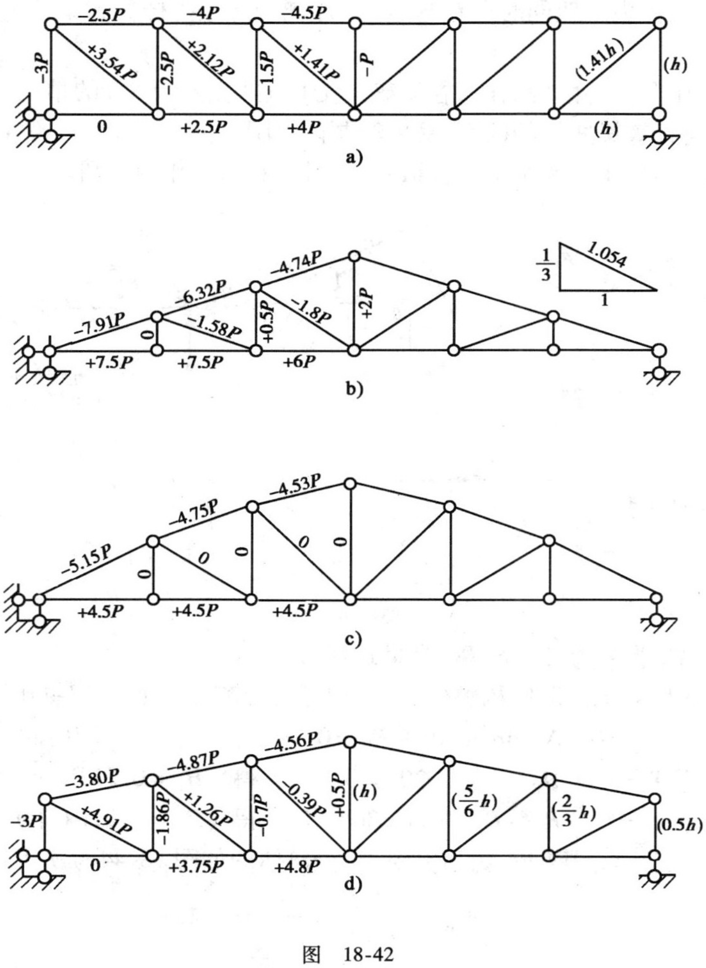

图 18-42

其中，抛物线拱的计算较复杂，现将过程简单列于后，以供参考。

跨度为 $2a$，高为 h 的抛物线拱，拱形方程为 $x^2=\frac{a^2}{h}(h-y)$；在此例中，$a=3h$，拱形方程可表达为 $x^2=qh(h-y)$，由此可求出各竖杆的高度依次为 $8/9h$、$5/9h$，如图 18-43 所示。

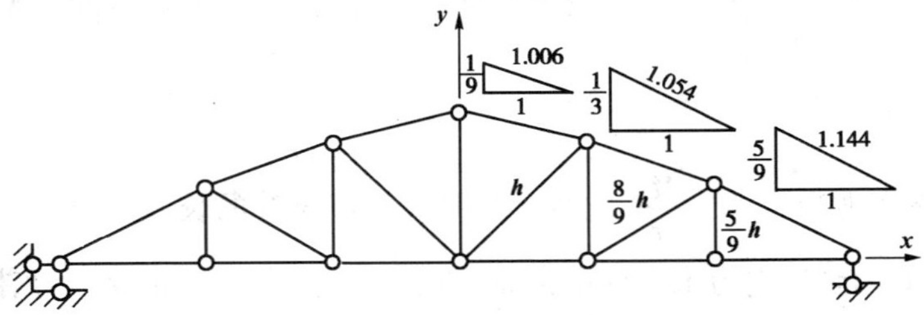

图 18-43

§18-5 静定平面组合结构的计算

在有些结构中，一部分杆件横截面上的内力只有轴力，这些杆件称为链杆，也称二力杆。有些杆件横截面上的内力一般同时存在弯矩、剪力、轴力，这些杆称为梁式杆。这样的结构称为组合结构。

分析组合结构中各杆件的内力时，在明确外力（包括支座反力）的情况下，一般先计算各链杆的轴力，然后再计算梁式杆的内力，最后绘制内力图。

例 18-10 试分析图 18-44 所示组合结构中各杆内力，并作内力图。

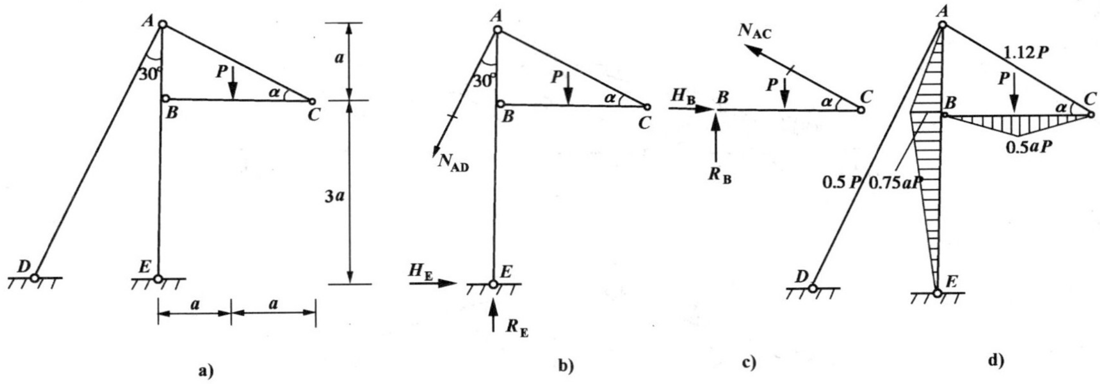

图 18-44

解 显然 AD、AC 为二力杆，AE、BC 为梁式杆。

切断 AD 杆，轴力为 N_{AD}，取结构整体为研究对象，分离体图如图 18-44b) 所示。

$$\sum M_E=0 \quad N_{AD}4a\sin30°-Pa=0 \qquad 得 \quad N_{AD}=0.5P(拉)$$

$$\sum X=0 \quad H_E-N_{AD}\sin30°=0 \qquad 得 \quad H_E=0.25P(\rightarrow)$$

$$\sum Y=0 \quad R_E-P-N_{AD}\cos30°=0 \qquad 得 \quad R_E=1.22P(\uparrow)$$

切断杆 AC，轴力为 N_{AC}，取 BC 为研究对象，分离体图如图 18-44c) 所示。

$$\sum M_B=0 \quad N_{AC}=\frac{Pa}{2a\sin\alpha}=\frac{P}{2\frac{1}{\sqrt{5}}}=1.12P(拉)$$

杆 AD、AC 轴力标示在杆的一侧，由以上数据可画出梁式杆的弯矩图如图 18-44d）所示。AE、BC 杆的剪力图，轴力图请同学完成。

小　结

这一章主要讲述了下列几个方面的内容：

一、静定结构的定义

静定结构中的所有约束反力和内力可用静力平衡条件求得，而且是唯一的。一组荷载作用在静定结构上，其产生的结果等于每一个荷载单独作用所产生的结果之和。

二、静定结构的分类

1. 静定梁：包括单跨静定梁（简支梁、伸臂梁、悬臂梁等）、多跨静定梁。
2. 静定平面刚架：刚架是由梁和柱组成的结构，它的最大特征是具有刚结点。包括悬臂刚架、简支刚架、三铰刚架、组合刚架等。
3. 拱：包括无铰拱、两铰拱和三铰拱。
4. 静定平面桁架：

（1）按其几何组成可分为简单桁架、联合桁架；

（2）按其外形可分为平行弦桁架、三角形桁架、抛物线桁架和梯形桁架。

5. 静定组合结构：是指结构中包含有受力性质完全不同的两类杆件。

三、常用静定结构的受力特点

1. 简支梁、伸臂梁、悬臂梁、多跨静定梁，均由受弯构件组成，其应力分布不均匀。
2. 拱和三铰刚架：均有水平推力存在，并使弯矩减小；三铰刚架各杆件为受弯构件。
3. 桁架：在结点荷载作用下，各杆件只产生轴力，杆件截面上正应力分布均匀。
4. 静定平面组合结构：

（1）梁式杆：其内力一般有弯矩、剪力和轴力；

（2）二力杆：其内力只有轴力。

四、计算内力的基本方法

有截面法和结点法两种。

五、内力图是结构设计的重要依据

应按其基本要求绘制。特别注意各控制截面的内力。另外要进行内力图的校核，通常截取结点或结构的一部分，验算其是否满足平衡条件。

习　题

18-1　试作题 18-1 图示多跨静定梁的内力图。

18-2　试作题 18-2 图示刚架的内力图。

18-3　试求题 18-3 图示三铰拱截面 F 的内力。

18-4　试求题 18-4 图示抛物线三铰拱截面 D 和 E 的内力。已知拱轴方程为：$y=\frac{4f}{l^2}x(l-x)$。

18-5　试用结点法计算题 18-5 图示桁架中各杆的内力。

18-6　试用截面法计算题 18-5b）图中各杆的内力。

18-7　试用较为简捷的方法计算题 18-7 图示桁架中指定杆件（图截线）的内力。

18-8　求题 18-8 图示静定平面组合结构中梁式杆和二力杆的内力，并画内力图。

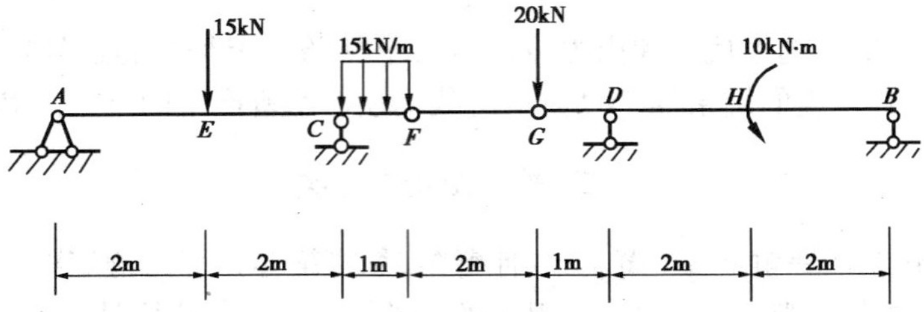

a)

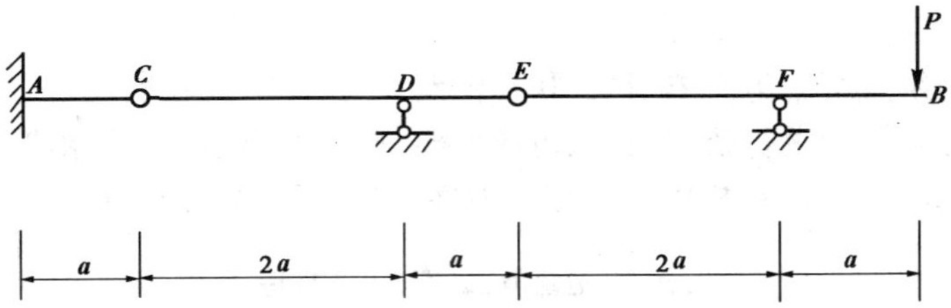

b)

题 18-1 图

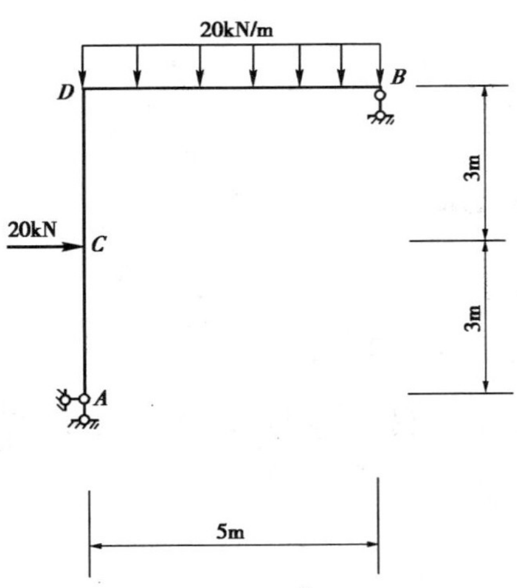

a)

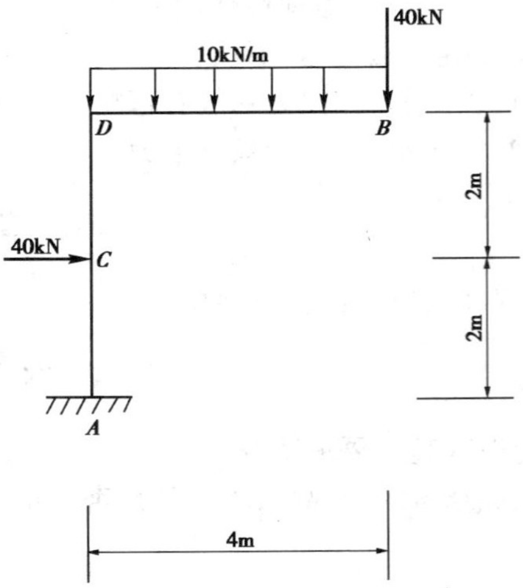

b)

题 18-2 图

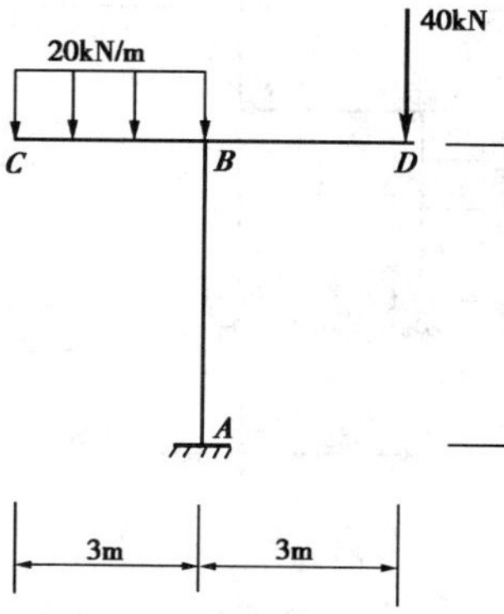

c)

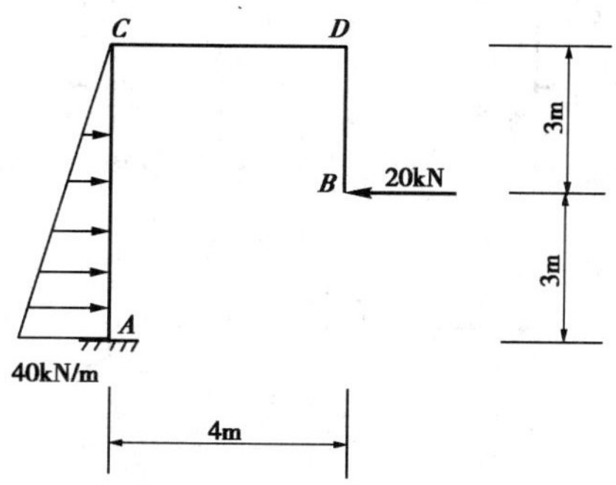

d)

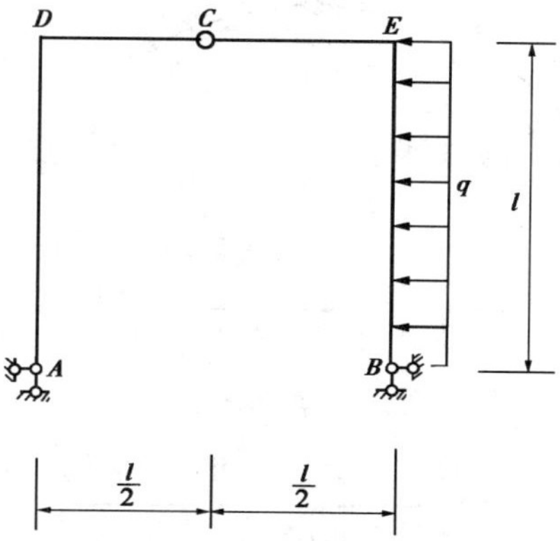

e)

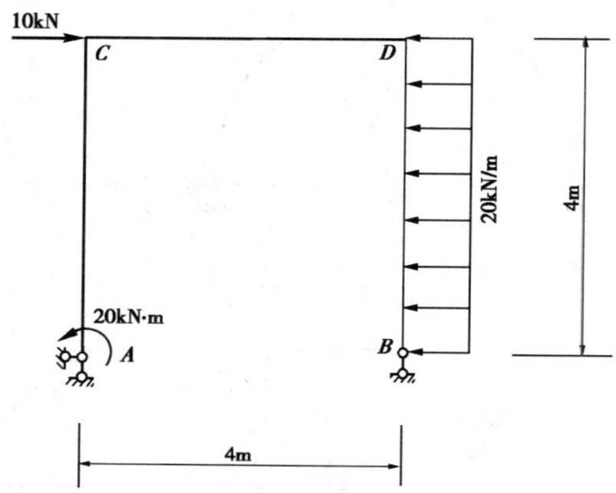

f)

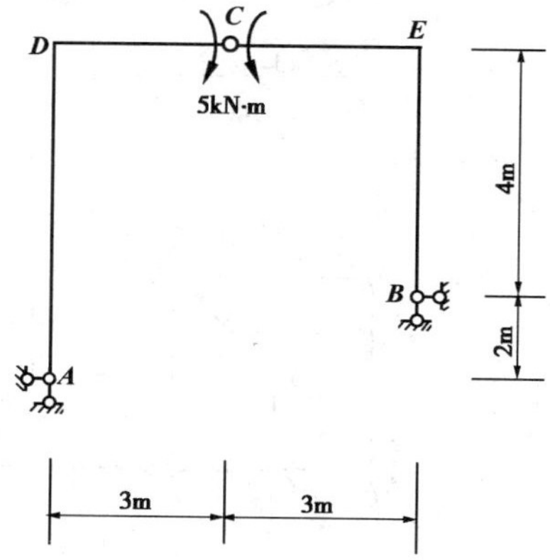

g)

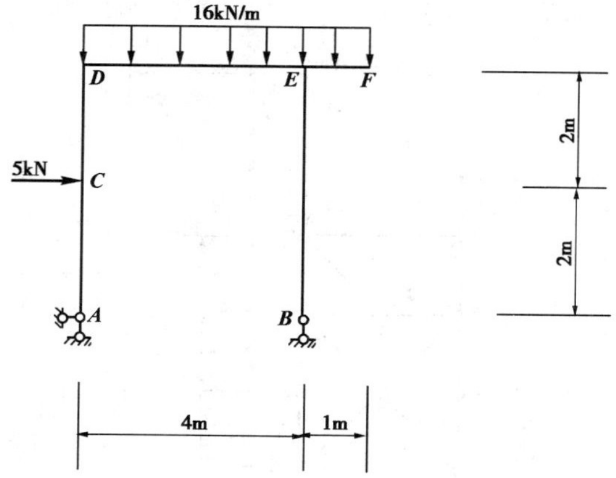

h)

题 18-2 图

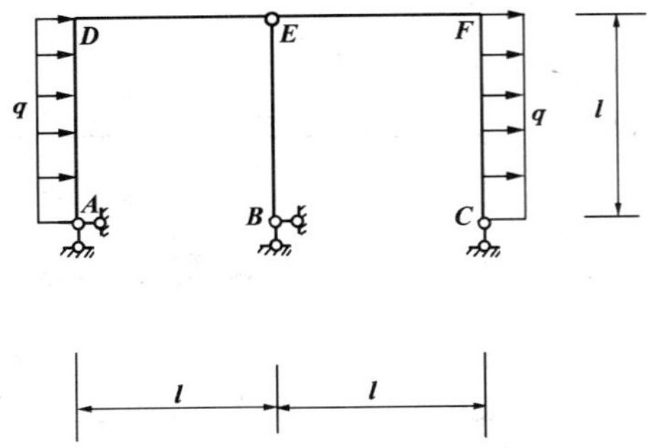

i)

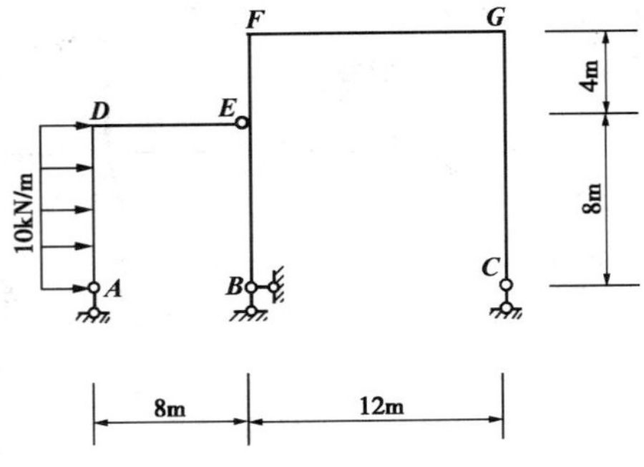

j)

题 18-2 图

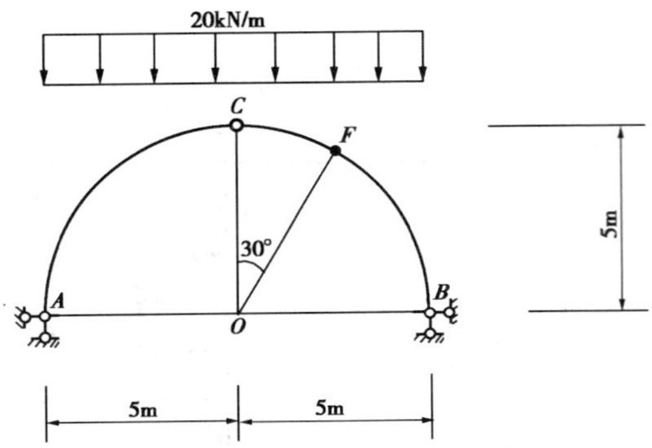

题 18-3 图

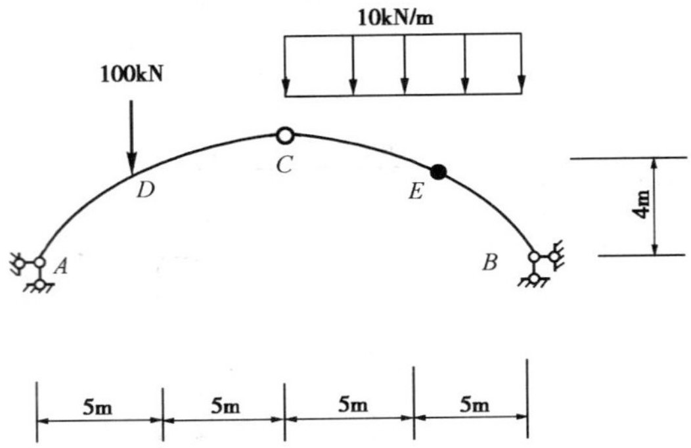

题 18-4 图

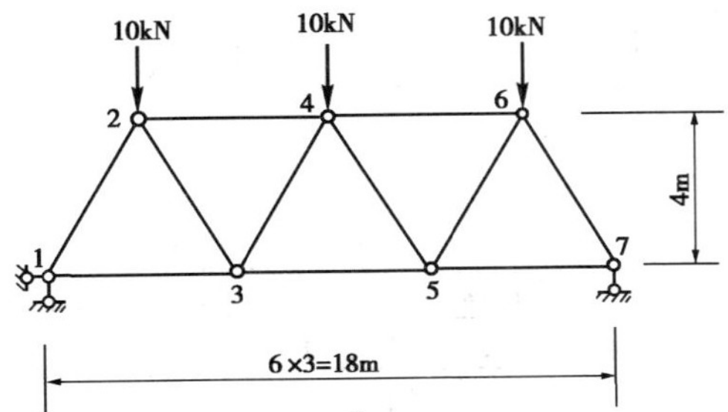

a)

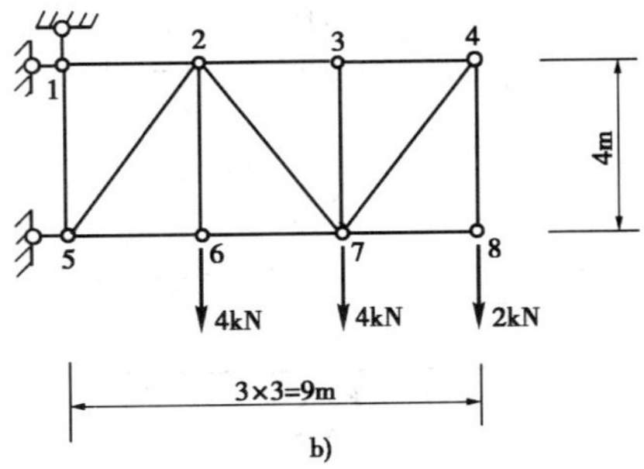

b)

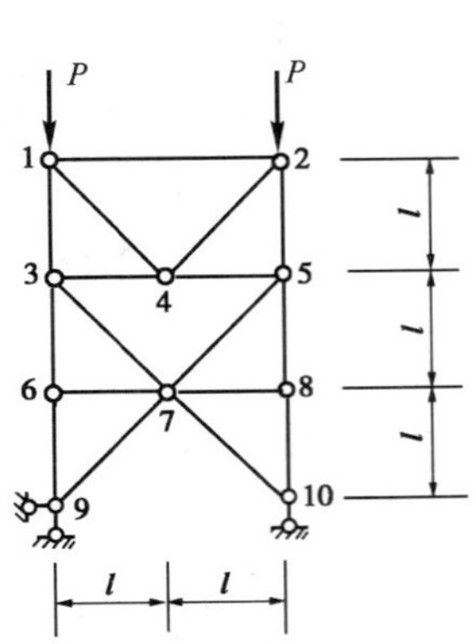

c)

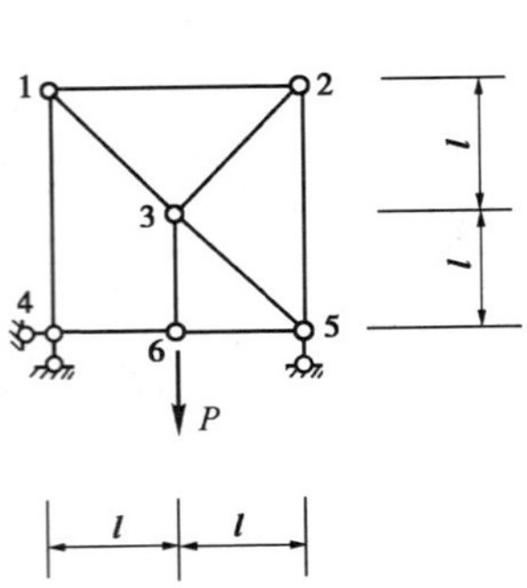

d)

题 18-5 图

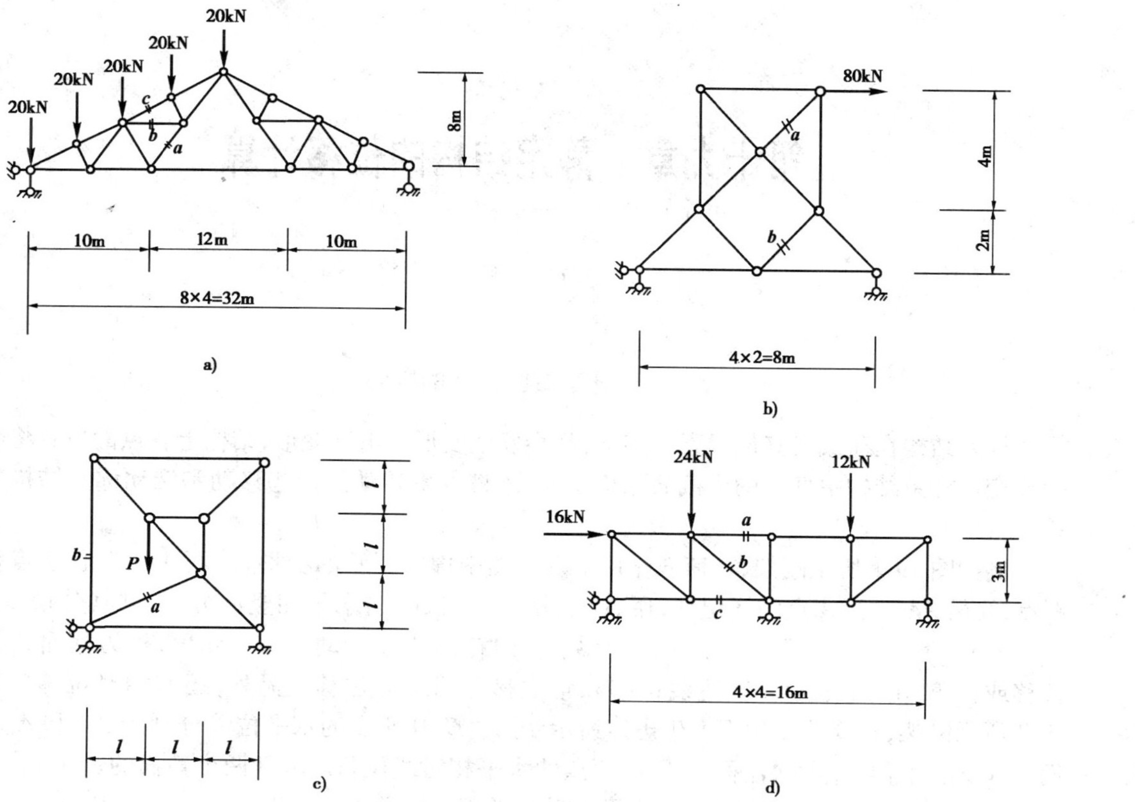
20kN
20kN
20kN
20kN
20kN
c
b
a
8m
10m
12m
10m
8×4=32m
a)
80kN
a
b
4m
2m
4×2=8m
b)
b
P
a
l
l
l
l
l
l
c)
24kN
12kN
16kN
a
b
c
3m
4×4=16m
d)

题 18-7 图

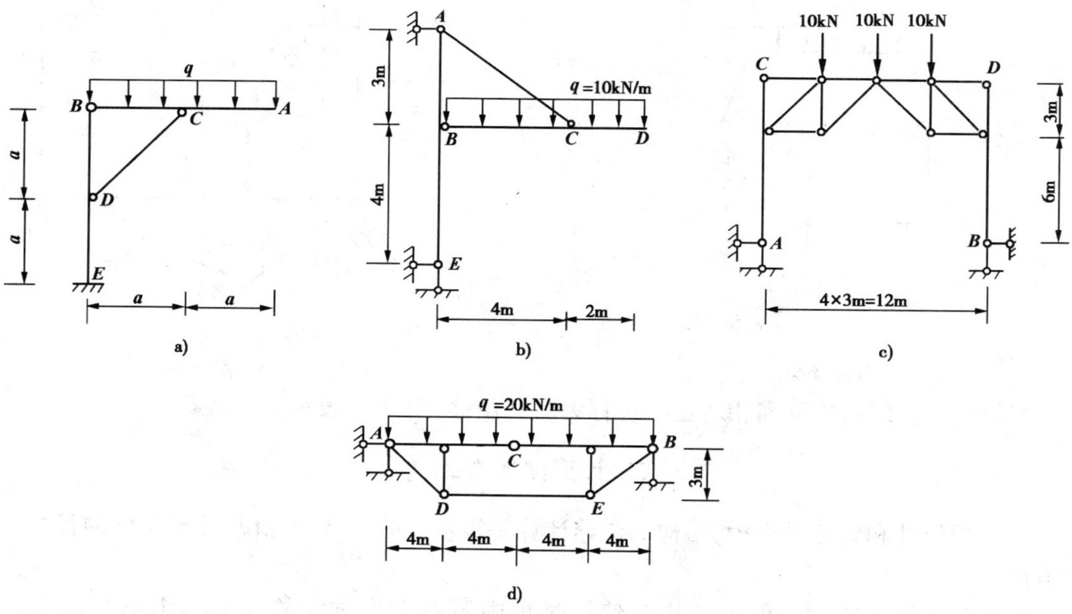
q
B
A
C
D
E
a
a
a
a
a)
A
q =10kN/m
B
C
D
E
3m
4m
4m
2m
b)
10kN
10kN
10kN
C
D
A
B
3m
6m
4×3m=12m
c)
q =20kN/m
A
B
C
D
E
3m
4m
4m
4m
4m
d)

题 18-8 图

第十九章　静定结构的位移计算

§19-1　概　　述

一、杆系结构位移的概念

杆系结构在荷载或其他因素作用下，都会发生变形。由于变形，结构上各点的位置将会发生改变。杆系结构中杆件的横截面除移动外，还将发生转动。这些移动和转动称为结构的位移。

例如图19-1所示刚架，在荷载作用下发生图中虚线所示的变形，截面A的形心A点移到A'点，线段AA'称为A点的线位移，用Δ_A表示。若将Δ_A沿水平和竖向分解，则其分量Δ_{AH}和Δ_{AV}分别称为A点的水平位移和竖向位移。同时截面A还转动了一个角度，称为截面A的角位移或转角，用φ_A表示。上述线位移和角位移称为绝对位移。另外，还有相对位移。如图19-2所示刚架，在荷载作用下产生虚线所示变形。C、D两点的水平位移分别为Δ_{CH}和Δ_{DH}，它们的和$\Delta_{(C-D)H}=\Delta_{CH}+\Delta_{DH}$称为$C$、$D$两点的水平相对线位移。$A$、$B$两个截面的转角为$\varphi_A$和$\varphi_B$，它们的和$\varphi_{AB}=\varphi_A+\varphi_B$称为$A$、$B$两个截面的相对转角。

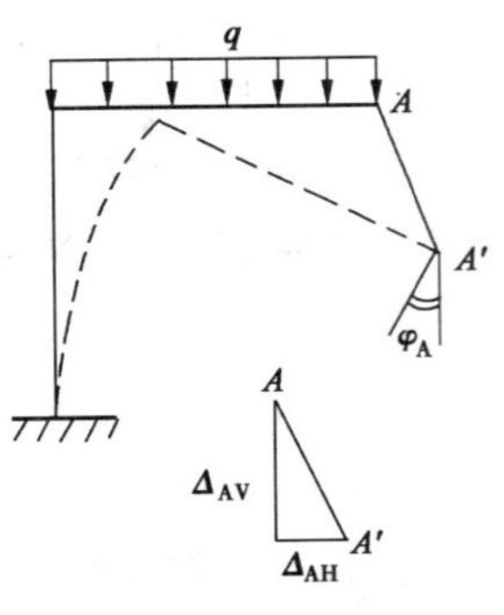

图　19-1

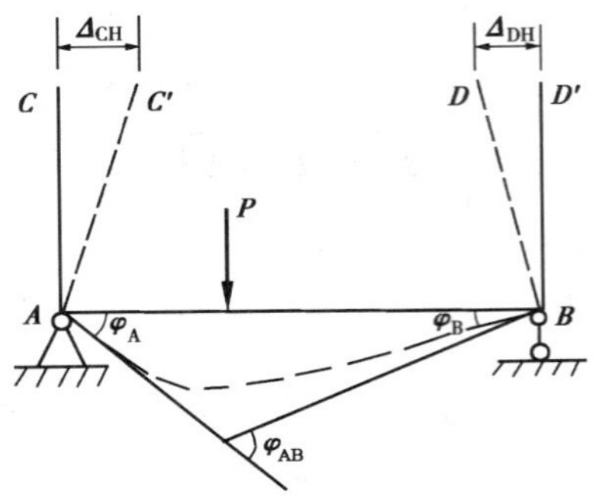

图　19-2

我们将以上绝对位移和相对位移统称为广义位移，用Δ来表示。

二、计算位移的目的

在工程设计和施工过程中，结构的位移计算是很重要的。概括地说，计算位移的目的有三个方面：

1. 验算结构的刚度。保证结构在使用过程中不致发生过大的变形而影响结构的正常使用。

2. 为超静定结构的计算打基础。因为在计算超静定结构的反力和内力时，由于多余未知力的存在，除利用静定平衡条件外，还必须考虑结构的变形条件，建立补充方程求解全部未知力。

3.在结构的制作、架设、养护过程中，常需要预先知道结构的变形情况，以便拟定出相应的施工措施，因而也需要进行位移计算。

本章所讨论的是线性弹性变形体系的位移计算。这具有以下条件：体系是几何不变体系；应力与应变符合虎克定律；位移是微小的。当荷载、温度变化，支座移动等作用时，可以应用叠加原理。

§19-2 变形体系的虚功原理

在力学中，功的定义是：一个不变的集中力所作的功等于该力的大小与其作用点沿力作用线方向所产生的位移的乘积。

如图 19-3 所示，大小和方向都不变的力 P 所作的功为：

$$T = P \cdot \Delta$$

又如图 19-4 所示，一力偶 $m = P \cdot D$ 作用在一转盘上，该转盘在力偶平面内顺力偶转向产生微小转角 θ，则此力偶所作的功为：$T = m \times \theta$，表明力偶所作的功等于力偶矩与转角（角位移）的乘积。

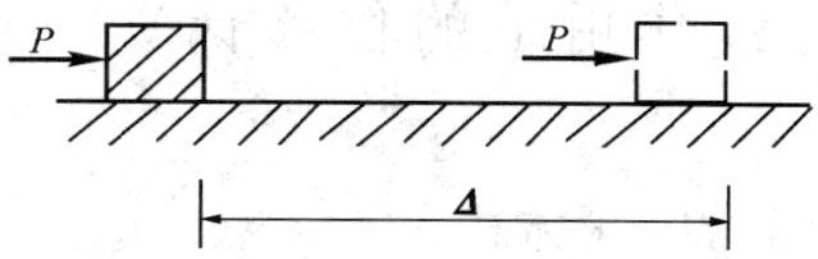

图 19-3

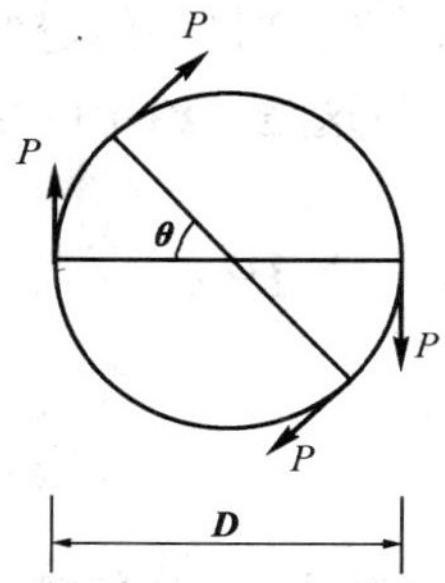

图 19-4

我们将力和力偶所作的功用一个统一的公式表示：

$$T = P\Delta \tag{19-1}$$

式中 P 称为广义力，既可代表力，也可代表力偶。Δ 称为广义位移，它与广义位移相对应。当力 P 与相对应的位移 Δ 方向一致时，所作的功为正；两者方向相反时，所作的功为负。

一、虚　　功

工程中有时做功的力不是产生位移的因素，位移 Δ 是由与力 P 无关的其他因素引起的，把力在其他因素引起的位移上所做的功，称为虚功。如图 19-5 所示杆件，在荷载 P 作用下，这时杆轴温度为 t。当温度升高 Δt 时，杆件伸长 Δ_2［如图 19-5b)］。在杆件位移 Δ_2 从零增加到最终值的过程中，P 已经是一个常力，因此，荷载 P 在其相应的位移上也要作功，其值为 $T_{12} = P\Delta_2$。由于位移 Δ_2 是由温度变化引起的，与力 P 无关，所以 P 所作的功 T_{12} 是虚功。“虚”字是强调位移与力彼此独立无关的特点。因此将两者看成是分别属于同一体系的两

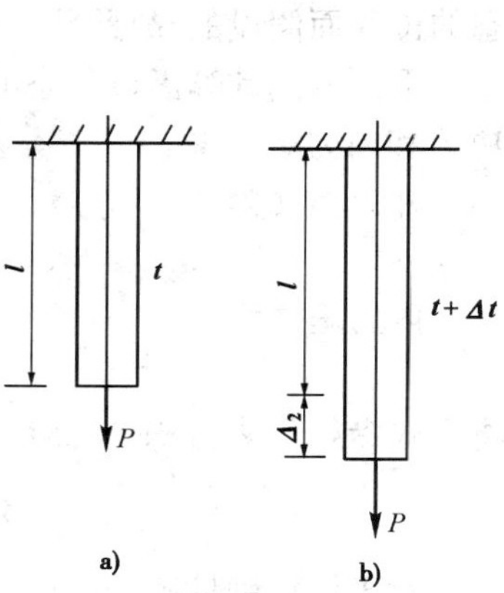

图 19-5

种彼此无关的状态，其中力系所属状态为力状态或第一状态[如图 19-5a)]，位移所属状态为位移状态或第二状态[如图 19-5b)]。则上述 T_{12}表示第一状态的外力在第二状态位移上所作的虚功。当位移与力的方向一致时，虚功为正；相反时，虚功为负。最后必须指出，在虚功中，力状态和位移状态是彼此独立无关的。因此，不仅可以把位移状态看作是虚设的，也可以把力状态看作是虚设的，它们各有不同的应用。

二、虚 功 原 理

虚功原理可表述为：变形体系处于平衡的充分和必要条件是，对于任何虚位移，外力所作的虚功总和等于各微段上的内力在其变形上所做的虚功总和，或简单地说，外力虚功等于内力虚功。可写为：

$$\text{外力虚功 } T = \text{内力虚功 } W$$

对于杆系结构来说，虚功原理可用下式表示：

$$T = \sum \int N_1 \, \mathrm{d}u_2 + \sum \int Q_1 \mathrm{d}v_2 + \sum \int M_1 \mathrm{d}\varphi_2 \tag{19-2}$$

上式称为杆系结构的虚功方程。

虚功原理在具体应用时有两种方式：

1. 虚位移原理：这是在给定的力状态与虚设的位移状态之间应用虚功原理。

2. 虚力原理：这是在给定的位移状态与虚设的力状态之间应用虚功原理。

§19-3　静定结构在荷载作用下的位移计算

一、结构位移计算的一般方式

现在利用虚功方程来研究静定结构在荷载作用下的位移计算问题。

如图 19-6a)所示结构在给定荷载 P 作用下产生图中虚线所示的变形，现在要求结构上某一点沿某一指定方向上的位移，如 K 点的竖向位移 Δ_{KP}。

为了应用虚功方程来解决这个问题，就需要建立两个状态，即力状态和位移状态。现求结构在荷载 P 作用下的位移，即为位移状态，也称实际状态。还必须建立一个力状态。由于力状态与位移状态彼此无关，因此，可根据计算需要来假设力状态。为了计算的方便起见，可在 K 点沿 Δ_{KP}方向加一个单位集中荷载 $\overline{P}_{\mathrm{K}}=1$，如图 19-6b)所示。因为 $\overline{P}_{\mathrm{K}}=1$ 是为了计算实际状态的位移而假设的，故此状态也称虚设状态。

下面分别计算虚设状态的外力和由此引起的内力在实际状态相应的位移上所作的外力虚功 T 和内力虚功 W。

外力虚功为

$$T = \overline{P}_{\mathrm{K}} \cdot \Delta_{\mathrm{KP}} = 1 \times \Delta_{\mathrm{KP}} = \Delta_{\mathrm{KP}}$$

内力虚功为

$$\mathrm{d}W = \overline{M}\mathrm{d}\varphi_{\mathrm{P}} + \overline{Q}\mathrm{d}v_{\mathrm{P}} + \overline{N}\mathrm{d}u_{\mathrm{P}}$$

将上式沿杆长进行积分，然后对结构各杆求和，便得到结构的内力虚功为

$$W = \sum \int \overline{M}\mathrm{d}\varphi_{\mathrm{P}} + \sum \int \overline{Q}\mathrm{d}v_{\mathrm{P}} + \sum \int \overline{N}\mathrm{d}u_{\mathrm{P}} \tag{19-3}$$

对于线性弹性范围内的变形，由材料力学可知上述变形分别按下式计算：

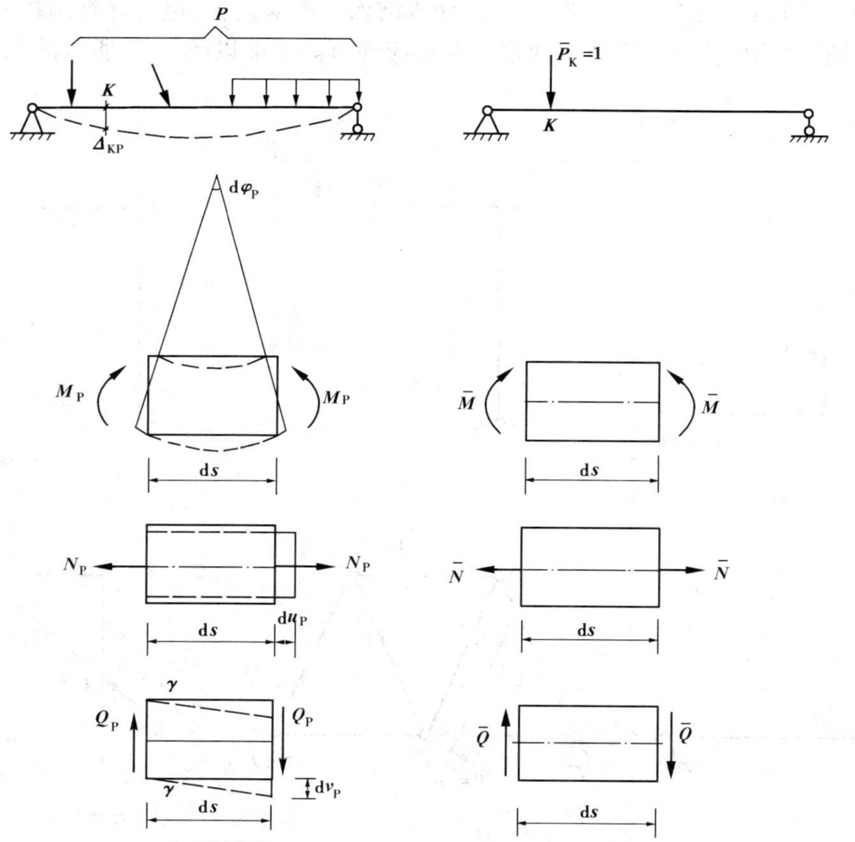

a) 实际状态　　b) 虚设状态

图　19-6

$$du_P = \frac{N_P}{EA}ds$$

$$d\varphi_P = \frac{M_P}{EI}ds$$

$$dv_P = K\frac{Q_P}{GA}ds$$

式中 EA、EI、GA 分别为杆件截面的抗拉、抗弯、抗剪刚度。K 为剪应力不均匀分布系数。将上式代入(19-3)式中,则可得

$$\Delta_{KP} = \sum\int\frac{\overline{N}N_P}{EA}ds + \sum\int K\frac{\overline{M}M_P}{EI}ds + \sum\int\frac{\overline{Q}Q_P}{GA}ds \tag{19-4}$$

这就是平面杆系结构在荷载作用下的位移计算公式,它不但适用于直杆组成的结构,也可用来计算小曲率杆的位移。式中右边三项分别代表轴力、弯矩和剪力对位移的影响。

这种利用虚设单位荷载计算结构位移的方法,称为**单位荷载法**。应用这种方法每次可以求得一个位移分量。当计算结果为正时,表示虚功为正,因此所求位移 Δ_{KP} 的实际方向与假设的单位力 $\overline{P}_K=1$ 的方向相同。当计算结果为负时,表示虚功为负,因此所求位移 Δ_{KP} 的实际方向与假设的单位力 $\overline{P}_K=1$ 的方向相反。

我们根据虚功原理导出了在荷载作用下计算结构位移的一般公式,用它不仅可以计算结

构的线位移,也可计算结构的角位移;可以计算结构的绝对位移,也可计算结构的相对位移。只要虚拟状态中的单位力与所计算的位移相对应即可。下面以图 19-7 所示的几种情况来具体说明:

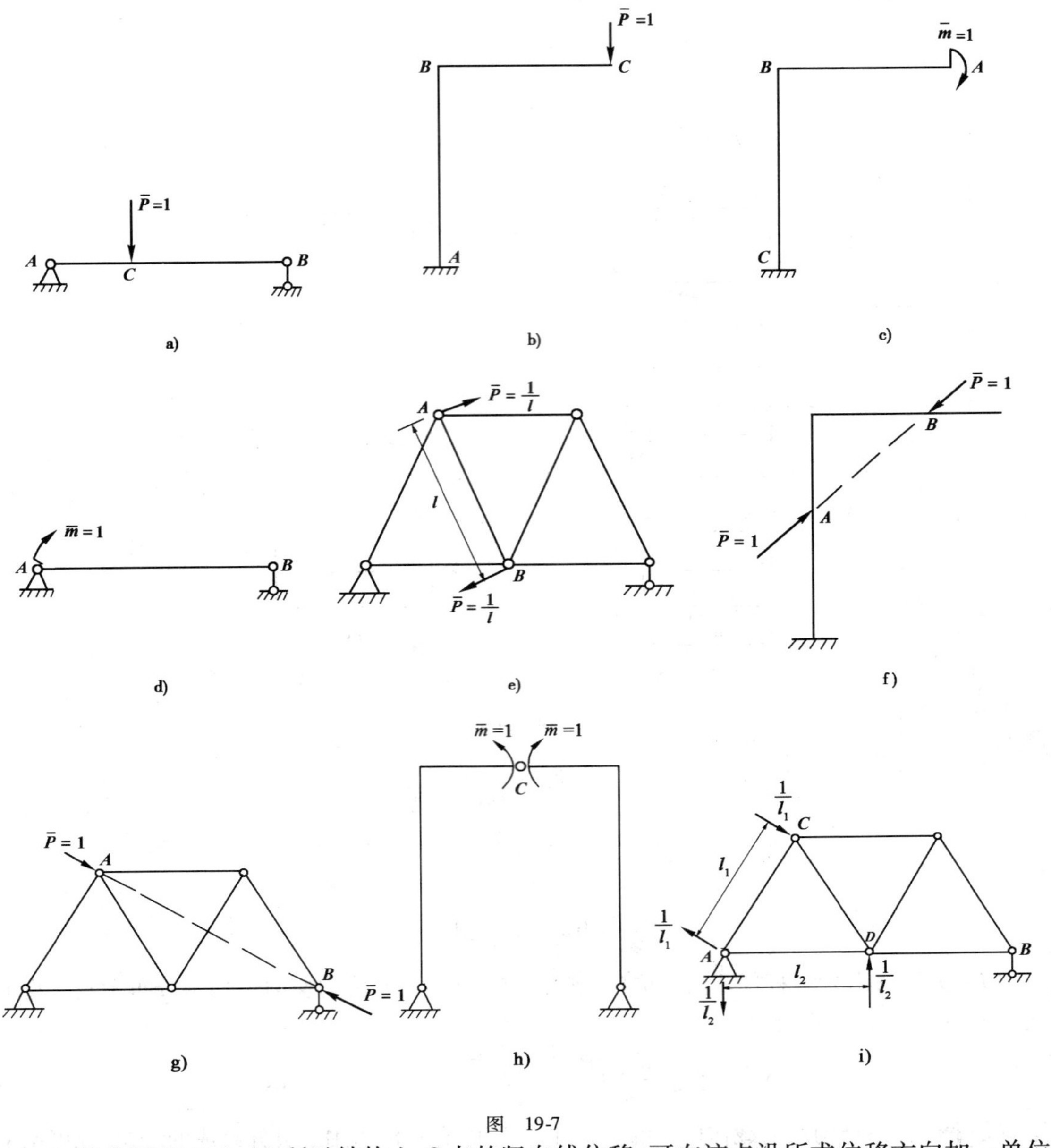

图 19-7

1. 若求图 19-7a)、b)所示结构上 C 点的竖向线位移,可在该点沿所求位移方向加一单位集中力。

2. 若求图 19-7c)、d)所示结构上截面 A 的角位移,可在该截面处加一单位力偶。若要求图 19-7e)所示桁架中 AB 杆的角位移,则应在 AB 杆上加一单位力偶,因桁架中荷载只能作用在结点上,通过等效变换,在 AB 杆两端结点上分别加两个集中力,其值为$\frac{1}{l}$。l 为 AB 杆的长度。

3. 若求图 19-7f)、g)所示结构上 A、B 两点沿其连结方向的相对线位移,可在该两点沿其连线方向加上两个方向相反的单位力。

4. 若求梁或刚架上两截面的相对角位移，如求铰 C 左、右两侧截面的相对角位移。可在这两个截面上加两个方向相反的单位力偶。如图 19-7h) 所示。若求桁架中两根杆件的相对角位移，如求 AC、AD 两杆的相对角位移，则应加两个方向相反的单位力偶，如图 19-7i) 所示。

二、静定平面桁架在荷载作用下的位移计算

在桁架中各杆只有轴力，并且它的数值沿杆件长度方向不变。另外，一般来说，桁架各杆的所用材料及杆件的截面面积也沿杆长不变。因此，位移计算公式可简化为：

$$\Delta_{KP} = \sum \int \frac{\overline{N}N_P}{EA}ds = \sum \frac{\overline{N}N_P}{EA}l \tag{19-5}$$

例 19-1 试计算图 19-8a) 所示桁架结点 C 的竖向位移。设各杆的 EA 都相同。

解 由于桁架及其荷载均为对称，故只需计算一半桁架的内力。

在结点 C 加一竖向单位力，其轴力 $\overline{N}$ 如图 19-8b) 所示。由荷载所产生的轴力 N_P 如图 19-8a) 所示。由公式(19-5)可得：

$$\begin{aligned}\Delta_{CV} &= \frac{1}{EA}\sum \overline{N}N_p l \\ &= \frac{1}{EA}\left[(-\sqrt{2}P)\left(-\frac{\sqrt{2}}{2}\right)\times\sqrt{2}d\times 2 + P\times\frac{1}{2}\times 2d\times 2 + (-P)(-1)\times 2d\right] \\ &= 2(2+\sqrt{2})\frac{Pd}{EA}(\downarrow)\end{aligned}$$

计算结果为正值，表示结点 C 的位移与虚拟单位力的方向一致，即向下。

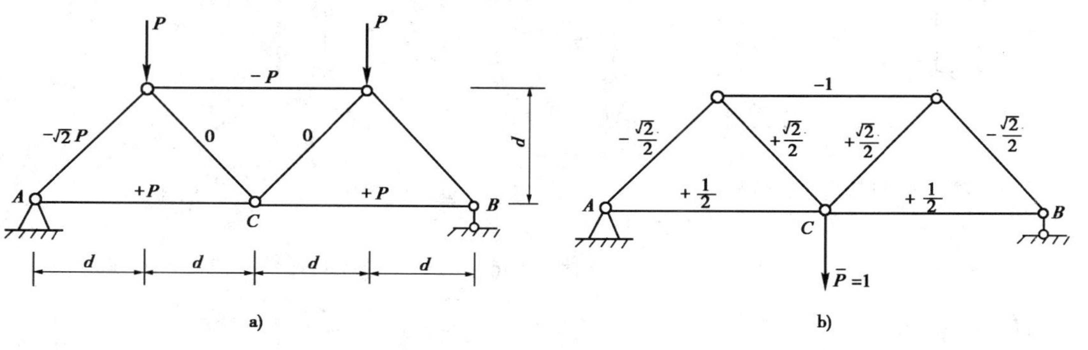

图 19-8

三、静定梁和刚架在荷载作用下的位移计算

梁和刚架的位移，主要是由弯矩所引起，而轴力和剪力的影响一般都较小，可以略去不计。因此，梁和刚架的位移计算公式可简化为

$$\Delta_{KP} = \sum \int \frac{\overline{M}M_P}{EI}ds \tag{19-6}$$

例 19-2 试计算图 19-9a) 所示简支梁中点 C 的竖向位移 Δ_{CV}。梁的抗弯刚度为 EI。

解 取如图 19-9b）所示的虚拟状态，并设以 A 点为坐标原点，则当 $0 \leqslant x \leqslant \frac{l}{2}$ 时，实际状态下梁的内力为：

$$M_P = \frac{q}{2}(lx - x^2)$$

虚拟状态下梁的内力为：

$$\overline{M} = \frac{1}{2}x$$

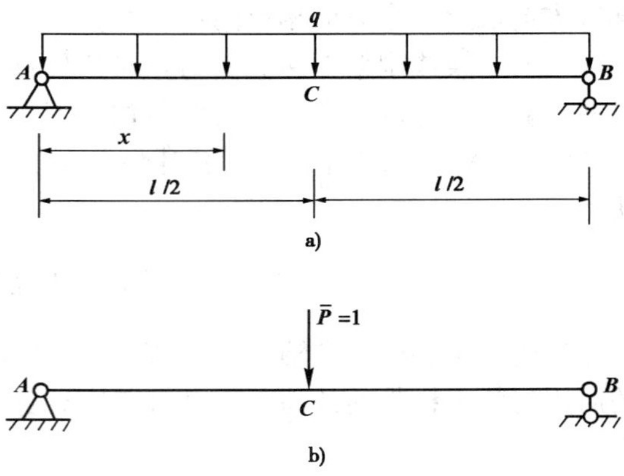

图 19-9

将以上各式代入式（19-6）进行积分，即可求出 C 点的竖向位移。因为这是一个对称结构，并且荷载也对称，故可得：

$$\Delta_{CV} = \sum \int \frac{\overline{M}M_P}{EI}ds = 2\int_0^{\frac{l}{2}} \frac{1}{EI}\ \frac{x}{2} \cdot \frac{q}{2}(lx - x^2)dx = \frac{5ql^4}{384EI}(\downarrow)$$

例 19-3 试求图 19-10a）所示刚架 C 端的水平位移 Δ_{CH} 和角位移 φ_C。已知 AB、BC 杆的抗弯刚度为 EI。

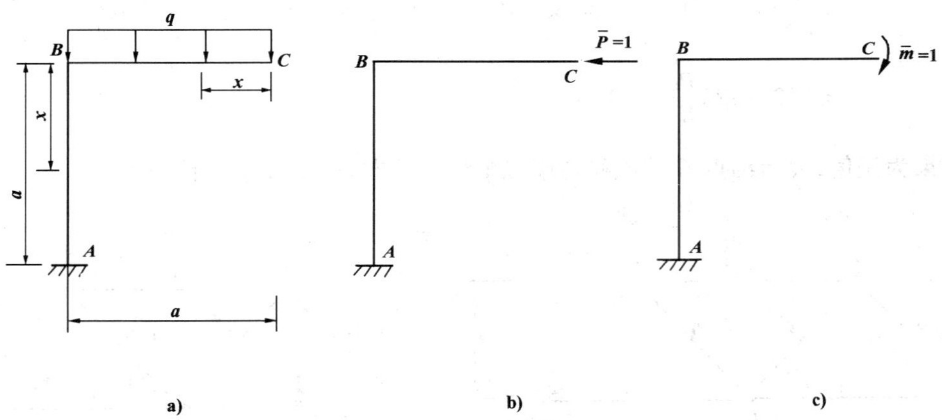

图 19-10

解 1. 求 Δ_{CH}

取如图 19-10b）所示的虚拟状态，并分别设各杆的 x 坐标如图 19-10a）所示，则实际状态和虚拟状态的弯矩分别为（假定刚架外侧受拉力正）。

BC 杆： $M_P = \frac{1}{2}qx^2$ $\overline{M} = 0$

AB 杆： $M_P = \frac{1}{2}qa^2$ $\overline{M} = -x$

把上式代入式（19-6）得

$$\Delta_{CH} = \sum \int \frac{\overline{M}M_P}{EI}ds$$

$$= 0 + \frac{1}{EI}\int_0^a \left(\frac{1}{2}qa^2\right)(-x)dx$$

$$= -\frac{qa^4}{4EI}(\rightarrow)$$

2. 求 φ_C

取如图 19-10c)所示的虚拟状态，则实际状态和虚拟状态的弯矩分别为：

BC 杆：　　$M_P = \frac{1}{2}qx^2$　　$\overline{M} = 1$

AB 杆：　　$M_P = \frac{1}{2}qa^2$　　$\overline{M} = 1$

把上式代入式(19-6)得

$$\varphi_C = \sum \int \frac{\overline{M}M_P}{EI}ds$$

$$= \int_0^a \frac{1}{EI}\left(\frac{1}{2}qx^2\right)(1)dx + \int_0^a \frac{1}{EI}\left(\frac{1}{2}qa^2\right)(1)dx$$

$$= \frac{2qa^4}{3EI}(\curvearrowright)$$

例 19-4　试求图 19-11a)所示单阶柱顶 B 的水平位移 Δ_{BH}，EI_1、EI_2 分别为上下两段柱的抗弯刚度。

解　在柱顶 B 处加一水平单位力，得图 19-11b)所示的虚拟状态，取 B 点为原点，并规定弯矩以柱的左侧受拉为正，则得弯矩方程为：

$$M_P = \frac{1}{2}qx^2 = 5x^2$$

$$\overline{M} = x$$

将上式代入式(19-6)得

$$\Delta_{BH} = \sum \int \frac{\overline{M}M_P}{EI}ds$$

$$= \frac{1}{EI_1}\int_0^{H_1} x \cdot 5x^2dx + \frac{1}{EI_2}\int_{H_1}^{H_2} x \cdot 5x^2dx$$

$$= \frac{5H_1^4}{4EI_1} + \frac{5(H_2^4 - H_1^4)}{4EI_2}(\rightarrow)$$

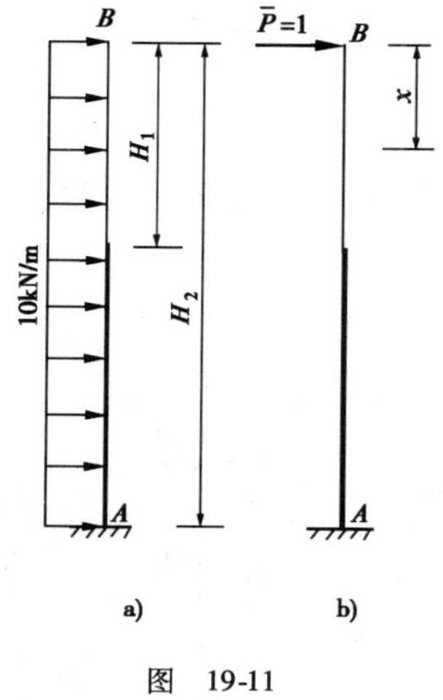

图　19-11

四、组合结构的位移计算

组合结构是只承受轴力的二力杆和主要承受弯矩、剪力的梁式杆件两部分组成。因此组合结构的位移计算应该分成两部分。

对二力杆件：

$$\Delta = \sum \frac{N_P \overline{N}}{EA} l$$

对梁式杆件：

$$\Delta = \sum \int \frac{\overline{M} M_P}{EI} ds$$

整个组合结构的位移计算公式为：

$$\Delta = \sum \frac{\overline{N} N_P}{EA} l + \sum \int \frac{\overline{M} M_P}{EI} ds \tag{19-7}$$

例 19-5　图 19-12 为一组合结构，其中 CD、BD 为二力杆，其抗拉（压）刚度为 EA；AC 为受弯杆件，其抗弯刚度为 EI。在 D 点有集中荷载 P 作用。求 D 点的竖向位移 Δ_{DV}。

解　建立虚拟状态如图 19-12c）所示，并分别求出 CD、BD 二杆的轴力如图 19-12b）、c）所示，列出 AC 杆的弯矩方程。

BC 杆段：　　$M_P = Px$　　$\overline{M} = x$

AB 杆段：　　$M_P = Pa$　　$\overline{M} = a$

把所求内力代入公式（19-7）可得

$$\begin{aligned}\Delta_{DV} &= \sum \frac{\overline{N} N_P}{EA} l + \sum \frac{\overline{M} M_P}{EI} dx \\ &= \frac{1}{EA}[1 \times P \times a + (-\sqrt{2})(-\sqrt{2}P)\sqrt{2}a] + \int_0^a \frac{Px^2}{EI} dx + \int_0^a \frac{Pa^2}{EI} dx \\ &= \frac{(1+2\sqrt{2})Pa}{EA} + \frac{4Pa^3}{3EI} (\downarrow)\end{aligned}$$

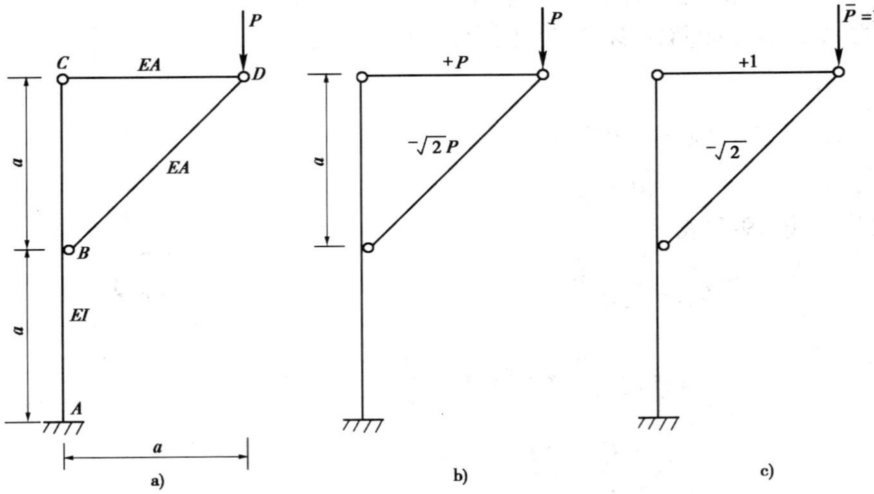

图　19-12

§ 19-4　图　乘　法

在计算梁和刚架的位移时，经常遇到如下的积分公式

$$\Delta_{KP} = \sum \int \frac{\overline{M}M_P}{EI}ds$$

在杆件数目较多，荷载较复杂的情况下，上述积分的计算工作是比较麻烦的。但是，当结构的各杆段符合下列三个条件时，就可通过 $\overline{M}$ 和 M_P 两个弯矩图之间相乘的方法来解决。这三个条件是：(1)杆轴线为直线；(2) EI = 常数；(3) $\overline{M}$ 和 M_P 图中至少有一个为直线图形。

对于等截面直杆，上述的前两个条件自然满足，第三个条件虽然在均布荷载作用下，其 M_P 图为一曲线图形，但 $\overline{M}$ 图总是由直线段组成的，只要分段考虑就可以得到满足。因此，对于等截面直杆所构成的梁和刚架，在计算位移时均可采用图乘法代替积分运算。

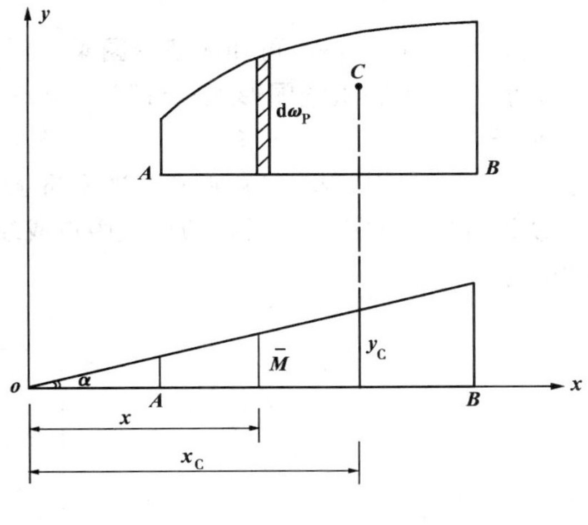

图 19-13

现以图 19-13 所示的两个弯矩图来说明，假设其中 $\overline{M}$ 图为一直线图形，而 M_P 为任何形状。我们以杆轴为 x 轴，以 $\overline{M}$ 图的延长线与 x 轴的交点 O 为原点，并设置 y 轴，则积分式

$$\int_A^B \frac{\overline{M}M_P}{EI}ds$$

式中的 ds 可用 dx 代替；EI 可提到积分号外面；且因 $\overline{M}$ 图为直线变化，故有

$$\overline{M} = x\tan\alpha$$

代入上式，得

$$\int_A^B \frac{\overline{M}M_P}{EI}ds = \frac{1}{EI}\int_A^B x\tan\alpha M_P dx = \frac{\tan\alpha}{EI}\int_A^B xM_P dx = \frac{\tan\alpha}{EI}\int_A^B x d\omega_P \qquad (a)$$

式中 $d\omega_P = M_P dx$，为 M_P 图中有阴影线的微面积。故 $xd\omega_P$ 就是这个微面积 $d\omega_P$ 对 y 轴的静矩。因而 $\int_A^B xd\omega_P$ 即为整个 M_P 图的面积对 y 轴的静矩。它应等于 M_P 图的面积 ω_P 乘以其形心 C 到 y 轴的垂直距离 x_C，即

$$\int_A^B xd\omega_P = \omega_P x_C$$

代入式(a)，得

$$\int_A^B \frac{\overline{M}M_P}{EI}ds = \frac{1}{EI}\omega_P x_C \tan\alpha \qquad (b)$$

又因为 $x_C\tan\alpha = y_C$，这里 y_C 为 M_P 图的形心 C 所对应的 $\overline{M}$ 图的竖标。故(b)式可写为

$$\int_A^B \frac{\overline{M}M_P}{EI}ds = \frac{1}{EI}\omega y_C$$

由此可见，上述积分式等于一个弯矩图的面积 ω 乘以其形心所对应的另一个直线弯矩图上的竖标 y_C，再除以 EI，这就称为图乘法。

如果结构上所有各杆段均可图乘，则位移计算公式(19-16)可写成

$$\Delta_{KP} = \sum \int_A^B \frac{\overline{M}M_P}{EI} ds = \sum \frac{1}{EI} \omega y_C \tag{19-8}$$

根据上述推证过程，可知在**使用图乘法时应注意以下几点：(1)必须符合上述三个条件；(2)竖标 y_C 必须在直线图形上取；(3)面积 ω 与竖标 y_C 若在杆件的同一侧乘积取正号，异侧则取负号。**

为了便于应用，现将三角形和二次标准抛物线图形的面积及形心 C 的位置列于图 19-14 中。所谓标准抛物线图形是指顶点在中点或端点的抛物线图形，而“顶点”是指其切线平行于基线的点。

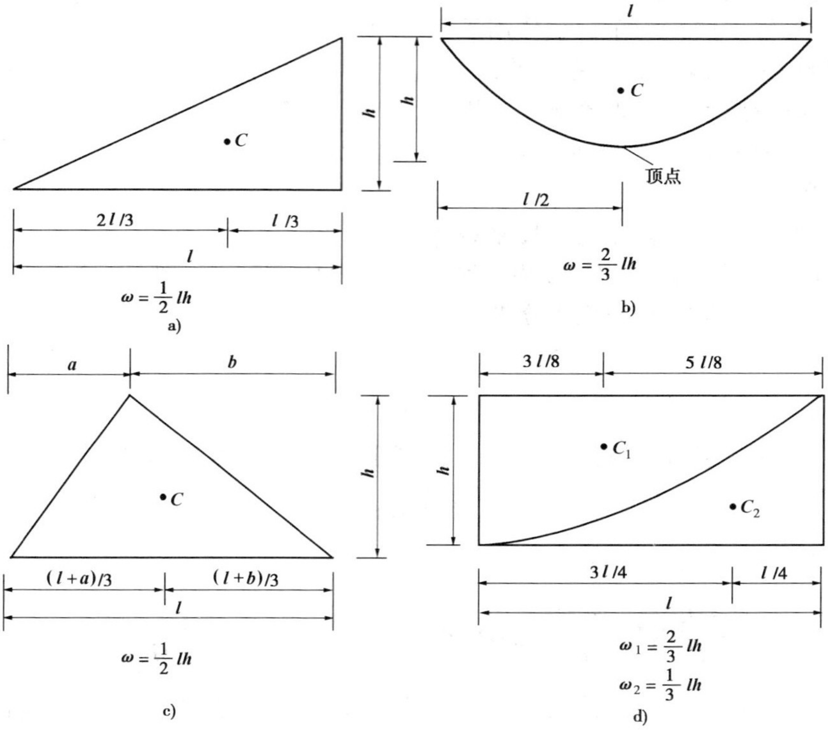

图 19-14

在应用图乘法时，如遇到的弯矩图并非上述三角形和标准的二次抛物线形时，则可将该图分解为上述三角形和标准的二次抛物线形；再将这些图形分别与另一图形相乘，然后把所得结果叠加。例如：

1. 若 $\overline{M}$ 和 M_P 都是梯形时，如图 19-15 所示。可不必计算出 M_P 图的梯形形心位置，而把它分成两个三角形(也可分成一个矩形及一个三角形)，分别图乘后再叠加。这时

$$M_P = M_{P1} + M_{P2}$$

故

$$\begin{aligned}\Delta_{KP} &= \frac{1}{EI}\int \overline{M} M_P dx = \frac{1}{EI}\int \overline{M}(M_{P_1} + M_{P_2}) dx \\ &= \frac{1}{EI}\int \overline{M} M_{P_1} dx + \frac{1}{EI}\int \overline{M} M_{P_2} dx \\ &= \frac{1}{EI}(\omega_1 y_1 + \omega_2 y_2)\end{aligned}$$

式中：

$$\omega_1 = \frac{1}{2}a \cdot l \qquad y_1 = \frac{2}{3}c + \frac{1}{3}d$$

$$\omega_2 = \frac{1}{2}b \cdot l \qquad y_2 = \frac{1}{3}c + \frac{2}{3}d$$

2. 若 M_P 图或 $\overline{M}$ 图的竖标不在基线的同一侧时，如图 19-16 所示。这时三角形 AOC 和 BOD 的面积计算均较麻烦，为此可将 M_P 图看作是三角形 ABC 和三角形 ABD 的叠加，其中三角形 ABC 在基线的上边，高为 a；三角形 ABD 在基线的下边，高为 b。这时可将两个三角形面积分别乘以 $\overline{M}$ 中相对应的竖标后再叠加（应注意正、负号）。故

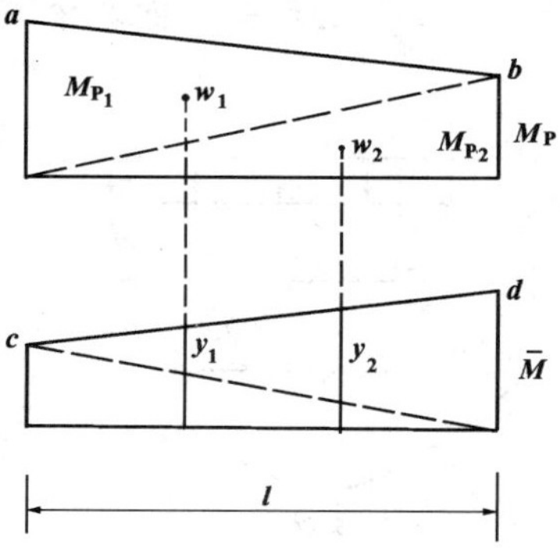

图 19-15

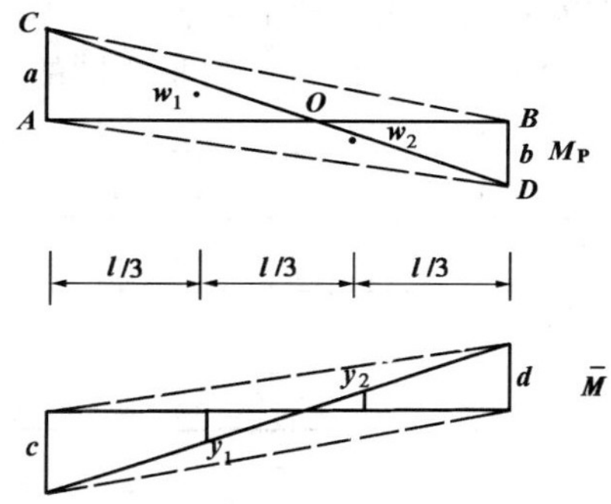

图 19-16

$$\Delta = \int \frac{1}{EI}\overline{M}M_P dx = \frac{1}{EI}(\omega_1 y_1 + \omega_2 y_2)$$

式中：

$$\omega_1 = \frac{1}{2}al \quad y_1 = \frac{2}{3}c - \frac{1}{3}d \quad \omega_2 = \frac{1}{2}bl \quad y_2 = \frac{2}{3}d - \frac{1}{3}c$$

3. 若 y_C 所属图形不是一条直线而是折线图形时，如图 19-17a) 所示；或各杆段的截面不相等时，如图 19-17b) 所示，均应分段图乘，然后进行叠加。

对于图 19-17a) 为

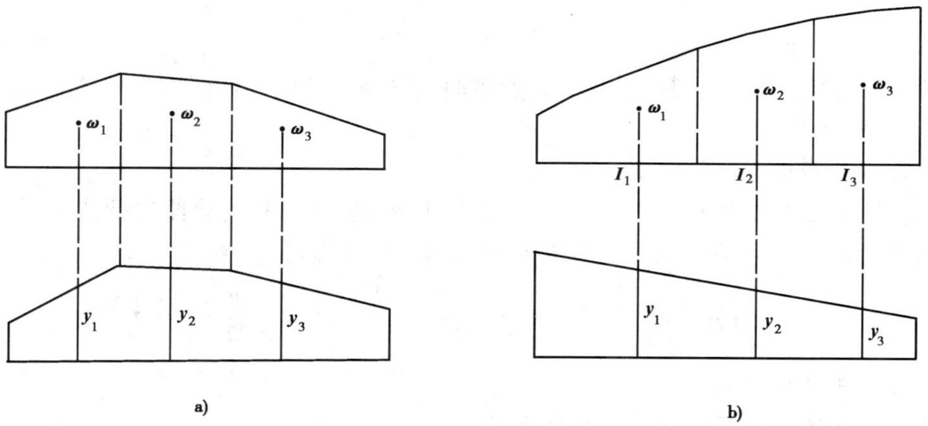

图 19-17

$$\Delta = \frac{1}{EI}(\omega_1 y_1 + \omega_2 y_2 + \omega_3 y_3)$$

对于图 19-17b)为

$$\Delta = \frac{1}{EI_1}\omega_1 y_1 + \frac{1}{EI_2}\omega_2 y_2 + \frac{1}{EI_3}\omega_3 y_3$$

4. 若杆件的 AB 段，其 M_P 图为非标准抛物线图形时，如图 19-18a)所示，其弯矩图可划分为二个三角形和一个标准二次抛物线图形的叠加，这是因为 AB 段的弯矩图与图 19-18b)所示相应简支梁在两端弯矩 M_{AB}、M_{BA} 和均布荷载 q 作用下的弯矩图是相同的。

必须指出，所谓弯矩图的叠加是指其竖标的叠加，而不是原图形状的剪贴拼合。因此，叠加后的抛物线图形的所有竖标仍应为竖向的，而不是垂直于 M_{AB}、M_{BA} 的连线。而两个图形总的面积大小和形心位置仍然是相同的。

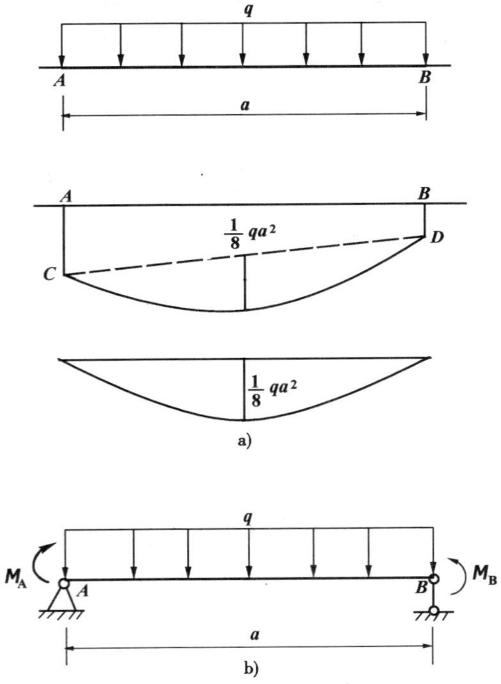

图 19-18

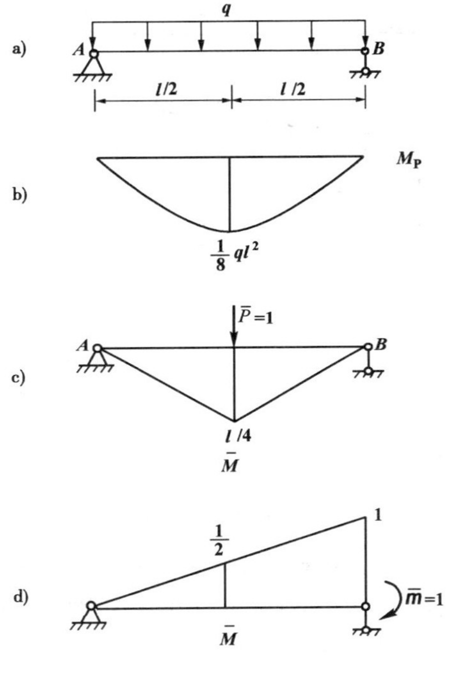

图 19-19

例 19-6 试用图乘法计算图 19-19a)所示简支梁跨中截面 C 的竖向位移 Δ_{CV} 和 B 端的角位移 θ_B。设 EI 为常数。

解 1. 求 C 点的竖向位移 Δ_{CV}

作 M_P 图和 $\overline{M}$ 图如图 19-19b)、c)所示，由于 $\overline{M}$ 图是折线，故需分段进行图乘，然后叠加。因两个弯矩图均为对称，故只需取一半进行计算再乘以 2 即可。

$$\Delta_{CV} = \frac{l}{EI}\left(\frac{2}{3} \times \frac{l}{2} \times \frac{1}{8}ql^2\right) \times \left(\frac{5}{8} \times \frac{l}{4}\right) \times 2 = \frac{5ql^4}{384EI} \quad (\downarrow)$$

2. 求 B 端的角位移 θ_B

作 M_P 图和 $\overline{M}$ 图如图 19-19b)、d)所示，则

$$\theta_B = \frac{l}{EI}\left(\frac{2}{3} \times l \times \frac{ql^2}{8}\right) \times \left(\frac{l}{2}\right) = \frac{ql^3}{24EI} \quad (\downarrow)$$

例 19-7　试求图 19-20a）所示外伸梁 C 点的竖向位移 Δ_{CV}。梁的 EI = 常数。

解　作 M_P 和 $\overline{M}$ 图分别如图 19-20b）、c）所示。图 AB 段的 M_P 图较为复杂，将其分解成一个三角形和一个标准的二次抛物线，如图 19-20c）所示。则 Δ_{CV} 为

$$\Delta_{CV} = \frac{1}{EI}(\omega_1 y_1 + \omega_2 y_2 + \omega_3 y_3)$$

$$= \frac{1}{EI}\left[\left(\frac{1}{2} \times l \times \frac{ql^2}{8} \times \frac{l}{3}\right) - \frac{2}{3} \times \frac{ql^2}{8} \times l \times \left(\frac{l}{4}\right) + \frac{1}{3} \times \frac{ql^2}{8} \times \frac{1}{2} \times \frac{3l}{8}\right]$$

$$= \frac{ql^4}{128EI} \quad (\downarrow)$$

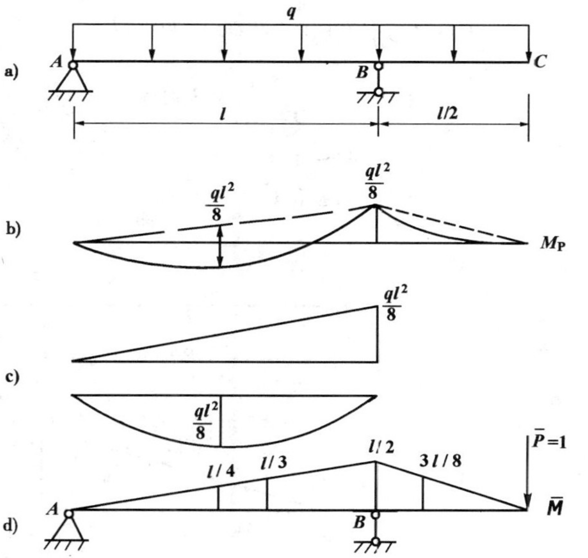

图　19-20

例 19-8　试求图 19-21a）所示刚架结点 B 的水平位移 Δ_{BH}。各杆的抗弯刚度为 EI = 常数。

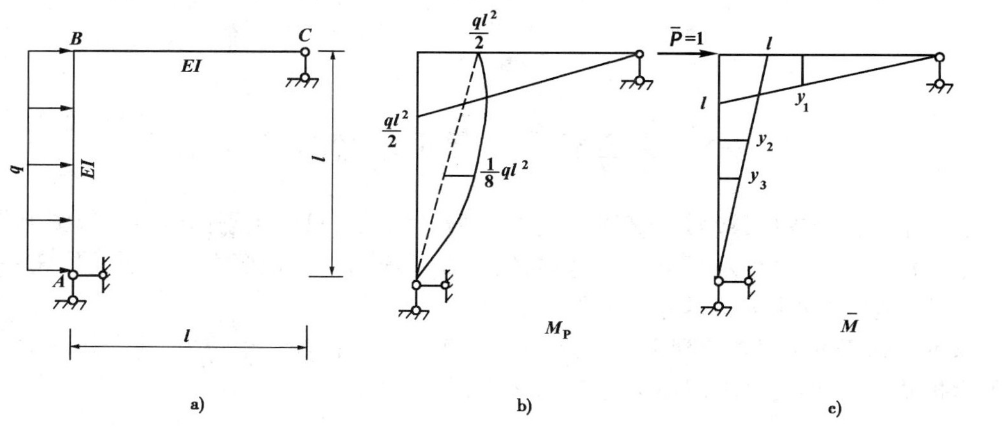

图　19-21

解　计算 B 端的水平位移 Δ_{BH}。作 M_P 图和 $\overline{M}$ 图分别如图 19-21b）、c）所示。应用图乘法计算可得：

$$\Delta_{BH} = \frac{1}{EI}(\omega_1 y_1 + \omega_2 y_2 + \omega_3 y_3)$$

$$= \frac{1}{EI}\left(\frac{1}{2} \times \frac{ql^2}{2} \times l \times \frac{2}{3}l + \frac{1}{2} \times \frac{ql^2}{2} \times l \times \frac{2}{3}l + \frac{2}{3} \times \frac{ql^2}{8} \times \frac{l}{2}\right)$$

$$= \frac{3ql^4}{8EI} \quad (\rightarrow)$$

例 19-9 试求图 19-22a)所示伸臂梁 C 点的竖向位移 Δ_{CV}。设 $EI=1.5\times10^5\text{kN}\cdot\text{m}^2$。

解 作 M_P 图和 $\overline{M}$ 图如图 19-22b)、c)所示。

$$\begin{aligned}\Delta_{CV} &= \frac{1}{EI}(\omega_1 y_1+\omega_2 y_2+\omega_3 y_3)\\ &= \frac{1}{1.5\times10^5}\left[\frac{1}{2}\times300\times6\times4+\frac{1}{2}\times6\times300\times4-\frac{2}{3}\times45\times6\times(3)\right]\\ &= 0.0444\text{m}\\ &= 4.44\text{cm}(\downarrow)\end{aligned}$$

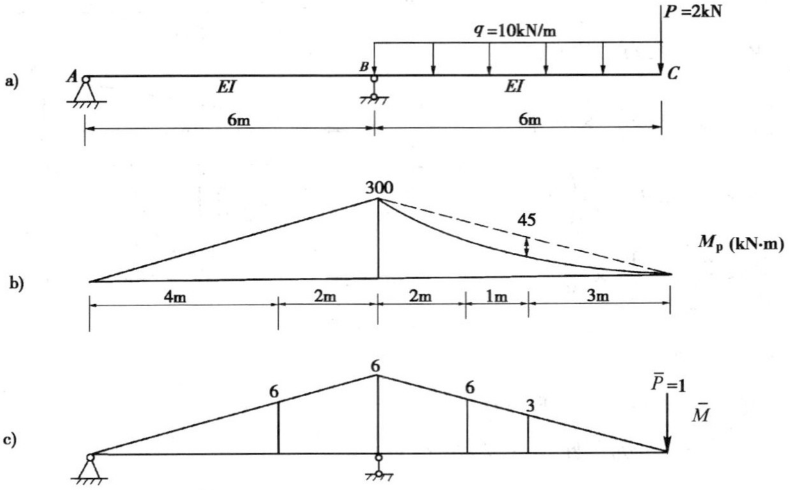

图 19-22

§19-5 支座移动时静定结构的位移计算

静定结构由于支座移动并不产生内力，也不产生变形，只产生刚体位移。如图 19-23a)所示静定结构，其支座产生水平位移 C_1、竖向位移 C_2 和转角 C_3，现要求由此引起的任一点沿任一方向的位移，例如求 K 点的竖向位移 Δ_{KV}。

这种位移仍可用虚功原理来计算，首先在 K 截面的竖向加一单位力，建立如图 19-23b)所示的虚拟状态，这时的外力虚功 T 为

$$T=\overline{P}\Delta_{KV}+\sum\overline{R}\cdot C$$

因静定结构由于支座移动结构内部不产生变形，即 du、dv 和 dφ 均等于零，故结构的内力虚功应等于零，即

$$W=0$$

由虚功方程可得

$$T=0$$

$$\overline{P}\Delta_{KV}+\sum\overline{R}C=0$$

将 $\overline{P}=1$ 代入式得

$$\Delta_{KV}=-\sum\overline{R}C \tag{19-9}$$

式中：$\overline{R}$——在虚设单位力作用下所产生的支座反力；

C——支座产生的实际位移。

公式(19-9)中的正负号规定如下：当 $\overline{R}_i$ 和实际支座位移 C_i 的方向一致时，所得乘积取正值，反之取负值。此外，公式(19-9)中右边前面还有一个负号，计算时不可遗漏。

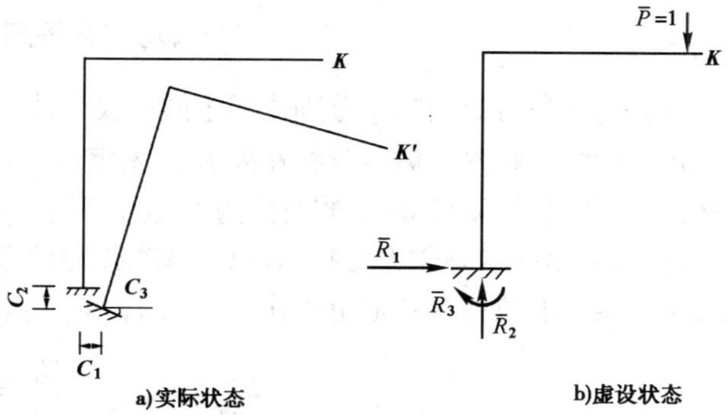

图 19-23

例 19-10 图 19-24a)所示静定刚架，若支座 A 产生如图所示位移：$a=1.0\text{cm}$，$b=1.5\text{cm}$。试求 C 点的水平位移 Δ_{CH}、竖向位移 Δ_{CV}。

解 (1)求 Δ_{CH}

在 C 点处加一水平单位力，并求出其支座反力如图 19-24b)所示。由公式(19-9)可得

$$\Delta_{CH}=-\sum\overline{R}C=-[(1\times1)+(-1)\times(1.5)]=0.5\text{cm}\quad(\leftarrow)$$

(2)求 Δ_{CV}

在 C 点处加一竖向单位力，并求出其支座反力如图 19-24c)所示。由公式(19-9)得：

$$\Delta_{CV}=-\sum\overline{R}C=-1.5\times(-1)=1.5\text{cm}\quad(\downarrow)$$

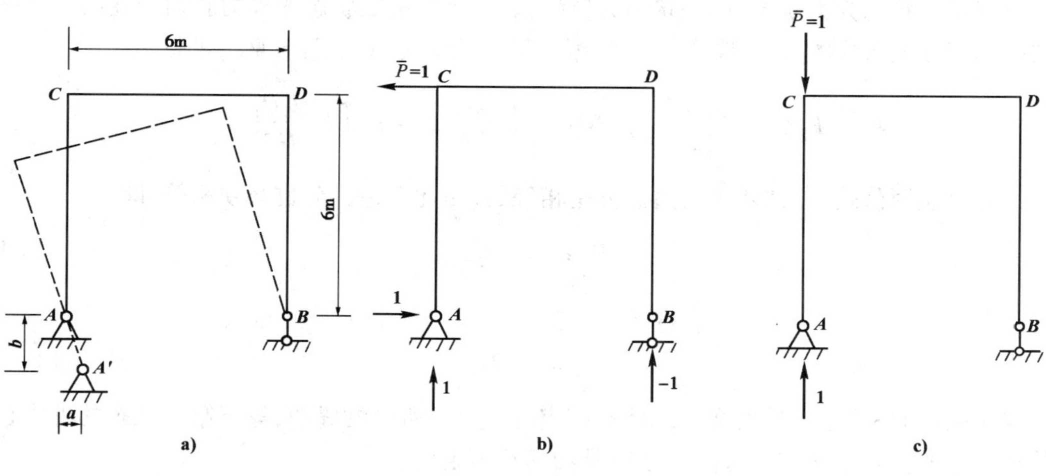

图 19-24

§19-6 线弹性结构的互等定理

弹性结构有四个互等定理，即功的互等定理、位移互等定理、反力互等定理以及反力与位移互等定理。其中最基本的是功的互等定理，其他三个互等定理都可由功的互等定理推导而来，本节将介绍前三个互等定理。下面首先讨论功的互等定理。

一、功的互等定理

设有两组外力 P_1 和 P_2 分别作用于同一线弹性结构上，如图 19-25a）和 b）所示，分别称为第一状态和第二状态。第一状态在外力 P_1 作用下，微段 ds 上的内力为 N_1、Q_1、M_1。第二状态在外力 P_2 作用下，微段 ds 上的内力为 N_2、Q_2、M_2。

首先，将第一状态作为力状态，第二状态作为位移状态，现计算第一状态的外力和内力在第二状态相应的位移和变形上所作的虚功 T_{12} 和 W_{12}，根据变形体的虚功原理，$T_{12} = W_{12}$，可得

$$P_1\Delta_{12} = \sum \int \frac{M_1M_2}{EI}\mathrm{d}s + \sum \int \frac{N_1N_2}{EI}\mathrm{d}s + \sum \int K\frac{Q_1Q_2}{GA}\mathrm{d}s$$

式中：Δ_{12}——指在荷载 P_2 作用下在 P_1 作用点沿其方向上产生的位移。

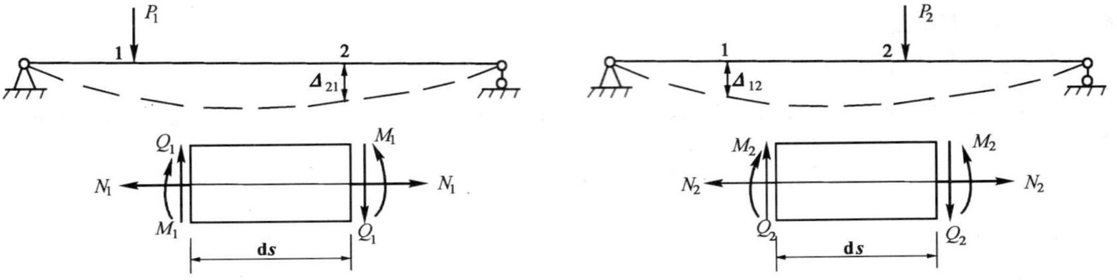

a）第一状态　　　　b）第二状态

图 19-25

若将第二状态为力状态，第一状态为位移状态，计算第二状态的外力和内力在第一状态相应位移和变形上所作的虚功 T_{21} 和 W_{21}，根据变形体的虚功原理 $T_{21} = W_{21}$，可得

$$P_2\Delta_{21} = \sum \int \frac{M_2M_1}{EI}\mathrm{d}s + \sum \int \frac{N_2N_1}{EA}\mathrm{d}s + \sum \int K\frac{Q_2Q_1}{GA}\mathrm{d}s$$

比较上述两公式，可知两式右边部分是相等的，因此左边部分也必须相等，即

$$P_1\Delta_{12} = P_2\Delta_{21} \tag{19-10}$$

亦可写成

$$T_{12} = T_{21} \tag{19-11}$$

这表明：第一状态的外力在第二状态相应的位移上所作的虚功，等于第二状态的外力在第一状态相应的位移上所作的虚功。这就是功的互等定理。

二、位移互等定理

位移互等定理是功的互等定理的一种特殊情况。在功的互等定理中，假如两种状态中的荷载都是单位力时（即 $P_1 = 1$，$P_2 = 1$），为了明显起见，由单位力所引起的位移用小写字母 δ_{12}、δ_{21} 表示，如图 19-26 所示。代入功的互等定理式（19-10），得

$$1 \times \delta_{12} = 1 \times \delta_{21}$$

$$\delta_{12} = \delta_{21} \tag{19-12}$$

这就是位移互等定理。它表明：第一个单位力的作用点沿其方向上由于第二个单位力的作用

所引起的位移，等于第二个单位力的作用点沿其方向上由于第一单位力的作用所引起的位移。

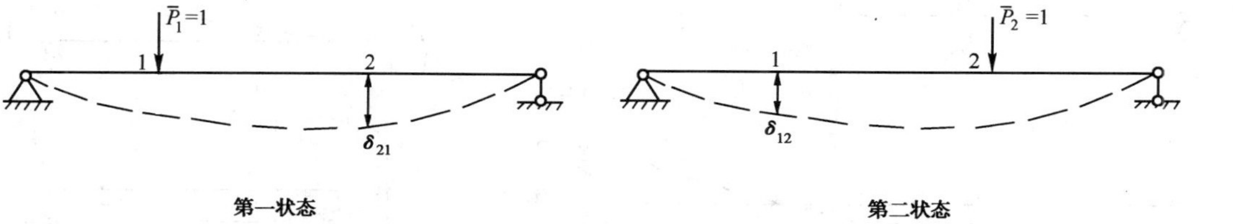

图 19-26

显然，单位力 P_1 及 P_2 都可以是广义力，而 δ_{12} 和 δ_{21} 则是相应的广义位移。图 19-27 和图 19-28 所示为应用位移互等定理的两个例子。图 19-27 表示两个角位移互等的情况，即 $\varphi_{12}=\varphi_{21}$。图 19-28 表示线位移与角位移的互等情况，即 $\delta_{12}=\varphi_{21}$，其中：

$$\delta_{12}=\frac{l^2}{16EI}$$

$$\varphi_{21}=\frac{l^2}{16EI}$$

可见，尽管 φ_{21} 是单位力引起的角位移，δ_{12} 是单位力偶引起的线位移，物理意义不同，但两者在数值上是相等的，量纲也相同。

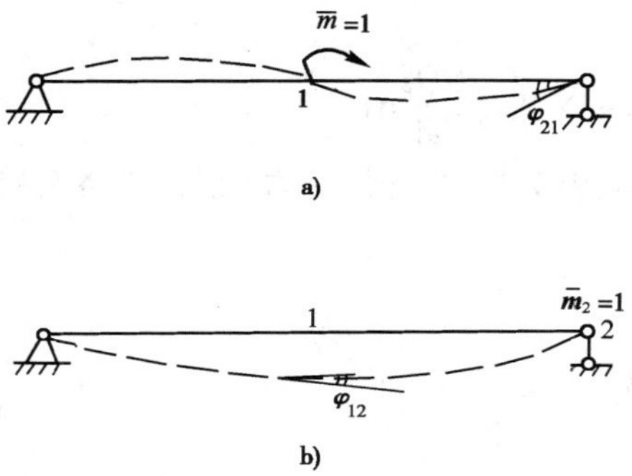

图 19-27

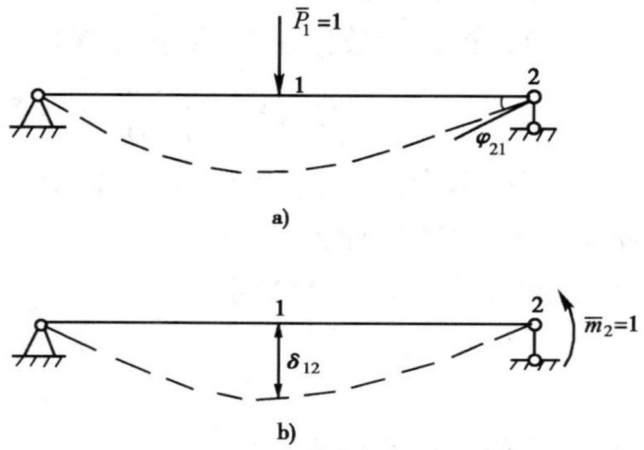

图 19-28

三、反力互等定理

这一定理也是功的互等定理的另一种特殊情况。它用来说明超静定结构在两个支座分别发生单位位移时，这两种状态中反力的互等关系。

图 19-29 所示为两个支座分别发生单位位移的两种状态。其中图 19-29a）表示支座 1 发生单位位移 $\Delta_1=1$ 时，在支座 2 上产生的反力为 γ_{21}；图 19-29b）表示支座 2 发生单位位移 $\Delta_2=1$ 时，在支座 1 上产生的反力为 γ_{12}。其他的支座反力未在图中一一绘出，因为它们所对应另一状态的位移都是等于零而不做虚功。根据功的互等定理，有

$$\gamma_{12}\cdot\Delta_1=\gamma_{21}\cdot\Delta_2$$

而 $\Delta_1=\Delta_2=1$，故有

$$\gamma_{12}=\gamma_{21}$$

这就是反力互等定理。它表明：支座 1 由于支座 2 产生单位位移所引起的反力 γ_{12}，等于支座 2 由于支座 1 的单位位移所引起的反力 γ_{21}。

这一定理对体系上任何两个支座都适用，但应注意反力与位移在做功的关系上应相对应，即力对应于线位移，力偶对应于角位移。图 19-30 表示反力互等的另一例子，应用上述定理，便可得知反力矩 γ_{12} 与反力 γ_{21} 在数值上具有互等的关系。两者在数值上相等，量纲也相同。

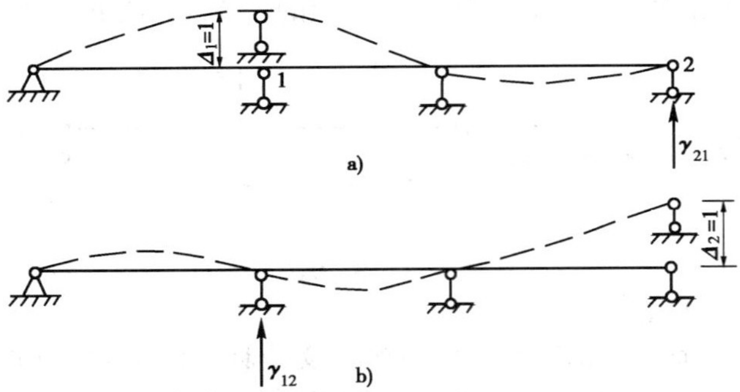

图 19-29

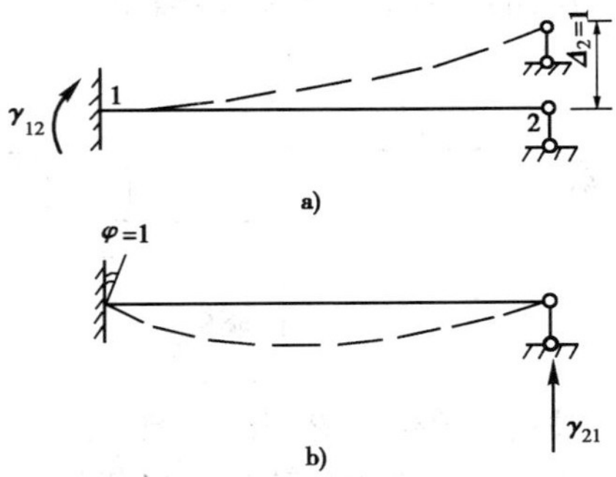

图 19-30

小　　结

一、静定结构位移计算公式

静定结构的位移计算公式是以虚功原理作为理论依据建立起来的。应用这些公式,可以计算不同结构的位移。

1. 静定结构在荷载作用下,位移计算公式为

$$\Delta_{KP}=\sum\int\frac{\overline{M}M_P}{EI}ds+\sum\int\frac{\overline{N}N_P}{EA}ds+\sum\int K\frac{\overline{Q}Q_P}{GA}ds$$

上式为一般计算公式,在实际工程中,针对各种不同结构形式,根据其受力特点,忽略次要因素,使位移计算公式更简便。

梁和刚架的位移计算公式

$$\Delta=\sum\int\frac{\overline{M}M_P}{EI}ds$$

桁架的位移计算公式　　$$\Delta=\sum\frac{\overline{N}N_P}{EA}l$$

组合结构的位移计算公式

$$\Delta=\sum\int\frac{\overline{M}M_P}{EI}ds+\sum\frac{\overline{N}N_P}{EA}l$$

2. 静定结构在支座移动时,位移计算公式为

$$\Delta=-\sum\overline{R}C$$

二、虚 拟 状 态

建立虚拟状态的目的是为了计算位移,因此,单位荷载必须与所求位移对应。例如求线位移时,在所求位移处沿所求位移方向加一单位集中力 $\overline{P}=1$;求角位移时,在所求位移处加一单位集中力偶 $\overline{m}=1$。

三、结构位移的计算方法

1. 积分法

(1)建立虚拟状态,并分别列出各杆段的内力方程;

(2)列出实际荷载作用下各杆段的内力方程;

(3)将以上所得内力方程代入位移计算公式,并积分计算出位移。

2. 图乘法

(1)适用条件:杆轴线为直线;各杆段的 $EI=$ 常数;在 $\overline{M}$ 和 M_P 两图中,至少有一个是直线图形。

(2)图乘公式

$$\Delta=\sum\frac{\omega y_0}{EI}$$

(3)注意的问题。

①正负号的确定:若 $\overline{M}$ 和 M_P 图形在同一侧时,ω 和 y_C 的乘积取正值;$\overline{M}$ 和 M_P 图形在异侧时,ω 和 y_C 的乘积取负值。

②y_C 的取值:y_C 必须在直线图形上取。

③当 $\overline{M}_P$ 和 $\overline{M}$ 图不是标准的抛物线或三角形时,可先将其分成标准抛物线或三角形,然后进行图乘运算。

(4)计算步骤:

①画结构在荷载作用下的弯矩图 M_P;

②建立虚拟状态,并作 $\overline{M}$ 图;

③分段计算 M_P(或 $\overline{M}$)图形的面积 ω 及其形心对应的 $\overline{M}$(或 M_P)图形的竖标 y_C;

④将 ω 和 y_C 代入公式求出位移。

习　　题

19-1　用积分法计算题 19-1 图示结构的指定位移。$EI=$ 常数。

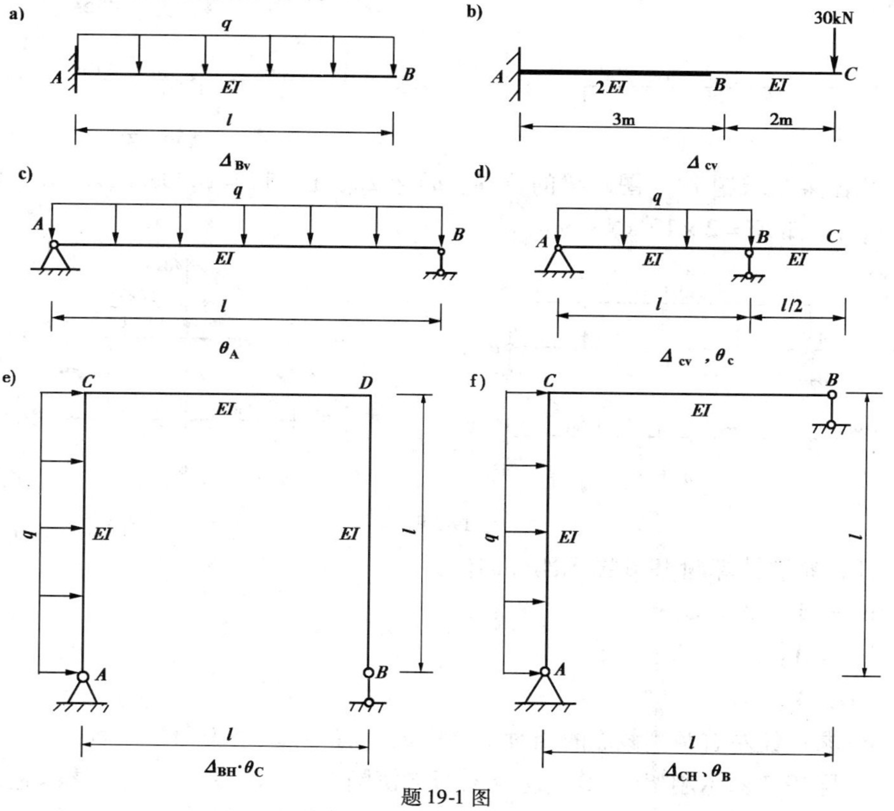

题 19-1 图

19-2　题 19-2 图示桁架各杆截面均为 $A=20\text{cm}^2$，$E=2.1\times10^4\text{kN/cm}^2$，$P=40\text{kN}$，$d=2\text{m}$，试求：①$C$ 点的竖向位移；②角 ADC 的改变量。

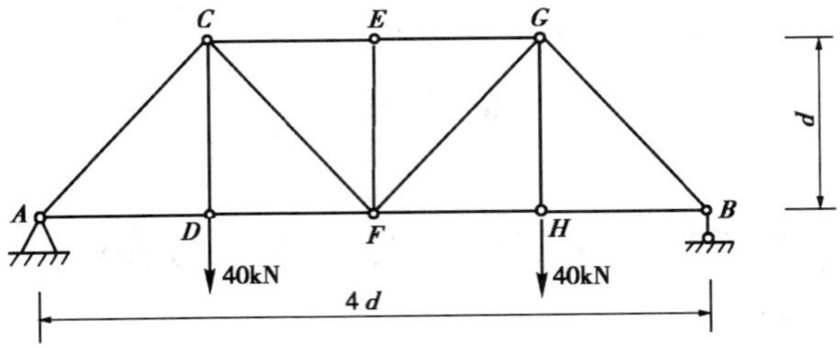

题 19-2 图

19-3　求题 19-3 图示组合结构梁 BCD 上 K 截面的角位移 φ_K，已知 $EI=$ 常数，$I/A=0.2\text{m}^2$。

19-4　用图乘法求题 19-4 图示梁 A 端的竖向位移 Δ_{AV} 和 A 端的转角 φ_A。设 $EI=$ 常数。

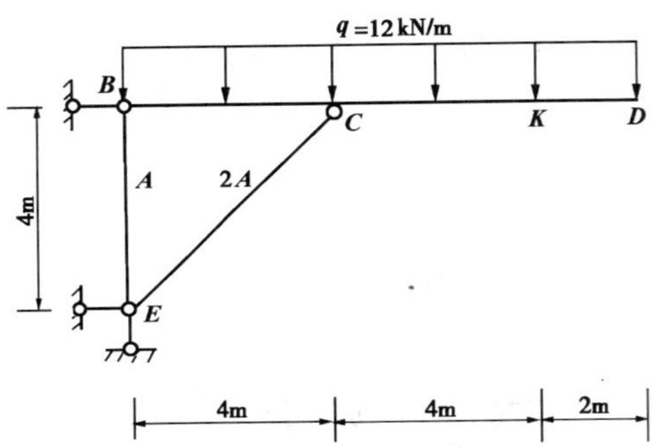

题 19-3 图

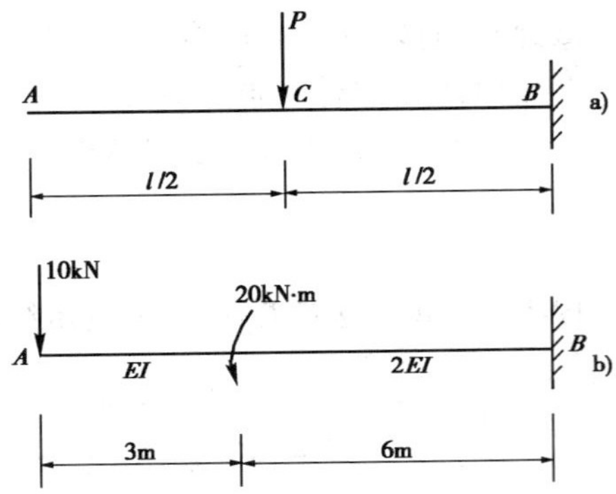

题 19-4 图

19-5　用图乘法求题 19-5 图示梁的位移。a）求 Δ_{CV}，已知 $I=1600\text{cm}^4$，$E=2.1\times10^4\text{kN/cm}^2$；b）求 Δ_{AV}，已知 $EI=2\times10^8\text{kN}\cdot\text{cm}^2$。

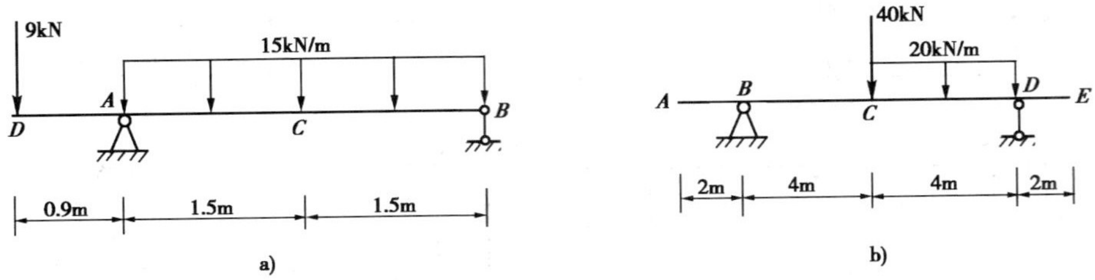

题 19-5 图

19-6　用图乘法计算题 19-6 图示刚架的位移：

a）求 Δ_{AV}、Δ_{AH}、φ_A；

b）求 Δ_{CH}、φ_B；

c）求 Δ_{EH}、φ_B；

d）求 C 铰左右两侧截面的相对角位移 φ_{C-C}，$EI=2.1\times10^8\text{kN}\cdot\text{cm}^2$。

19-7　在题 19-7 图示刚架中，其支座 B 有竖向沉陷 b，试求 C 点的水平位移 Δ_{CH}。

19-8　题 19-8 图示两跨简支梁 $l=16\text{m}$，支座 A、B、C 的沉降量分别为 $a=4\text{cm}$，$b=10\text{cm}$，

$c = 8\text{cm}$。试求 B 铰左右两侧截面的相对转角 φ_B。

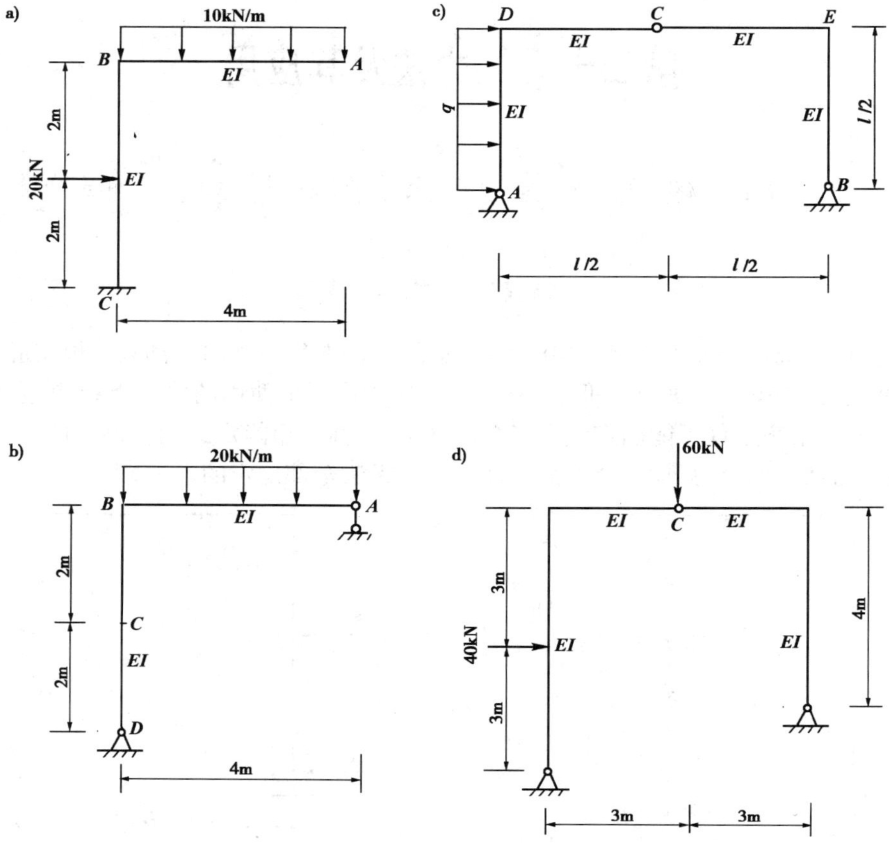

题 19-6 图

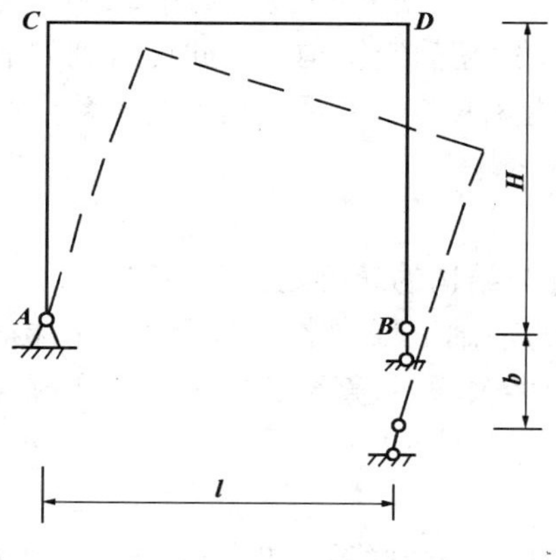

题 19-7 图

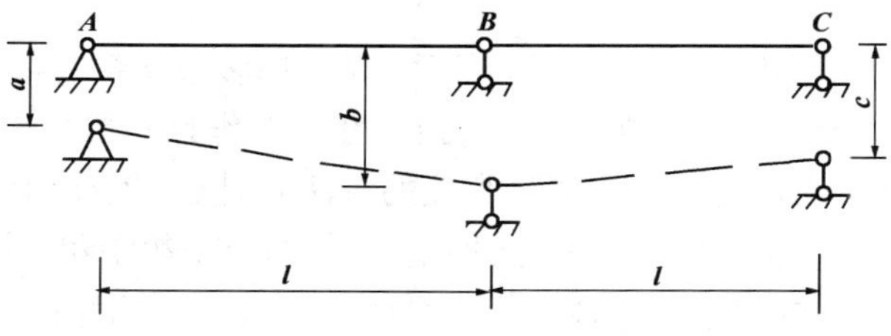

题 19-8 图

第二十章　力法及其应用

§20-1　超静定结构的概念及超静定次数的确定

一、超静定结构的概念

前面各章中，我们研究了静定结构的计算问题，它们的反力和内力都只需根据静力平衡条件就能全部确定，如图 20-1 所示。但是，在工程实际中广泛地使用的另一类结构，它们的反力和内力只凭静力平衡条件不能确定或不能全部确定，故称为超静定结构。例如图 20-2 所示刚架，其支座反力共有四个，只凭三个静力平衡方程是无法全部确定的。

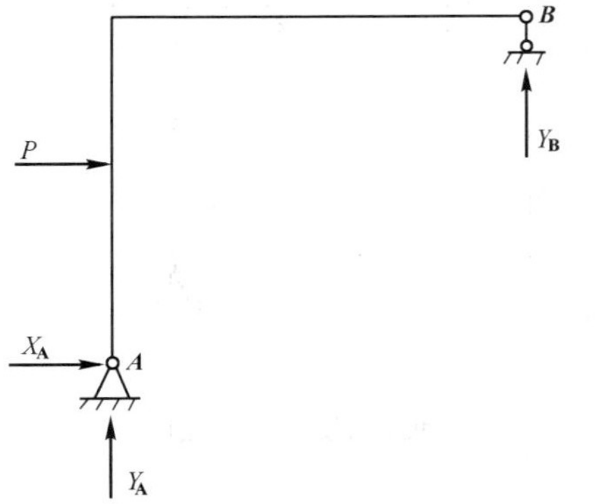

图　20-1

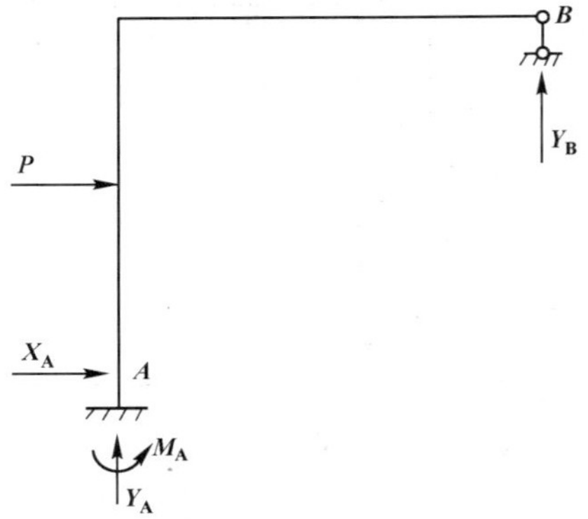

图　20-2

再以几何组成来看，图 20-1 所示的刚架和图 20-2 所示的刚架都是几何不变的。若将图 20-1 所示刚架中去掉支杆 B，则就变成几何可变体系。而从图 20-2 所示刚架中去掉支杆 B，则仍是几何不变的，从几何组成上来说支杆 B 是多余联系，并称为一次超静定结构。由此可得到如下结论：静定结构是没有多余联系的几何不变体系；超静定结构是有多余联系的几何不变体系。

二、超静定次数的确定

超静定结构具有多余联系，通常把多余联系的数目称为**结构的超静定次数**。

超静定结构在几何组成上，可以看作是在静定结构的基础上增加若干多余联系而构成。因此，确定超静定次数最直接的方法就是在原结构上去掉多余联系，直至超静定结构变成静定结构，所去掉的多余联系的数目，就是原结构的超静定次数。

超静定结构去掉多余联系的方式有以下几种：

(1) 去掉支座处的一根支杆或切断一根链杆，相当于去掉一个联系，如图 20-3a)、b) 所示。

(2) 去掉一个固定铰支座或去掉一个单铰，相当于去掉二个联系，如图 20-3c)、d) 所示。

(3) 将一刚性联结改成单铰联结或将一固定支座改成固定铰支座，相当于去掉一个联系，如图 20-3e)、f)所示。

(4)切断一个刚性联结或去掉一个固定支座，相当于去掉三个联系，如图 20-3g)、h)所示。

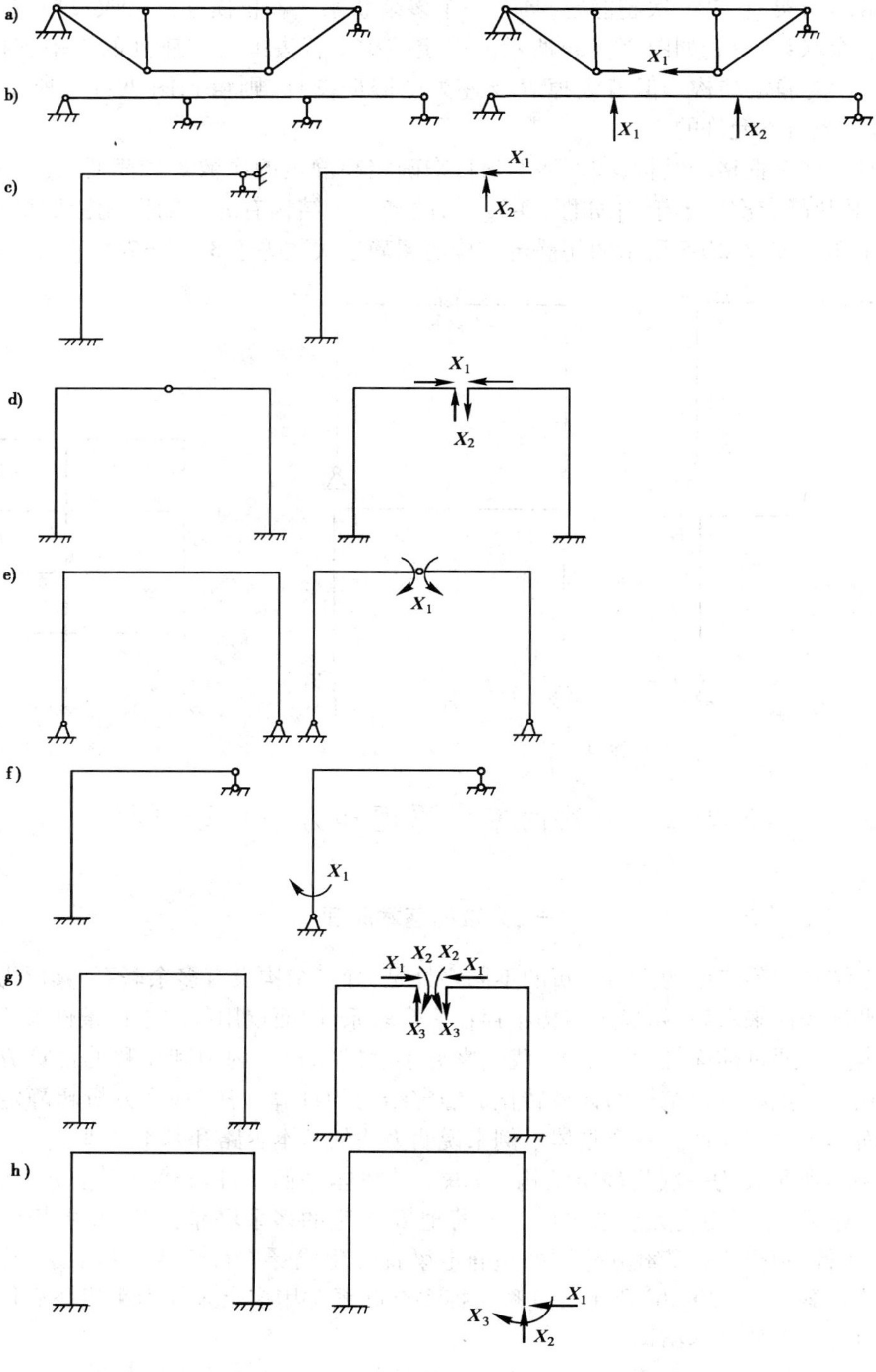

图 20-3

用上述方法去掉多余联系，可以确定任何超静定结构的超静定次数。对于同一超静定结构，可用各种不同的方式去掉多余联系而得到不同的静定结构。但不论采用哪一种方式，所去掉的多余联系的数目必然是相等的。

对于某一超静定结构，去掉多余联系的方案显然有多种，因而所得到的静定结构就可能有多种形式，但必须是几何不变体系。因此，结构中的某些联系是绝对不能去掉的。例如图20-4a）所示的刚架，它是一次超静定，具有一个多余联系。若将横梁某处改成单铰，即相当于去掉一个多余联系，得到如图20-4b）所示的静定结构。若去掉右支座处的水平支杆，则得到图20-4c）所示的静定结构。但若去掉 B 支座处的竖向支杆，则得到图20-4d）所示的瞬变体系，显然这是绝对不允许的。

对于具有多个框格的结构，按框格的数目来确定超静定的次数是较简便的。一个封闭的无铰框格，其超静定次数等于3［如图20-3g）］，故当一个结构有 n 个封闭无铰框格时，其超静定次数等于 $3n$。如图20-5所示的超静定结构的超静定次数等于 $3\times8=24$。

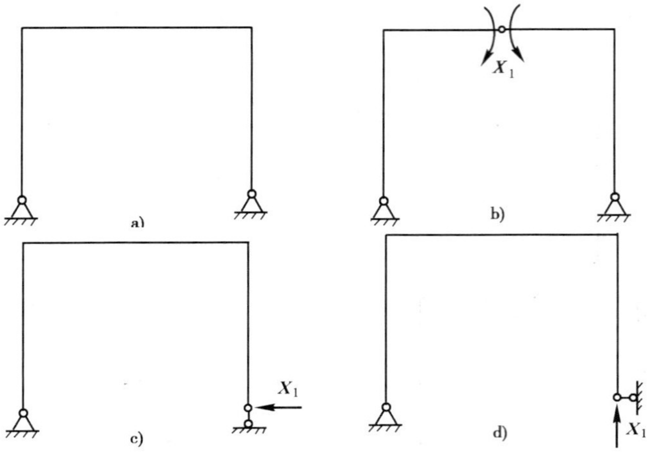

图　20-4

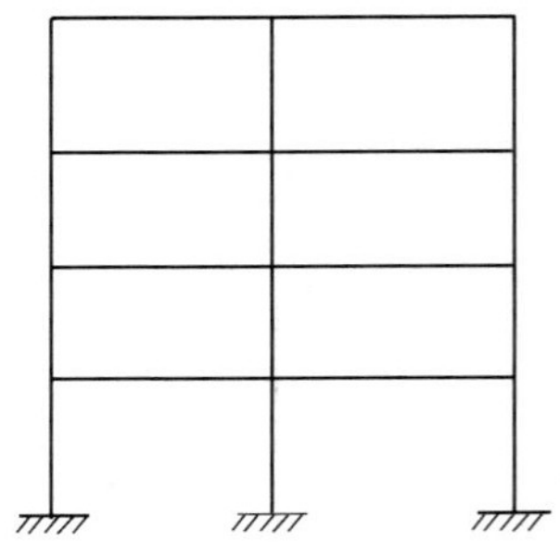

图　20-5

§20-2　力法的基本原理和力法典型方程

一、力法的基本原理

超静定结构与静定结构内力分析的不同之处是：静定结构没有多余联系，其反力和内力均可用静力平衡条件来求解；超静定结构中存在多余联系，因而仅用静力平衡条件就不能求解全部反力和内力。通过前面各章的学习，我们掌握了静定结构的内力和位移的计算方法。因此如果能找到一种把超静定结构的计算转化成静定结构的计算方法，那么分析超静定结构的问题就迎刃而解了。下面通过一个具体示例来说明力法的基本思路和基本原理。

图20-6a）所示梁为一次超静定结构，考虑梁的整体平衡条件可建立三个方程，不能全部确定四个支座反力，因而也无法求出内力。若把 B 支座的多余联系去掉，并用相应的多余未知力 X_1 来代替，则受均布荷载 q 作用的超静定梁就转化成受均布荷载 q 和多余未知力 X_1 共同作用的静定梁，如图20-6b）所示。这种去掉多余联系并用多余未知力来代替后得到的静定结构称为力法计算的基本结构。

作用在基本结构上的原荷载 q 是已知的，而多余未知力 X_1（后简称多余力 X_1）是未知的，因此，只要能设法求出 X_1，则原结构的计算问题即可在静定的基本结构上来解决。多余未知力是最基本的未知力，又可称为力法的基本未知量。但是这个基本未知量 X_1 不能用静力平衡条件求出，而必须根据基本结构受力后的变形与原结构相同的原则来确定。原结构在支座 B

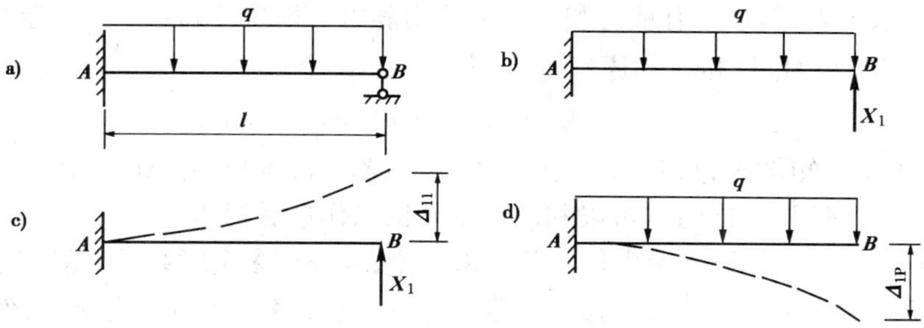

图 20-6

处由于有竖向支杆约束而不可能有竖向位移；而基本结构则因该联系已被去掉，在 B 点处即可能产生竖向位移。为了使基本结构与原结构的情况完全相符，就必须使基本结构在荷载 q 和多余力 X_1 共同作用下，B 点的竖向位移（即沿 X_1 方向的位移）Δ_1 等于零，即

$$\Delta_1 = 0$$

就是建立求解多余力 X_1 的位移条件。

设以 Δ_{11} 和 Δ_{1P} 分别表示多余力 X_1 和均布荷载 q 单独作用在基本结构时，B 点沿 X_1 方向上的位移，如图 20-6c）、d）所示。Δ 右下方两个脚标的含义是：第一个脚标表示位移的位置和方向；第二个脚标表示产生位移的原因。例如：Δ_{11} 表示沿 X_1 方向由 X_1 作用所产生的位移；Δ_{1P} 表示在 X_1 方向由荷载 q 作用所产生的位移。根据叠加原理，应有

$$\Delta_1 = \Delta_{11} + \Delta_{1P} = 0$$

若以 δ_{11} 表示 X_1 为单位力（即 $\overline{X} = 1$）时，基本结构在 X_1 的作用点沿 X_1 方向产生的位移，则有 $\Delta_{11} = \delta_{11} X_1$，于是上式可写成

$$\delta_{11} X_1 + \Delta_{1P} = 0$$

$$X_1 = -\frac{\Delta_{1P}}{\delta_{11}}$$

由于 δ_{11} 和 Δ_{1P} 都是已知力作用在静定结构上的位移，故均可用求解静定结构位移的方法求得，从而多余未知力的大小和方向，即可从上式确定。

为了具体计算位移 δ_{11} 和 Δ_{1P}，可分别绘出基本结构由单位力 $\overline{X}_1 = 1$ 作用的弯矩图 $\overline{M}_1$ 和在荷载 q 作用下的弯矩图 M_P，如图 20-7a）、b）所示。

计算 δ_{11} 时可用 $\overline{M}_1$ 图乘 $\overline{M}_1$ 图，叫做 $\overline{M}_1$ 图的"自乘"。即

$$\delta_{11} = \sum \frac{\omega y_C}{EI} = \frac{1}{EI}\left(\frac{1}{2} \times l \times l \times \frac{2}{3} l\right) = \frac{l^3}{3EI}$$

计算 Δ_{1P} 时可用 $\overline{M}_1$ 和 M_P 图相乘。

$$\Delta_{1P} = \sum \frac{\omega y_C}{EI} = \frac{1}{EI}\left(\frac{1}{3} \times \frac{ql^2}{2} \times l \times \frac{3l}{4}\right) = -\frac{ql^4}{8EI}$$

将 δ_{11} 和 Δ_{1P} 之值代入上式，即可解出多余力 X_1。

$$X_1 = -\frac{\Delta_{1P}}{\delta_{11}} = -\frac{\left(-\dfrac{ql^4}{8EI}\right)}{\dfrac{l^3}{3EI}} = \frac{3ql}{8} \quad (\uparrow)$$

所得结构为正值，表明 X_1 的实际方向与基本结构中所假设的方向相同。

多余力 X_1 求出后,其余所有反力和内力都可用静力平衡条件确定。超静定结构的最后弯矩图 M,可利用 $\overline{M}_1$ 和 M_P 图按叠加原理绘出,即

$$M = \overline{M}_1 X_1 + M_P$$

应用上式绘制弯矩图时,可将 $\overline{M}_1$ 图的竖标乘以 X_1 倍,再与 M_P 图的相应竖标叠加,即可绘出 M 图如图 20-7 所示。同时也可以利用基本结构来作最后弯矩图。

综上所述可知,力法是以多余力作为基本未知量,取去掉多余联系后的静定结构为基本结构,并根据去掉多余联系处的已知位移条件建立基本方程,将多余力首先求出,然后求出结构的反力和内力。

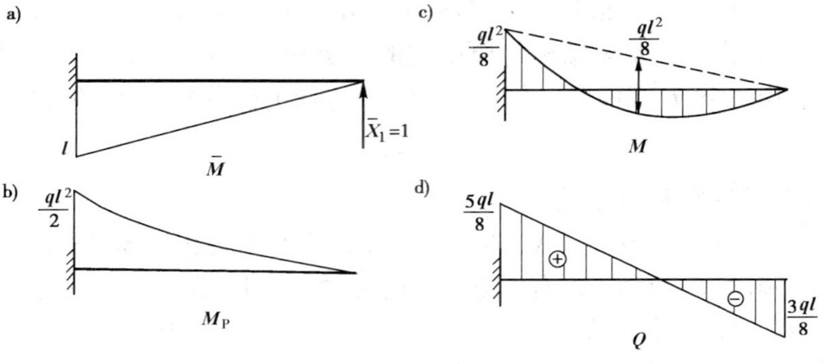

图 20-7

二、力法典型方程

上面我们用一个一次超静定结构的计算说明了力法的基本概念。可以看出,用力法计算超静定结构的关键,在于根据位移条件建立补充方程以求解多余未知力。对于多次超静定结构,其计算原理也完全相同。图 20-8a)所示刚架为三次超静定结构,在荷载作用下产生虚线所示变形。用力法计算时,去掉 B 支座处的三个多余联系,并以相应的多余力 X_1、X_2 和 X_3 来代替,则得到图 20-8b)所示的基本结构。由于原结构在 B 支座处不能产生移动和转动,因此,基本结构在原荷载和全部多余力共同作用下的变形必须同原结构相同,故在 B 点处沿多余力 X_1、X_2 和 X_3 方向的相应位移 Δ_1、Δ_2 和 Δ_3 都应等于零。即

$$\Delta_1 = 0$$
$$\Delta_2 = 0$$
$$\Delta_3 = 0$$

根据叠加原理,在基本结构上可分别求出位移 Δ_1、Δ_2 和 Δ_3。基本结构在单位力 $\overline{X}_1 = 1$ 单独作用时,B 点沿 X_1、X_2 和 X_3 方向所产生的位移分别为 δ_{11}、δ_{21} 和 δ_{31},如图 20-8c)所示。因实际的 X_1 并不等于 1,故将图 20-8c)所产生的位移乘上 X_1,即在 X_1 作用下 B 点在 X_1 方向上的位移为 $\delta_{11}X_1$,在 X_2 方向上产生的位移 $\delta_{21}X_1$,在 X_3 方向上产生的位移 $\delta_{31}X_3$。同时,图 20-8d)所示在 X_2 作用下,B 点在 X_1 方向上产生的位移 $\delta_{12}X_2$,在 X_2 方向上产生的位移 $\delta_{22}X_2$,在 X_3 方向上产生的位移 $\delta_{32}X_3$。图 20-8e)所示在 X_3 作用下,B 点在 X_1 方向上产生的位移为 $\delta_{13}X_3$,在 X_2 方向上产生的位移 $\delta_{23}X_3$,在 X_3 方向上产生的位移 $\delta_{33}X_3$。如图 20-8f)所示的实际荷载作用下,B 点在 X_1 方向上产生的位移为 Δ_{1P},在 X_2 方向上产生的位移为 Δ_{2P},在 X_3 方向上产生的位移为 Δ_{3P}。

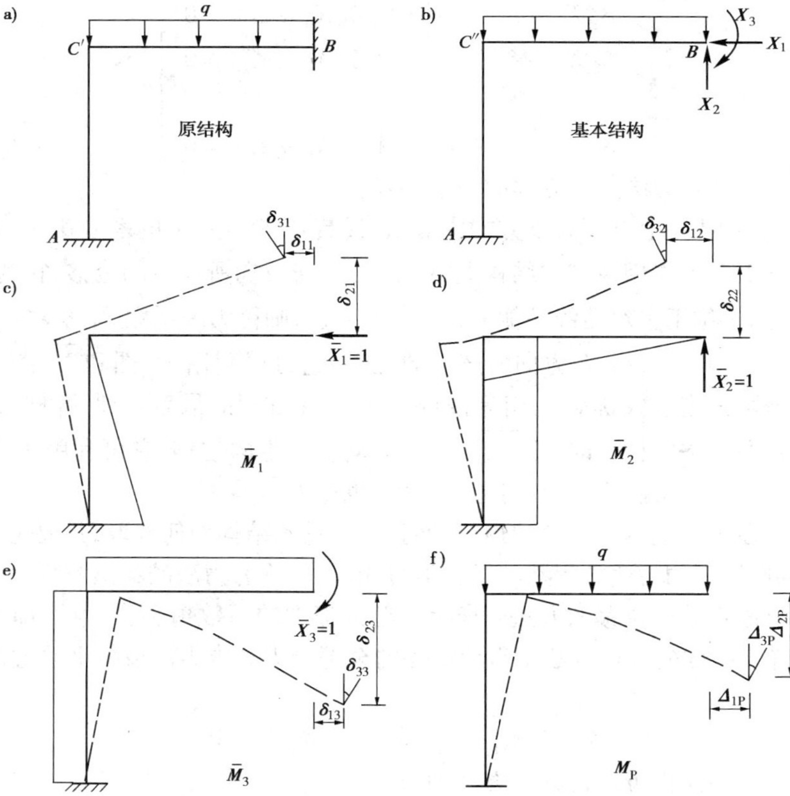

图 20-8

根据叠加原理,可得到基本结构在荷载和多余力 X_1、X_2、X_3 共同作用下的位移条件

$$\Delta_1 = \delta_{11}X_1 + \delta_{12}X_2 + \delta_{13}X_3 + \Delta_{1P} = 0$$

$$\Delta_2 = \delta_{21}X_1 + \delta_{22}X_2 + \delta_{23}X_3 + \Delta_{2P} = 0$$

$$\Delta_3 = \delta_{31}X_1 + \delta_{32}X_2 + \delta_{33}X_3 + \Delta_{3P} = 0$$

这就是求解多余力 X_1、X_2 和 X_3 而建立的力法**典型方程**。其**物理意义是:基本结构在全部多余力和已知荷载共同作用下,在去掉多余联系处的位移应与原结构中相应的位移相等。**

用同样的分析方法,我们可以建立力法的一般方程。对于 n 次超静定结构,它具有 n 个多余联系,用力法计算时,可去掉 n 个多余联系得到静定的基本结构,在去掉多余联系处代以 n 个多余力(X_1、X_2、…、X_n)。原结构在去掉多余联系处的相应位移条件为 Δ_1、Δ_2、…、Δ_n。根据位移条件可建立 n 个关于求解多余力的方程:

$$\left.\begin{aligned}\Delta_1 &= \delta_{11}X_1 + \delta_{12}X_2 + \cdots + \delta_{1n}X_n + \Delta_{1P}\\ \Delta_2 &= \delta_{21}X_1 + \delta_{22}X_2 + \cdots + \delta_{2n}X_n + \Delta_{2P}\\ &\cdots\\ \Delta_n &= \delta_{n1}X_1 + \delta_{n2}X_2 + \cdots + \delta_{nn}X_n + \Delta_{nP}\end{aligned}\right\} \tag{20-1}$$

当多余力作用处的位移都等于零,即 $\Delta_1 = \Delta_2 = \cdots = \Delta_n = 0$。则上式为:

$$\left.\begin{aligned}\delta_{11}X_1+\delta_{12}X_2+\cdots+\delta_{1n}X_n+\Delta_{1P}&=0\\ \delta_{21}X_1+\delta_{22}X_2+\cdots+\delta_{2n}X_n+\Delta_{2P}&=0\\ \cdots\\ \delta_{n1}X_1+\delta_{n2}X_2+\cdots+\delta_{nn}X_n+\Delta_{nP}&=0\end{aligned}\right\}\tag{20-2}$$

式(20-1)及(20-2)就是力法典型方程的一般形式。

在上述方程中,从左上方至右下方的主对角线(自 δ_{11} 至 δ_{nn})上的系数 δ_{ii} 称为主系数,主系数 δ_{ii} 表示当 $\overline{X}_i=1$ 单独作用在基本结构上时,沿 X_i 自身方向所产生的位移,它利用 $\overline{M}_i$ 图自乘求得,其值恒为正。位于主对角线两侧的系数 $\delta_{ij}(i\neq j)$,则称为副系数,副系数 δ_{ij} 表示当 $\overline{X}_j=1$ 单独作用在基本结构上时,沿 X_i 方向所产生的位移,它可以利用 $\overline{M}_i$ 图和 $\overline{M}_j$ 图图乘求得。根据位移互等定理可知副系数 δ_{ij} 和 δ_{ji} 相等,即 $\delta_{ij}=\delta_{ji}$。在方程的最后一项 Δ_{iP} 称为自由项,它表示荷载单独作用在基本结构上时,沿多余力 X_i 方向上产生的位移,它可利用 M_P 和 $\overline{M}_i$ 图图乘求得。副系数和自由项可能为正值,可能为负值,也可能为零。

上列方程组在组成上具有一定的规律,而且不论基本结构如何选取,只要是 n 次超静定结构,它们在荷载作用下的力法方程都与式(20-2)相同,故称为力法的典型方程。

按前一章求静定结构位移的方法可求得典型方程中的系数项和自由项,即可解得多余力 X_i。然后可按静定结构的分析方法求得原结构的全部反力和内力。或按下述叠加公式求出最后弯矩。

$$M=X_1\overline{M}_1+X_2\overline{M}_2+\cdots+X_n\overline{M}_n+M_P\tag{20-3}$$

再根据静力平衡条件可求得其剪力和轴力。

§20-3 力法计算步骤和示例

根据以上所述,用力法计算超静定结构的计算步骤可归纳如下:

1. 选取基本结构。判断超静定结构的超静定次数,去掉所有多余联系,并用相应的多余力来代替。

2. 建立力法的典型方程。根据基本结构在多余力和原荷载共同作用下,在去掉多余联系处的位移应与原结构中相应的位移相等的位移条件,建立力法典型方程。

3. 求系数项和自由项:

(1)作 $\overline{M}_i$ 和 M_P 图。即基本结构当 $\overline{X}_i=1$ 作用时的弯矩图 $\overline{M}_i$ 图和基本结构在荷载作用下的弯矩图 M_P 图。

(2)计算系数项和自由项。

4. 解力法的典型方程,求出多余力。

5. 作原结构的内力图。

一、超静定梁和刚架

例 20-1 绘制图 20-9a)所示梁的弯矩图。

解 1. 选取基本结构

此梁为一次超静定梁。将 B 支座视为多余支座,将其去掉,用其支座反力 X_1 代替对梁的作用,得到图 20-9b)所示基本结构。

2. 建立力法典型方程

因原结构 B 支座处铅垂方向位移为零,故力法典型方程为

$$\delta_{11}X_1 + \Delta_{1P} = 0$$

3. 求系数项和自由项

作出基本结构分别在 $\overline{X}_1 = 1$ 和荷载作用下的弯矩图,如图 20-9c)、d)所示。按图乘法求出系数项和自由项(当然也可以通过单位力法求出)为

$$\delta_{11} = \frac{1}{EI}\left[\frac{1}{2}\frac{l}{2}\cdot l\cdot\frac{2}{3}\frac{l}{2}\right]\times 2 = \frac{l^3}{6EI}$$

$$\Delta_{1P} = \frac{1}{EI}\left[-\frac{2}{3}\frac{ql^2}{2}\cdot l\cdot\frac{5l}{8}\frac{1}{2}\right]\times 2 = -\frac{5ql^4}{24EI}$$

4. 求解多余未知力 X_1

将上述系数项和自由项代入力法典型方程中解得

$$X_1 = -\frac{\Delta_{1P}}{\delta_{11}} = -\frac{\dfrac{-5ql^4}{24EI}}{\dfrac{l^3}{6EI}} = \frac{5}{4}ql(\uparrow)$$

所得结果为正,表明 X_1 与原假设方向相同。X_1 即为原超静定结构 B 处支座反力。而 A、C 处的支座反力可通过平衡方程求得,其内力图按求解静定结构的方法绘出,如图 20-9e)所示。

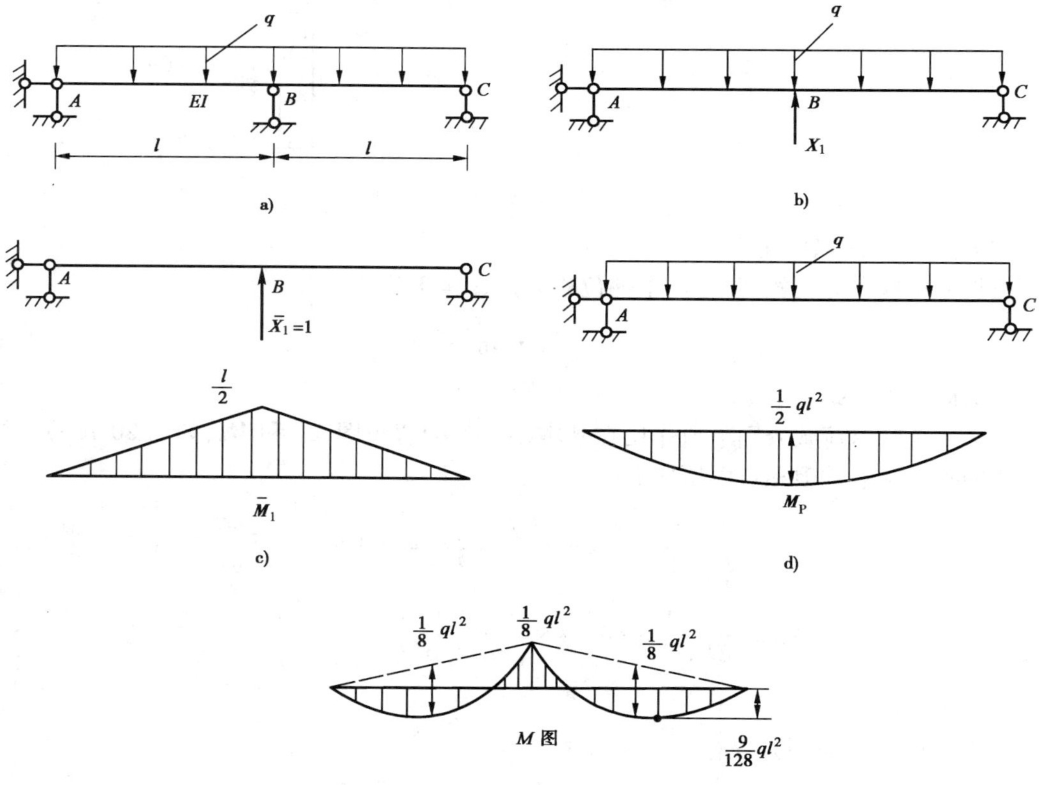

图 20-9

例 20-2 试分析图 20-10a)所示刚架。

解 (1)选取基本结构

此刚架为一次超静定刚架,将 C 处的支杆去掉,用相应的多余力 X_1 来代替,得到图 20-10b)所示的基本结构。

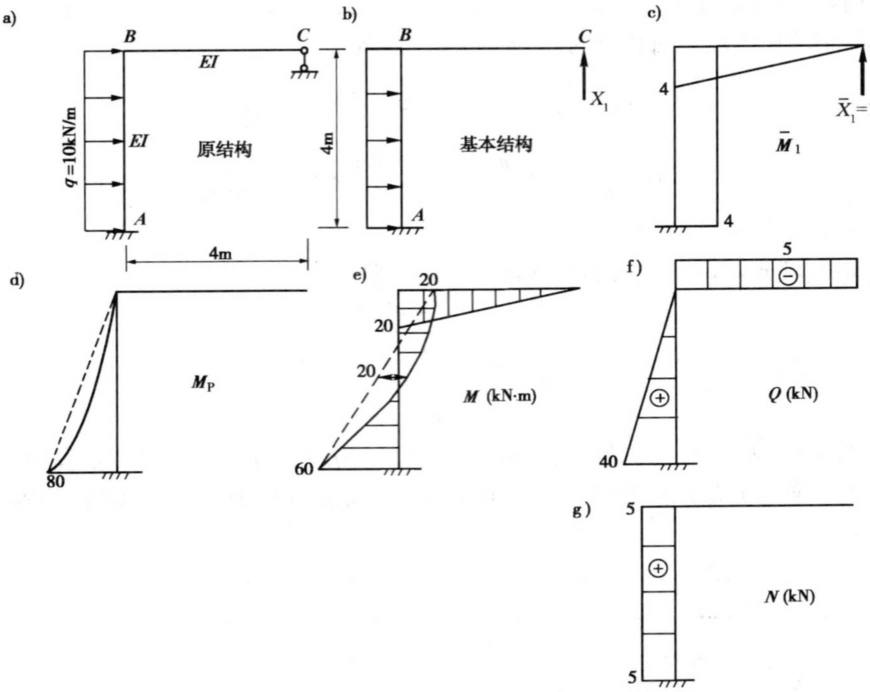

图 20-10

(2)建立力法典型方程

根据原结构在 C 处沿 X_1 方向上的位移条件 $\Delta_1 = 0$,得

$$\delta_{11}X_1 + \Delta_{1P} = 0$$

(3)求系数项和自由项

作 $\overline{X}_1 = 1$ 和原荷载分别单独作用在基本结构上的弯矩图 $\overline{M}_1$ 和 M_P,如图 20-10c)、d),然后利用图乘法求系数项和自由项如下:

$$\delta_{11} = \frac{1}{EI}\left(\frac{1}{2} \times 4 \times 4 \times \frac{2}{3} \times 4 + 4 \times 4 \times 4\right) = \frac{256}{3EI}$$

$$\Delta_{1P} = \frac{-1}{EI}\left(\frac{1}{3} \times 80 \times 4 \times 4\right) = -\frac{1280}{3EI}$$

(4)求多余力

将 δ_{11}、Δ_{1P}代入典型方程有

$$\frac{256}{3EI}X_1 - \frac{1280}{3EI} = 0$$

$$X_1 = 5\text{kN} \quad (\uparrow)$$

(5)作内力图

根据叠加原理 $M=\overline{M}_1X_1+M_P$，最后弯矩图如图 20-10e)所示。将求出的 X_1 加在基本结构上，然后按静定结构的方法作 Q 图和 N 图，如图 20-10f)、g)所示。

例 20-3 试分析图 20-11a)所示的刚架，$EI=$常数。

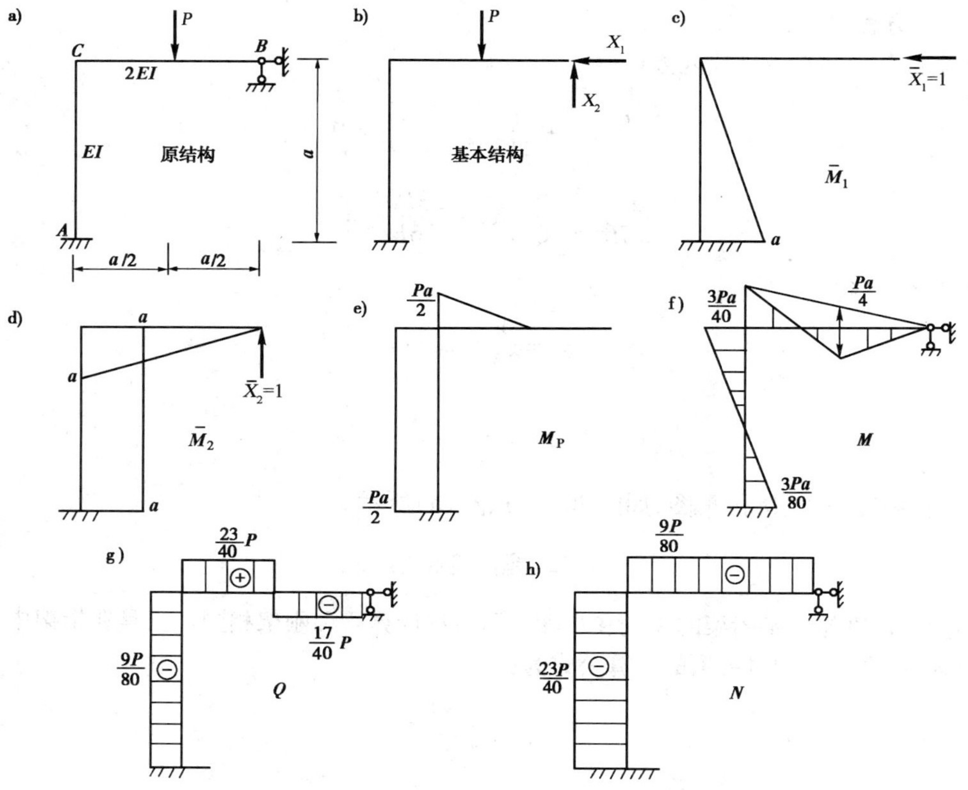

图 20-11

解 (1)选取基本结构

此刚架为二次超静定结构。去掉 B 处的两个多余联系，并用多余力 X_1、X_2 代替，得到如图 20-11b)所示的基本结构。

(2)建立力法典型方程

$$\delta_{11}X_1+\delta_{12}X_2+\Delta_{1P}=0$$

$$\delta_{21}X_1+\delta_{22}X_2+\Delta_{2P}=0$$

(3)求系数项和自由项

作 $\overline{M}_1$、$\overline{M}_2$ 和 M_P 图如图 20-11c)、d)、e)所示，利用图乘法计算系数项和自由项：

$$\delta_{11}=\frac{1}{EI}\left(\frac{1}{2}\times a\times a\times\frac{2}{3}a\right)=\frac{a^3}{3EI}$$

$$\delta_{22}=\frac{1}{2EI}\left(\frac{1}{2}\times a\times a\times\frac{2}{3}a\right)+\frac{1}{EI}(a\times a\times a)=\frac{7a^3}{6EI}$$

$$\delta_{12}=\delta_{21}=\frac{1}{EI}\left(\frac{1}{2}\times a\times a\times a\right)=\frac{a^3}{2EI}$$

$$\Delta_{1P} = -\frac{1}{EI}\left[\frac{1}{2} \times a \times a \times \left(\frac{Pa}{2}\right)\right] = -\frac{Pa^3}{4EI}$$

$$\Delta_{2P} = \frac{1}{2EI}\left[-\frac{1}{2}\frac{aP}{2}\frac{a}{2}\left(\frac{a}{2} + \frac{2}{3}\frac{a}{2}\right)\right] + \frac{1}{EI}\left(-\frac{aP}{2} \times a \times a\right) = -\frac{53Pa^3}{96EI}$$

(4)解方程组,求多余力

将系数各项和自由项代入方程得

$$\frac{a^3}{3EI}X_1 + \frac{a^3}{2EI}X_2 - \frac{Pa^3}{4EI} = 0$$

$$\frac{a^3}{2EI}X_1 + \frac{7a^3}{6EI}X_2 - \frac{53Pa^3}{96EI} = 0$$

解方程组,得

$$X_1 = \frac{9}{80}P \quad (\leftarrow)$$

$$X_2 = \frac{17}{40}P \quad (\uparrow)$$

(5)作内力图 M、Q 和 N 图,如图 20-11f)、g)、h)所示。

二、超静定桁架

用力法计算超静定桁架的原理和步骤同用力法计算梁和刚架相同。只是在桁架中各杆只有轴力,因此系数项和自由项的计算公式为:

$$\delta_{ii} = \sum\frac{\overline{N}_i^2}{EA}l$$

$$\delta_{ij} = \sum\frac{\overline{N}_i\overline{N}_j}{EA}l \qquad (20\text{-}4)$$

$$\delta_{ip} = \sum\frac{\overline{N}_i\overline{N}_p}{EA}l$$

而超静定桁架中各杆的内力(轴力)可按下式计算

$$N = \overline{N}_1X_1 + \overline{N}_2X_2 + \cdots + \overline{N}_nX_n + N_P \qquad (20\text{-}5)$$

例 20-4 试计算图 20-12a)所示超静定桁架,已知各杆的 EA 相同。

解 1.选取基本结构

将该桁架中 BC 杆切断,并以相应的多余力 X_1 来代替,得到图 20-12b)所示的基本结构。

2.建立力法典型方程

根据 BC 杆切口处两侧截面的相对位移应等于零,可建立如下力法典型方程。

$$\delta_{11}X_1 + \Delta_{1P} = 0$$

3.求系数项和自由项

为计算系数项和自由项,分别求出 $\overline{X}_1 = 1$ 和已知荷载作用在基本结构上时产生的轴力,如图 20-12c)、d)所示。则系数项和自由项为

$$\delta_{11} = \sum \frac{\overline{N}_1^2 l}{EA}$$

$$= \frac{1}{EA}\left[\left(-\frac{\sqrt{2}}{2}\right)^2 \times a \times 4 + 1^2 \times \sqrt{2}a \times 2\right]$$

$$= \frac{2(1+\sqrt{2})}{EA}a$$

$$\Delta_{1P} = \sum \frac{\overline{N}_1 N_P}{EA} l$$

$$= \frac{1}{EA}\left[(-P)\left(-\frac{\sqrt{2}}{2}\right) \times a + \left(-\frac{\sqrt{2}}{2}\right) \times (-P) \times a + 1 \times \sqrt{2}P \times \sqrt{2}a\right]$$

$$= \frac{(2+\sqrt{2})Pa}{EA}$$

4. 求多余力

将系数项和自由项代入方程，得

$$X_1 = -\frac{\Delta_{1P}}{\delta_{11}} = -\frac{\dfrac{(2+\sqrt{2})}{EA}Pa}{\dfrac{2(1+\sqrt{2})a}{EA}} = -\frac{\sqrt{2}}{2}P \quad (\text{压力})$$

5. 求各杆最后轴力

由叠加原理 $N = \overline{N}_1 X_1 + N_P$，求得各杆轴力如图 20-12e）所示。

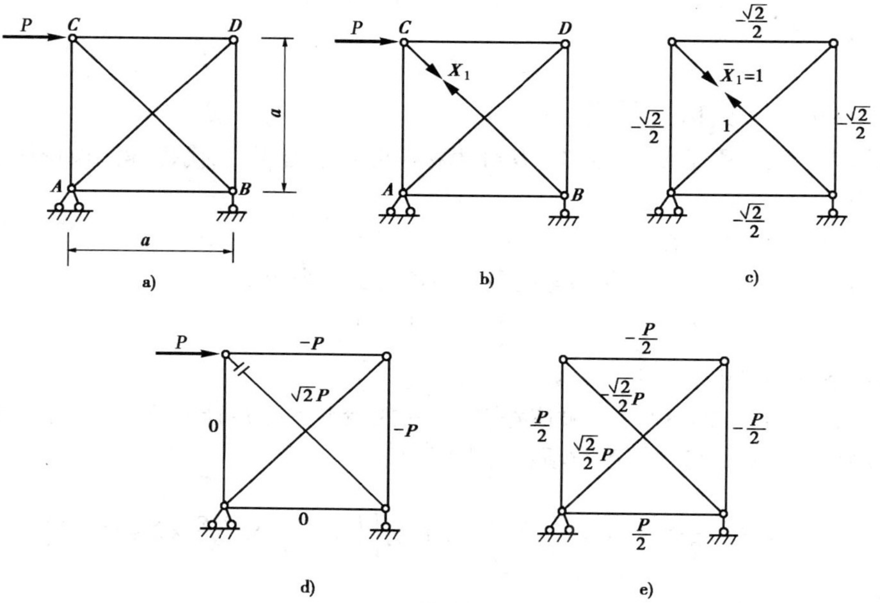

图　20-12

三、超静定组合结构

在工程实际中，为了节约材料，提高结构刚度，有时采用超静定组合结构。这类结构中有一部分杆件主要承受弯矩，另一部分的杆件与桁架杆件相同，只有轴力。因此，在用力法计算时，应分别采用不同的方式计算，现通过实例来说明。

例 20-5 试分析图 20-13a）所示的组合结构。已知 EA = 常数，数值上 $EI=9EA$。

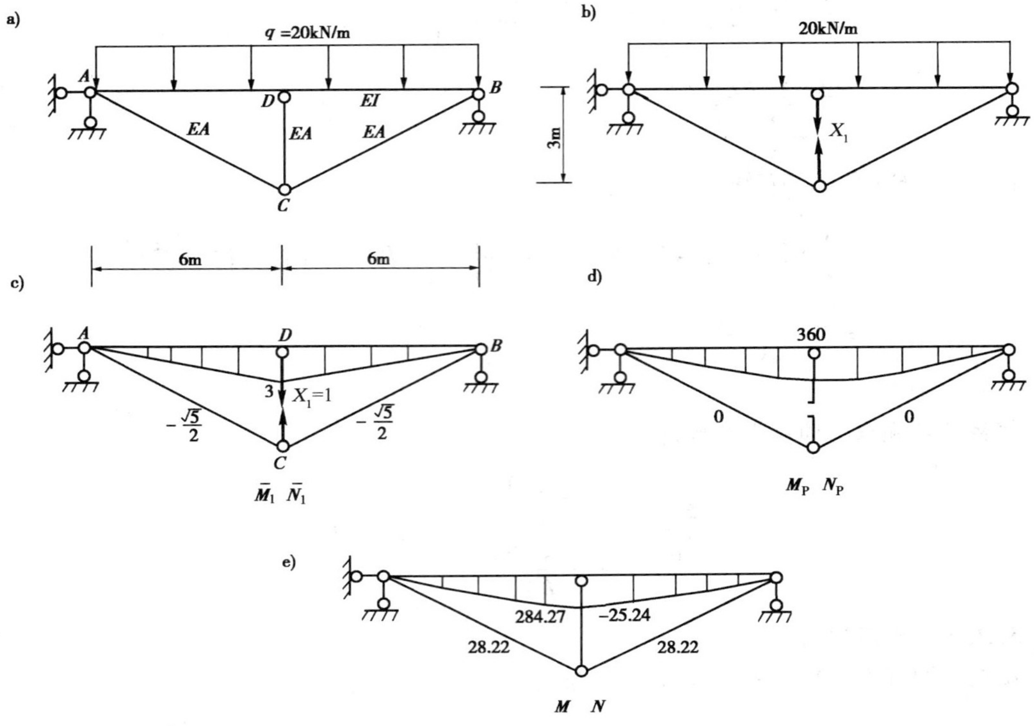

图 20-13

解 1. 选取基本结构

此结构为一次超静定结构，切断 CD 杆用相应的多余力 X_1 来代替，得到如图 20-13b）所示的基本结构。

2. 建立力法的典型方法

根据切口处两侧相对线位移为零的条件可建立力法典型方程为

$$\delta_{11}X_1+\Delta_{1P}=0$$

3. 求系数项和自由项

分别作出基本结构 $\overline{X}_1=1$ 和荷载作用下的弯矩图，并计算各二力杆的轴力，如图 2-13c）、d）所示。由此，可计算系数项和自由项如下：

$$\delta_{11}=\frac{1}{EI}\left(\frac{1}{2}\times3\times6\times\frac{2}{3}\times3\right)\times2+\frac{1}{EA}\left[\left(-\frac{\sqrt{5}}{2}\right)^2\times3\sqrt{5}\times2+1^2\times3\right]$$

$$=\frac{36}{9EA}+\frac{1}{EA}\left(\frac{15\sqrt{5}}{2}+3\right)=\frac{23.77}{EA}$$

$$\Delta_{1P}=\frac{1}{EI}\left[\left(\frac{2}{3}\times360\times6\times\frac{5}{8}\times3\right)\times2\right]=\frac{5400}{9EA}=\frac{600}{EA}$$

4. 求解多余力

$$X_1 = -\frac{\Delta_{1P}}{\delta_{11}} = -\frac{\frac{600}{EA}}{\frac{23.77}{EA}} = -25.24\text{kN} \quad (\text{压力})$$

5. 作最后弯矩图 M 和轴力图 N

根据叠加原理

$$M = \overline{M}_1 X_1 + M_P$$

$$N = \overline{N}_1 X_1 + N_P$$

可得 M、N 图如图 20-13e）所示。

四、铰 接 排 架

图 20-14a）所示为一装配式单层厂房的横剖面结构示意图。其主要承重构件是由屋架（或屋面大梁）、柱和基础组成。柱和基础采用刚性联结、屋架与柱顶采用铰结点联结。这种结构形式称为排架结构。

在屋面荷载作用下，屋架按桁架计算。计算柱子内力时，假设屋架对于柱顶只起联系作用，可将屋架的刚度 EA 视为无限大（$EA \to \infty$），即假定排架受载前后 CD 之间的距离没有改变。根据上述图 20-14a）所示排架的计算简图可取为如图 20-14b）所示。由于放置吊车梁的需要，柱常做成阶梯形，即柱截面为分段等截面。

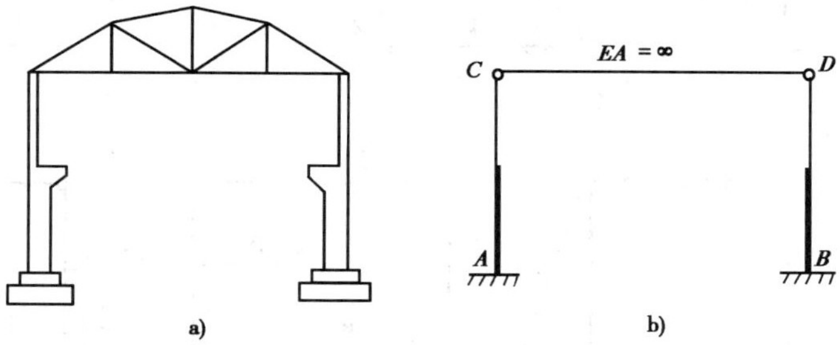

图 20-14

例 20-6 试用力法计算图 20-15a）所示等高排架。

解 1. 选取基本结构

此排架是一次超静定结构。将杆 CD 切断并用多余未知力 X_1 代替，得到图 20-15b）所示基本结构。

2. 建立力法典型方程

据切口两侧相对线位移为零的条件，得力法典型方程为

$$\delta_{11} X_1 + \Delta_{1p} = 0$$

3. 求系数项和自由项

作出基本结构分别在 $\overline{X}_1 = 1$ 和荷载作用下的弯矩图如图 20-15c）、d）所示，系数项和自由项为

$$\delta_{11} = \frac{1}{EI_1}\left(\frac{1}{2} \cdot a \cdot a \cdot 1\,\frac{2}{3}a\right) \times 2 + \frac{1}{EI_2}\left[1 \cdot a \cdot 2a \cdot 1 \cdot 2a + \frac{1}{2} \cdot 1 \cdot 2a \cdot 2a \cdot 1 \cdot \left(a + \frac{2}{3}2a\right)\right] \times 2$$

$$=\frac{2a^3}{3EI_1}+\frac{52a^3}{3EI_2}$$

考虑到 $I_2=2I_1$

得

$$\delta_{11}=\frac{56a^3}{3EI_2}$$

$$\Delta_{1P}=-\frac{1}{EI_2}\left[\frac{1}{2}2ap\cdot 2a\cdot 1\left(a+\frac{2}{3}2a\right)\right]=-\frac{14a^3p}{3EI_2}$$

4. 求解多余未知力 X_1

将上述系数项和自由项代入力法典型方程解,得

$$X_1=-\frac{\Delta'_{1P}}{\delta_{11}}=-\frac{-\dfrac{14a^3P}{3EI_2}}{\dfrac{56a^3}{3EI_2}}=\frac{1}{4}P$$

5. 最后作弯矩图

通过叠加原理作 M 图如图 20-15e)所示。

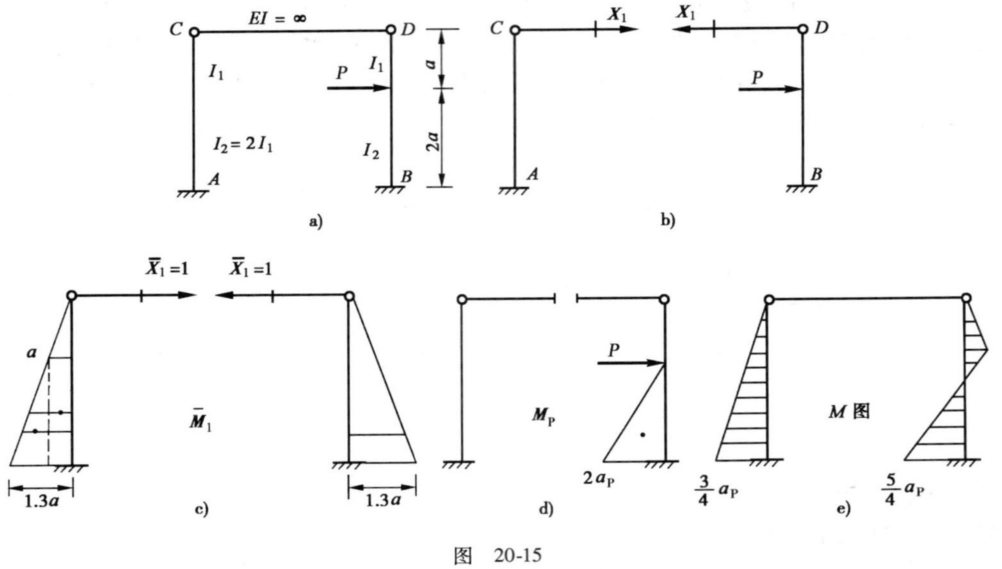

图 20-15

§20-4 对称性的利用

在建筑工程中,很多结构是对称的。利用结构的对称性可以使力法计算得到简化。所谓对称结构,就是指:

1. 结构的几何形状和支座情况对某一对称轴对称;

2. 杆件截面和材料性质也对此轴对称。

图 20-16a)所示刚架是一个对称刚架,它有一个竖向对称轴;图 20-16b)所示矩形涵管是具有两根对称轴的对称结构;图 20-16c)所示的刚架,也有一根斜向对称轴。而图 20-17a)为非对称结构,其支座不对称;图 20-17b)也是非对称结构,其杆件的截面不对称。下面介绍利

用对称性简化力法计算的方法。

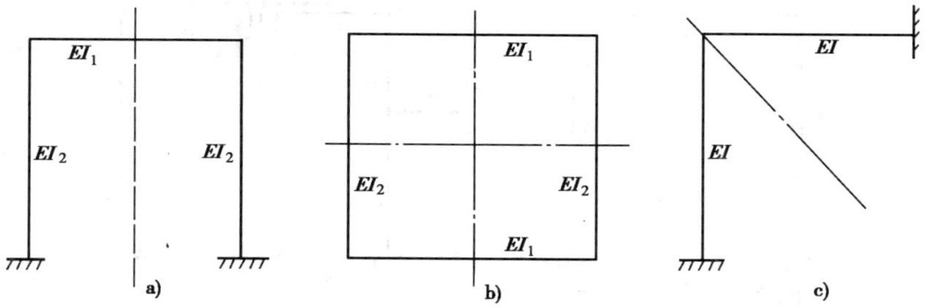

图 20-16

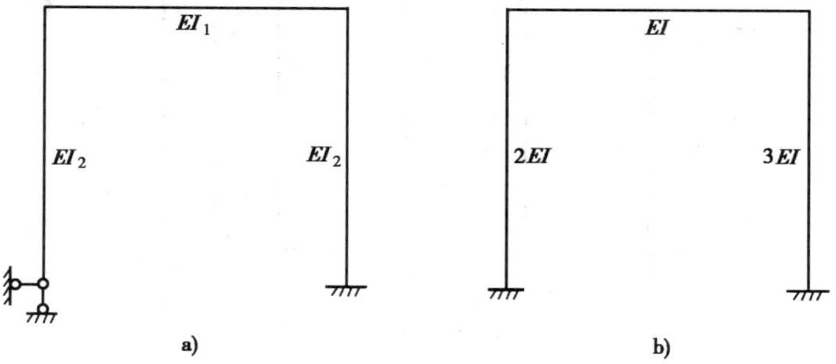

图 20-17

一、选取对称的基本结构

图 20-18a)所示的一个对称三次超静定刚架,若将此刚架的横梁沿对称轴处切开,并以多余力 X_1、X_2 和 X_3 来代替,便得到一个对称的基本结构如图 20-18b)所示。其中 X_1、X_2 是正对称力;X_3 是反对称力。所谓正对称力指对称轴两边的多余力的大小相等,绕对称轴对折后作用点重合且指向相同;所谓的反对称力指对称轴两边的多余力的大小相等,绕对称轴对折后作用点重合,但方向相反。

作单位力作用下的弯矩图 $\overline{M}_1$、$\overline{M}_2$ 和 $\overline{M}_3$,如图 20-18c)、d)、e)所示。显然,在正对称单位力 $\overline{X}_1=1$ 和 $\overline{X}_2=1$ 作用下的单位弯矩图 $\overline{M}_1$ 和 $\overline{M}_2$ 是正对称的;而在反对称单位力 $\overline{X}_3=1$ 作用下的单位弯矩 $\overline{M}_3$ 是反对称的。在计算力法典型方程式中各系数时,正对称的 $\overline{M}_1$ 和 $\overline{M}_2$ 与反对称的 $\overline{M}_3$ 图乘时,其值为零,即

$$\delta_{13}=\delta_{31}=\sum\int\frac{\overline{M}_1\overline{M}_3}{EI}\mathrm{d}s=0$$

$$\delta_{23}=\delta_{32}=\sum\int\frac{\overline{M}_2\overline{M}_3}{EI}\mathrm{d}s=0$$

因此,典型方程可简化成

$$\delta_{11}X_1+\delta_{12}X_2+\Delta_{1P}=0$$
$$\delta_{21}X_1+\delta_{22}X_2+\Delta_{2P}=0$$
$$\delta_{33}X_3+\Delta_{3P}=0$$

由此可知:在计算对称结构时,如果选择的多余力中,一部分是正对称的,另一部分是反对称的,则力法方程可分成两组,一组只包含正对称的多余力,另一组只包含反对称的多余力。

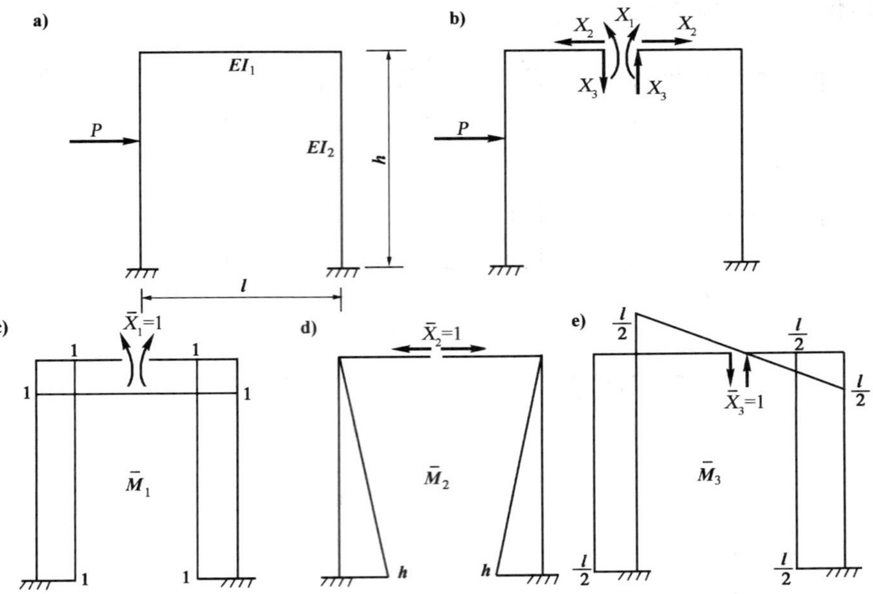

图 20-18

将一个高阶方程组降为了两个低阶方程组，从而使计算系数项和解方程的工作都得到简化。

二、荷 载 分 组

如果对称轴两边的荷载大小相等，绕对称轴对折后作用点和作用方向完全重合，则称为正对称荷载[图 20-19a)]；如果对称轴两边的荷载大小相等，绕对称轴双折后作用点重合，而作用方向相反，则称为反对称荷载[图 20-19b)]。对于既不正对称，也不反对称的荷载称为非对称荷载，非对称荷载通过力的等效变换都可转化成为正对称荷载和反对称荷载，常称为荷载分组。如图 20-20a)、b)、c)所示。

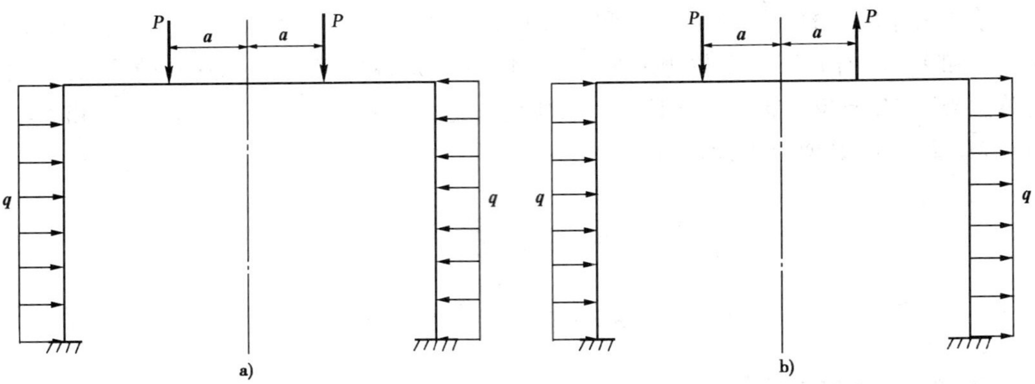

图 20-19

对称结构只有作用正对称荷载或反对称荷载，或者把作用于对称结构上的非对称荷载进行荷载分组，才能利用结构的对称性进行简化计算。

1. 对称结构在正对称荷载作用下

图 20-21a)所示为一个对称的三次超静定结构，在正对称荷载 P 作用下。选取图 20-21b)

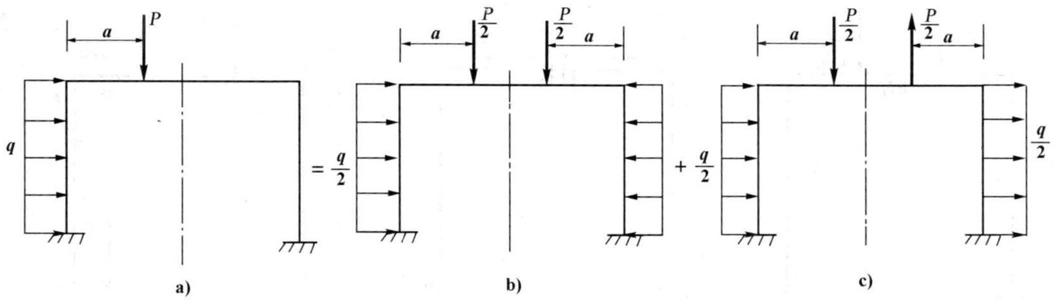

图 20-20

所示的对称基本结构，此时，正对称荷载 P 作用下的弯矩图 M_P 图 20-21c）也是正对称的。在图乘时，与图 20-18e）所示的 $\overline{M}_3$ 图相乘的结果为零。

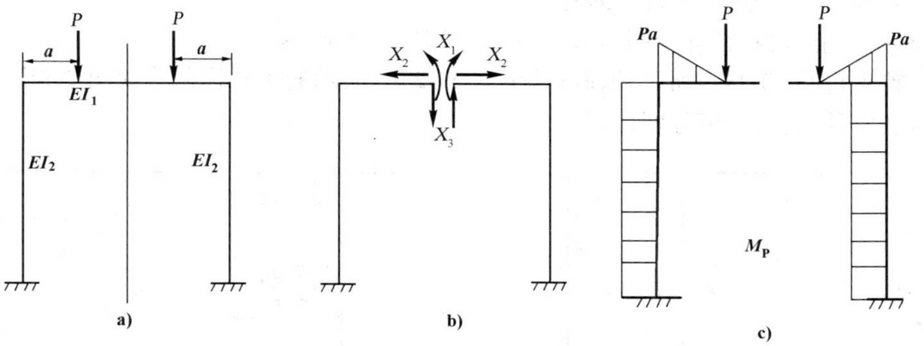

图 20-21

$$\delta_{33}X_3+0=0$$

$$X_3=0$$

由此可得出结论：**对称结构，在正对称荷载作用下，反对称多余力为零。只有正对称的多余力存在，结构的内力和变形也是正对称的。**

2．对称结构在反对称荷载作用下

图 20-22a）所示为一个对称的三次超静定刚架，在反对称荷载 P 作用下，选取图 20-22b）所示的对称基本结构，此时，反对称荷载 P 作用下的弯矩图 M_P［图 20-22c）］也是反对称的。在图乘时，与图 20-18c）、d）所示的 $\overline{M}_1$、$\overline{M}_2$ 图相乘的结果为零。即

$$\Delta_{1P}=0$$

$$\Delta_{2P}=0$$

于是力法典型方程中第一、二式便变为只含有正对称的多余力 X_1、X_2 的各次方程组

$$\delta_{11}X_1+\delta_{12}X_2+0=0$$

$$\delta_{21}X_1+\delta_{22}X_2+0=0$$

从而可知

$$X_1=0$$

$$X_2=0$$

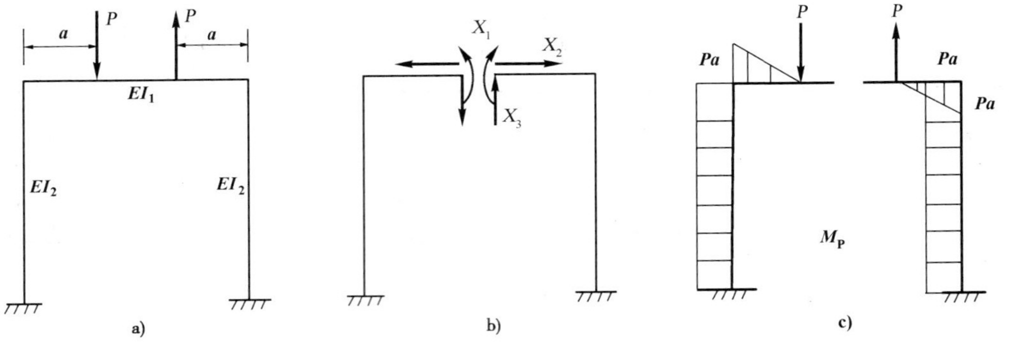

图 20-22

由此可得到结论:**对称结构,在反对称荷载作用下,正对称多余力为零。只有反对称多余力存在,结构的内力和变形也是反对称的。**

例 20-7 利用对称性计算图 20-23a)所示刚架,EI = 常数。

解 首先将图 20-23a)所示的荷载分成图 20-23b)所示的正对称荷载和图 20-23c)所示的反对称荷载两种情况,然后分别计算。

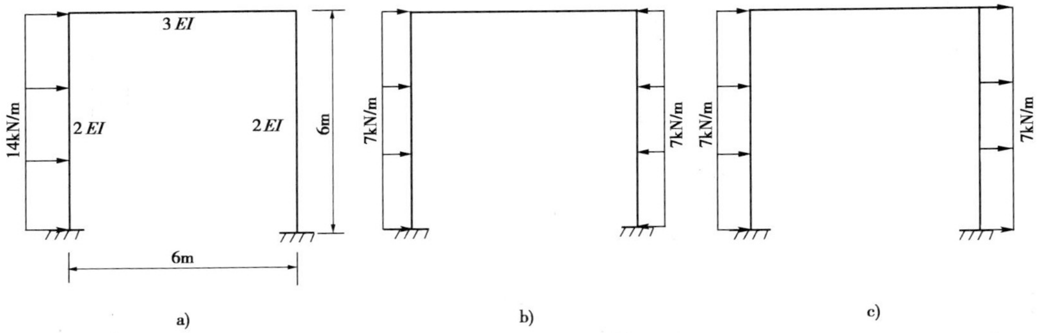

图 20-23

1. 在正对称荷载作用下的计算[图 20-24a)]

(1)取图 20-24b)所示对称的基本结构,则在正对称荷载作用下,位于对称轴上的截面 K 处的剪力是一个反对称多余力,它必等于零。故只有正对称多余力 X_1、X_2。

(2)建立力法典型方程

$$\delta_{11}X_1+\delta_{12}X_2+\Delta_{1P}=0$$

$$\delta_{21}X_1+\delta_{22}X_2+\Delta_{2P}=0$$

(3)求系数项和自由项

分别作 $\overline{M}_1$、$\overline{M}_2$ 和 M_P 图如图 20-24c)、d)、e)所示。利用图乘可求得各系数项和自由项如下:

$$\delta_{11}=\frac{1}{2EI}\left(\frac{1}{2}\times6\times6\times\frac{2}{3}\times6\right)\times2=\frac{72}{EI}$$

$$\delta_{22}=\frac{1}{3EI}(1\times6\times1)+\frac{1}{2EI}(1\times6\times1)\times2=\frac{8}{EI}$$

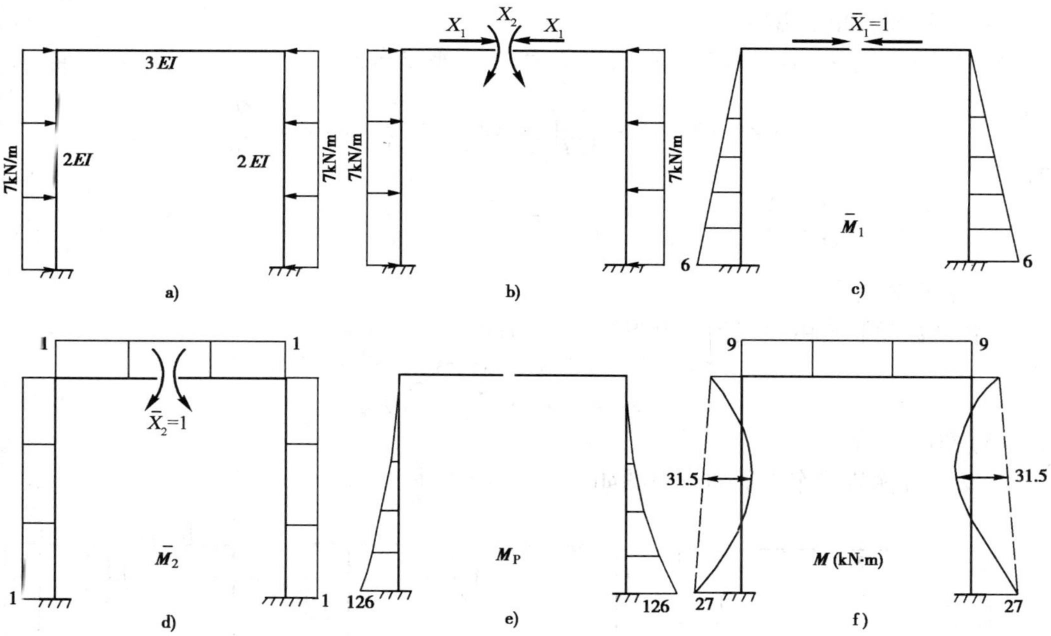

图 20-24

$$\delta_{12}=\delta_{21}=\frac{1}{2EI}\left(\frac{1}{2}\times 6\times 6\times 1\right)\times 2=\frac{18}{EI}$$

$$\Delta_{1P}=\frac{1}{2EI}\left(\frac{1}{3}\times 126\times 6\times\frac{3}{4}\times 6\right)\times 2=\frac{1134}{EI}$$

$$\Delta_{2P}=\frac{1}{2EI}\left(\frac{1}{3}\times 126\times 6\times 1\right)\times 2=\frac{252}{EI}$$

(4)求解多余力

将各系数项和自由项代入方程,并整理后得

$$72X_1+18X_2+1134=0$$

$$18X_1+8X_2+252=0$$

解之,得

$$X_1=-18\text{kN}(\leftarrow\ \rightarrow)$$

$$X_2=9\text{kN}\cdot\text{m}(\curvearrowright\ \curvearrowleft)$$

(5)作弯矩图

在正对称荷载作用下的弯矩图如图 20-24f)所示。

2. 在反对称荷载作用下的计算[图 20-25a)]

(1)选取基本结构

取如图 20-25b)所示的对称的基本结构,对称轴上的截面处的正对称多余力 X_1、X_2 均等于零,只有反对称多余力 X_3。

(2)建立力法典型方程

$$\delta_{33}X_3+\Delta_{3P}=0$$

(3)求系数项和自由项

作 $\overline{M}_3$ 和 M_P 图分别如图 20-25c)、d)所示，由图乘法求得

$$\delta_{33}=\frac{1}{2EI}(3\times6\times3)\times2+\frac{1}{3EI}\left(\frac{1}{2}\times3\times3\times\frac{2}{3}\times3\right)\times2=\frac{60}{EI}$$

$$\Delta_{3P}=\frac{1}{2EI}\left(\frac{1}{3}\times126\times6\times3\right)\times2=\frac{756}{EI}$$

(4)求解多余力

将各系数项和自由项代入典型方程，整理后得

$$60X_3+756=0$$

$$X_1=-12.6\text{kN}(\uparrow\downarrow)$$

(5)作弯矩图

在反对对称荷载作用下的弯矩图如图 20-25e)所示。

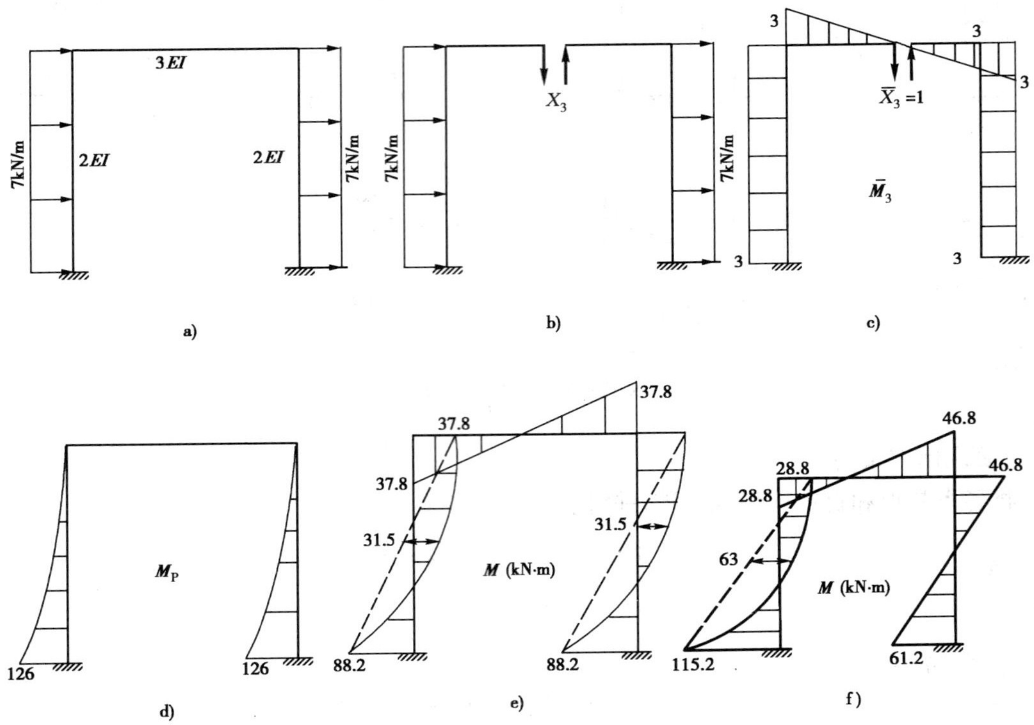

图 20-25

3. 作原结构的最后内力图

将图 20-24f)和图 20-25e)叠加，即得原结构的弯矩图如图 20-25f)所示。

三、半 刚 架 法

1. 对称结构在正对称荷载作用下的情况

(1)当对称结构为奇数跨时

如图 20-26a)所示的单跨刚架，在正对称荷载作用下，其变形也是正对称的，如图 20-26a)中虚线所示。*CD* 梁的对称截面 *E* 处的转角和水平线位移均等于零，只有沿对称轴方向的线

位移。因此,可将刚架在 E 截面处切断,并用滑动支座来代替,得到如图 20-26b)所示的半刚架。这种用半边刚架的计算简图来代替原刚架进行计算的方法称为半刚架法。

多跨对称刚架,在正对称荷载作用下,若原结构为奇数跨时,则在对称截面处相当于滑动支座。

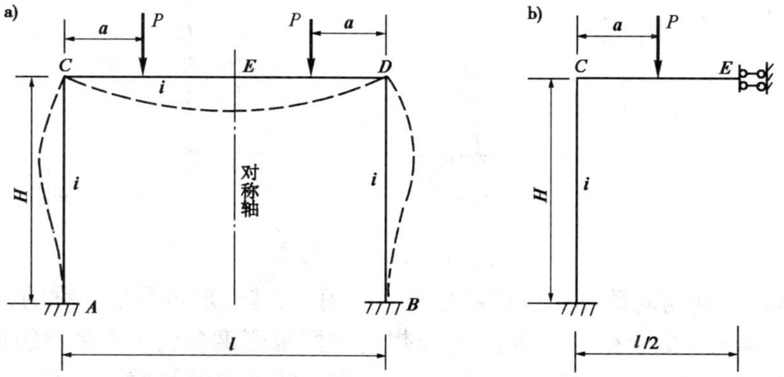

图 20-26

(2)当对称结构为偶数跨时

如图 20-27a)所示两跨对称刚架,其变形也是正对称的,如图 20-27a)中虚线所示。故在对称截面 E 处不可能产生转角和水平线位移。由于 BE 柱的约束作用,E 截面不可能产生竖向位移。故截面 E 处相当于固定支座,可取图 20-27b)所示的半刚架来进行计算。

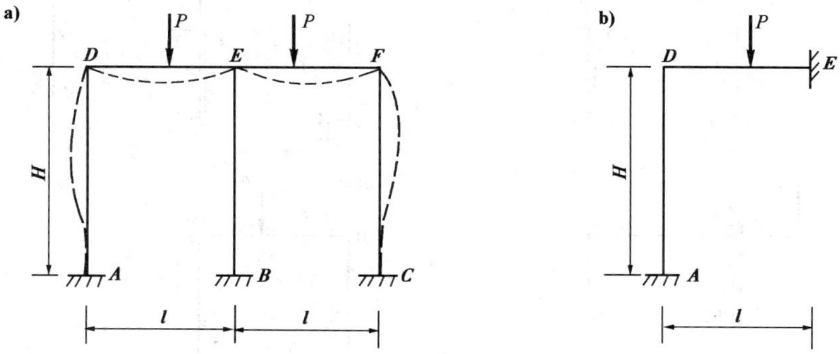

图 20-27

多跨对称刚架,在正对称荷载作用下,若原结构为偶数跨时,则在对称截面处相当于固定支座。

2. 对称结构在反对称荷载作用时

(1)当对称结构为奇数跨时。

图 20-28a)所示一单跨刚架在反对称荷载作用下,其变形是反对称的,如图 20-28a)中虚线所示。CD 梁在对称截面 E 处有转角和水平线位移,但没有垂直线位移。由此可见,在对称截面 E 处切断时,在切断处相当于一个可动铰支座,可取如图 20-28b)所示的半刚架来代替原刚架进行计算。

对称结构在反对称荷载作用下,若对称结构为奇数跨时则在对称截面处相当于一个可动铰支座。

(2)当对称结构为偶数跨时

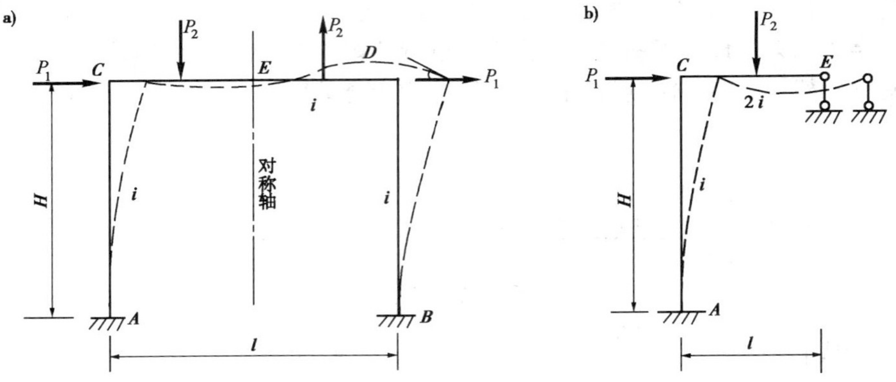

图 20-28

图20-29a)所示一两跨对称刚架在反对称荷载作用下,其变形也是反对称的,如图20-29a)中虚线所示。由于竖柱 BE 恰在对称轴上,可设想它由两根刚度各为 $I/2$ 竖柱组成,它们分别在对称轴的两侧与横梁刚结,如图20-29b)所示。若将此两柱中间的横梁切开,由于反对称荷载作用,故该截面上只有剪力 Q_E 存在,如图20-29c)所示。只因 Q_E 对原结构来说是内力,于是可将 Q_E 略去而取原刚架的一半作为其计算简图,如图20-29d)所示。

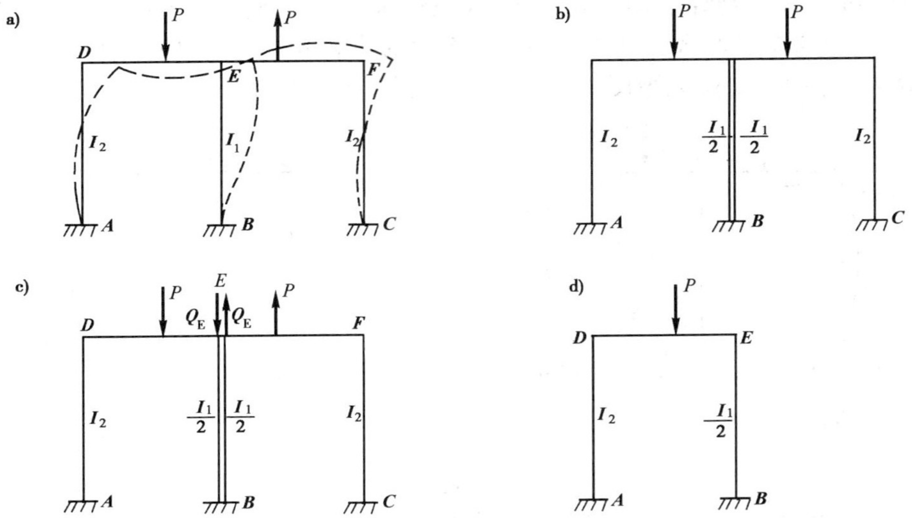

图 20-29

对称结构在反对称荷载作用下,若对称结构为偶数跨时,在对称截面处的竖柱分成两根刚度为 $I/2$ 的竖柱。

对称性在解超静定结构的其他方法中也有广泛的应用。

§20-5 支座移动时超静定结构的计算

静定结构在支座移动时,可以产生刚体位移,但不产生内力。而超静定结构由于支座移动的影响,既产生变形,也产生内力,这是超静定结构的特性之一。

用力法计算支座移动时的超静定结构,其基本原理与荷载作用的情况相同,唯一的区别在于典型方程中的自由项计算不同,下面举例说明。

图 20-30a)所示刚架,其支座 A 由于某种原因产生移动。它向右水平移动 a。向下竖向移动 b。且沿顺时针方向转动 φ 角。用力法计算此结构时,首先取图 20-30b)所示的基本结构。根据基本结构在多余力 X_1、X_2 和支座移动共同作用下的位移与原结构相同的条件,即 $\Delta_1=0$ 和 $\Delta_2=\varphi$,采用叠加原理,如图 20-30c)、d)、e)所示。可建立典型方程如下:

$$\Delta_1=\delta_{11}X_1+\delta_{12}X_2+\Delta_{1C}=0$$

$$\Delta_2=\delta_{21}X_1+\delta_{22}X_2+\Delta_{2C}=\varphi$$

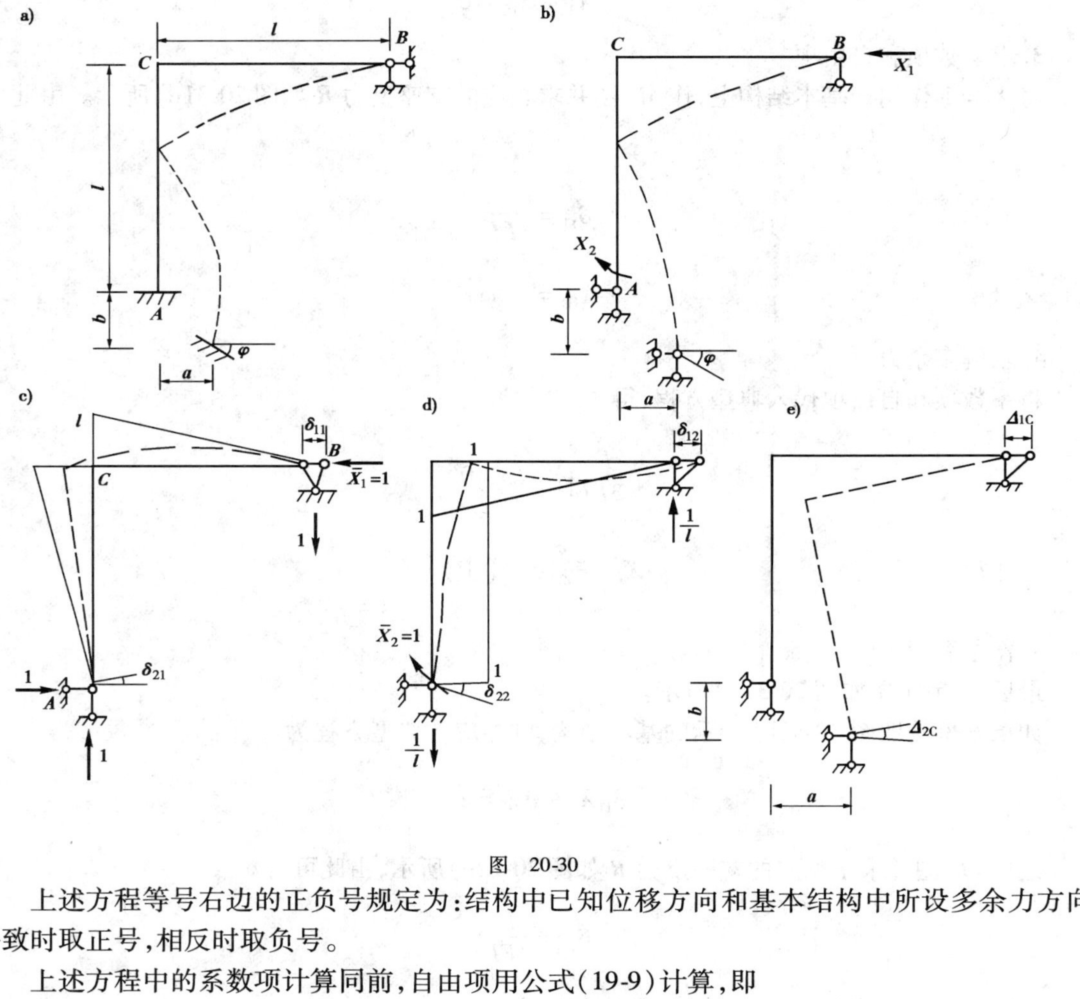

图 20-30

上述方程等号右边的正负号规定为:结构中已知位移方向和基本结构中所设多余力方向一致时取正号,相反时取负号。

上述方程中的系数项计算同前,自由项用公式(19-9)计算,即

$$\Delta_{iC}=-\sum\overline{R}\cdot C$$

Δ_{1C}、Δ_{2C}分别表示基本结构由于支座移动在去掉多余联系处沿 X_1 和 X_2 方向引起的位移。如图 20-30e)所示。

本例根据图 20-30c)、d)所示的虚反力,利用上式可得

$$\Delta_{1C}=-(1\times a-1\times b)=-a+b$$

$$\Delta_{2C}=-\left(\frac{1}{l}\times b\right)=-\frac{b}{l}$$

自由项求出后，求解方程组，得到多余力，最后按叠加原理求得最后内力。最后弯矩可用 $M=\overline{M}_1X_1+\overline{M}_2X_2$ 来计算。

例 20-8 图 20-31a）所示为等截面梁 AB，A 端为固定端，B 端为可动铰支座，如果已知 A 支座顺时针转动 φ，作该梁的弯矩图。

解 1. 选取基本结构

此梁为一次超静定结构，去掉 B 支座的链杆，并用 X_1 来代替，得图 20-31b）所示的基本结构。

2. 建立力法方程

$$\delta_{11}X_1+\Delta_{1C}=0$$

3. 求系数项和自由项

将 $\overline{X}_1=1$ 作用于基本结构上，作 $\overline{M}_1$ 图并求相应的支座反力 $\overline{R}$ 如图 20-31c）所示。由此可得

$$\delta_{11}=\frac{l^3}{3EI}$$

$$\Delta_{1C}=-l\varphi$$

4. 求解多余力

将系数项和自由项代入典型方程，得

$$\frac{l^3}{3EI}X_1-l\varphi=0$$

解之得：

$$X_1=\frac{3EI}{l^2}\varphi \quad (\uparrow)$$

5. 作最后弯矩图

最后弯矩图 M 如图 20-31d）所示。

如果本例选取图 20-32b）所示的基本结构，则相应的典型方程为

$$\delta_{11}X_1+\Delta_{1C}=\varphi$$

绘出 $\overline{M}_1$ 图并求出相应的支座反力 $\overline{R}$ 如图 20-32c）所示，由此可得

$$\delta_{11}=\frac{l}{3EI}$$

$$\Delta_{1C}=0$$

将 δ_{11} 和 Δ_{1C} 代入上式，可得

$$\frac{l}{3EI}X_1=\varphi$$

解之得：

$$X_1=\frac{3EI}{l}\varphi \quad (\downarrow)$$

据 X_1 可作最后弯矩图 M 如图 20-32d）所示。可见图 20-31d）与图 20-32d）相同。

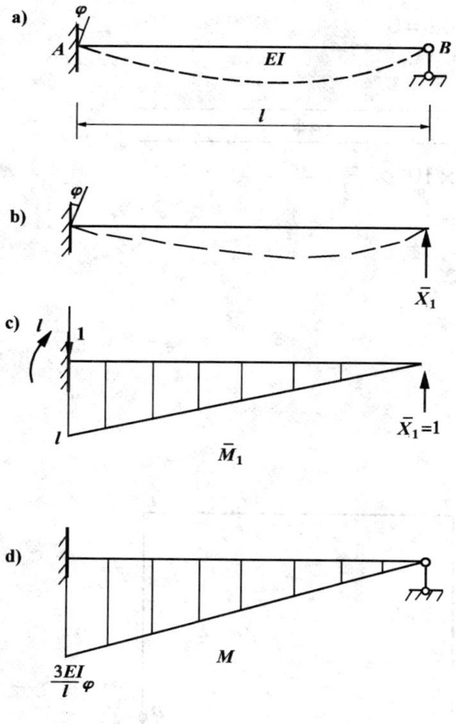

图 20-31

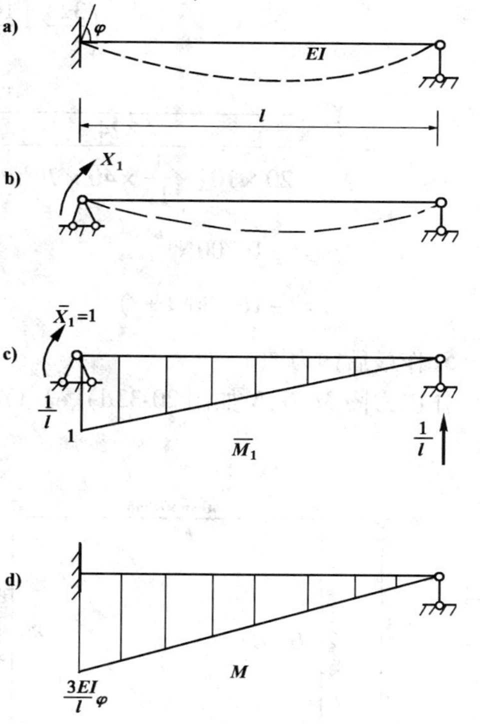

图 20-32

综上可知：超静定结构在支座移动时，其力法典型方程的右边项可能为零，也可能不为零，主要取决于基本结构形式。力法典型方程的自由项是支座移动而产生的，内力全部是由多余力引起，且其内力与各杆抗弯刚度 EI 的绝对值有关。这些都与荷载作用下的内力计算不同。

例 20-9 图 20-33a）所示为一次超静定刚架，梁、柱截面尺寸如图 20-33a）所示。$E=20\text{GPa}$，已知支座 D 的移动分别为 $\Delta_{DH}=8\text{cm}$，$\Delta_{DV}=4\text{cm}$。试计算刚架由此而引起的内力，并绘出内力图。

解 1. 选取基本结构

取图 20-33b）所示的基本结构。

2. 建立力法典型方程

$$\delta_{11}X_1+\Delta_{1C}=0$$

3. 求系数项和自由项

作 $\overline{M}_1$ 图并求出相应的支座反力如图 20-33c）所示，则

$$\delta_{11}=\frac{1}{EI_1}(6\times9\times6)+\frac{1}{EI_2}\left(\frac{1}{2}\times6\times6\times\frac{2}{3}\times6\right)\times2$$

$$=\frac{324}{EI_1}+\frac{144}{EI_2}$$

$$\Delta_{1C}=-[1\times(-0.08)+0\times4]=0.08\text{m}$$

4. 求解多余力

将系数项和自由项代入方程，得

$$\left(\frac{324}{EI_1}+\frac{144}{EI_2}\right)X_1+0.08=0$$

$$X_1=\frac{-0.08}{\dfrac{324}{20\times10^9\times\dfrac{1}{12}\times40\times70^3\times10^{-8}}+\dfrac{144}{20\times10^9\times\dfrac{1}{12}\times40\times40^3\times10^{-8}}}$$

$$=-16700\text{N}$$

$$=-16.7\text{kN}(\leftarrow)$$

5. 作最后内力图

作内力图 M、Q、N 如图 20-33d)、e)、f) 所示。

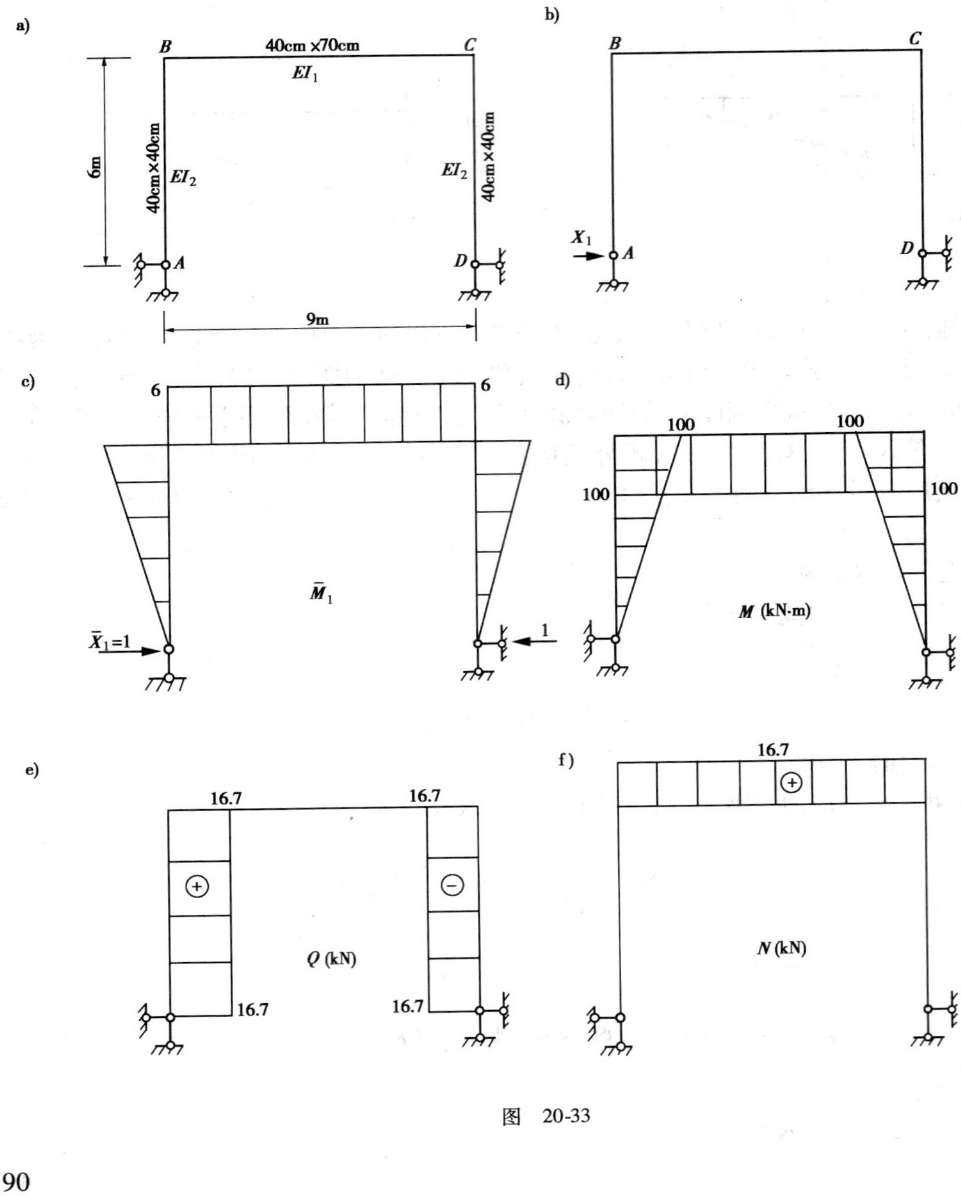

图 20-33

§20-6 超静定结构的位移计算

超静定结构在内力及内力图求得后，还须计算其位移。计算超静定结构位移的目的是检验结构设计是否满足刚度要求；还可用来校核原结构最后弯矩图是否正确。

用力法计算超静定结构，是根据基本结构在荷载和全部多余力共同作用下，其内力与变形与原结构完全一致这个条件来进行的。这就是说，在荷载及多余力共同作用下的基本结构与在荷载作用下的原结构是完全相同的。因此，计算超静定结构的位移，完全可以求基本结构的位移来代替。具体作法是：

(1)求解超静定结构，作出其最后内力图，这就是实际状态(或位移状态)。

(2)将单位力加在基本结构上作为虚拟状态，求出相应的内力或作出内力图。

(3)按位移公式或图乘法求超静定结构的位移。

例 20-10 求图 20-34a)所示刚架 B 点的水平位移 Δ_{BH} 和横梁中点 D 的竖向位移 Δ_{DV}。$EI=$常数。

解： 1. 作超静定刚架的弯矩图 M 图，如图 20-34b)所示。

2. 建立虚拟状态

(1)求 B 点的水平位移

取图 20-34c)所示的基本结构作为虚拟状态，并作 $\overline{M}$[如图 20-34c)所示]。则图乘可得

$$\Delta_{BH}=\frac{1}{EI}\left[-\frac{1}{2}\times 20\times 4\times\left(\frac{1}{3}\times 4\right)+\frac{1}{2}\times 60\times 4\times\left(\frac{2}{3}\times 4\right)\right.$$

$$\left.-\frac{2}{3}\times 20\times 4\times\left(\frac{1}{2}\times 4\right)\right]$$

$$=\frac{160}{EI}\quad(\rightarrow)$$

(2)求横梁中点 D 的竖向位移

若取图 20-34d)所示的基本结构作为虚拟状态，并作 $\overline{M}$ 图[图 20-34d)所示]。

$$\Delta_{DV}=\frac{1}{EI}\left[-10\times 2\times\left(\frac{1}{2}\times 2\right)-\frac{1}{2}\times 10\times 2\times\left(\frac{2}{3}\times 2\right)\right.$$

$$\left.-\frac{1}{2}\times 20\times 4\times 2+\frac{1}{2}\times 60\times 4\times 2-\frac{2}{3}\times 20\times 4\times 2\right]=\frac{20}{EI}\quad(\downarrow)$$

若取图 20-34e)所示的基本结构作为虚拟状态，并作 $\overline{M}$ 图[图 20-34e 所示]。

$$\Delta_{DV}=\frac{1}{EI}\left[\left(\frac{1}{2}\times 1\times 4\times\frac{1}{2}\times 20\right)\right]=\frac{20}{EI}\quad(\downarrow)$$

虽然基本结构不同，但所得结果相同。显然，取图 20-34e)所示的基本结构作为虚拟状态时，计算比较简单。

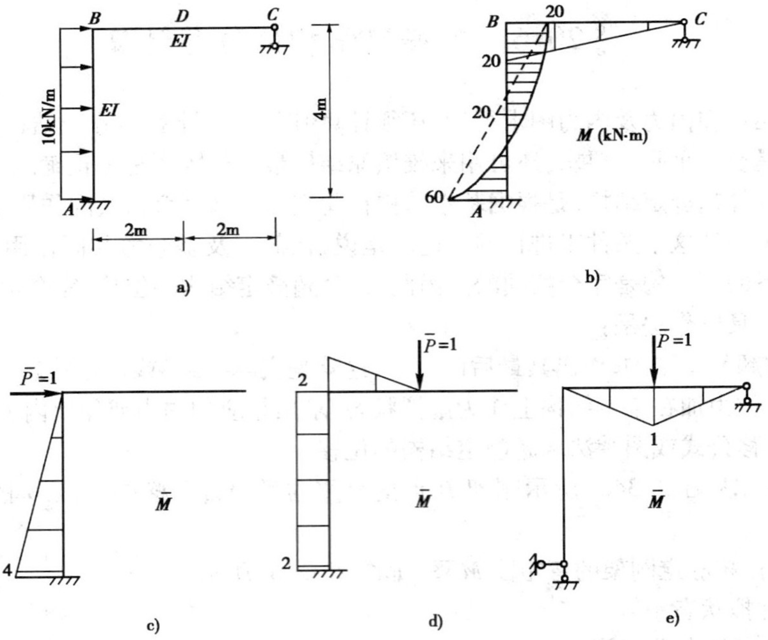

图 20-34

§20-7 超静定结构的特性

与静定结构相比,超静定结构具有以下重要特性。了解这些特性,有助于我们更好地应用它们。

1. 超静定结构由于具有多余联系,在多余联系遇到破坏后,仍能维持其几何不变性;而静定结构在任一联系被破坏后,便立即成为几何可变体系而丧失了承载能力。

2. 静定结构的内力只用静力平衡条件即可确定,其值与结构的材料性质以及杆件截面尺寸无关。超静定结构的内力单凭平衡条件则无法全部确定,还必须考虑位移条件。所以,超静定结构的内力与结构的材料性质以及杆件截面尺寸有关。

3. 在静定结构中,除荷载作用下,其它因素,如支座移动、温度改变、材料收缩、制造误差等,都不会引起内力。在超静定结构中,由于存在多余联系,当结构受到这些因素作用时,通常都可能产生内力。

4. 超静定结构的内力和变形分布比较均匀,峰值减小。图 20-35a)所示为一三跨连续梁在荷载 P 作用下的弯矩图和变形图,由于梁的连续性,两个边跨也产生内力。图 20-35b)所示为一多跨静定梁在荷载 P 作用下的弯矩图和变形图,两边跨不产生内力。

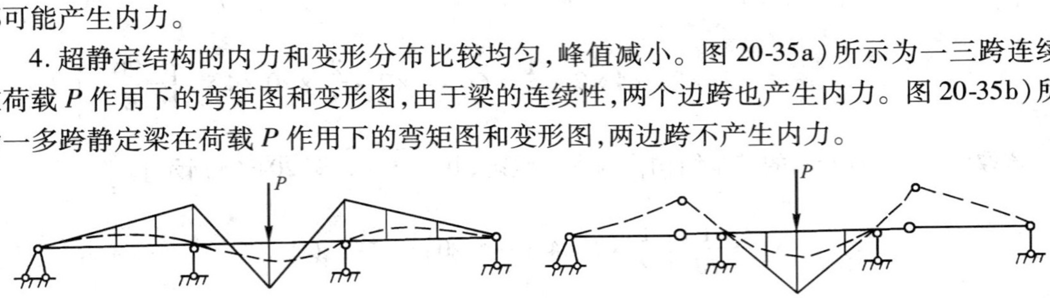

图 20-35

小　　结

1. 用力法解超静定结构的基本思路

去掉超静定结构的多余联系，并用多余力代替，使其变为静定的基本结构，然后根据基本结构在荷载和多余力共同作用下，使多余力处的位移条件符合原结构在该处的位移条件，建立力法典型方程，从而解出多余力。最后按绘制静定结构的方法绘出原结构的内力图。

2. 力法的基本原理

选取多余力作为力法基本未知量，根据所选取的基本结构（静定结构）与原结构（超静定结构）的位移条件建立力法的典型方程，然后求解出多余力。

3. 力法的典型方程

力法的典型方程左边表示基本结构在各种因素作用下沿多余力方向所产生的位移总和，而右边表示原结构在相应多余力方向上的位移。

在典型方程中，主系数恒为正、副系数互等，即 $\delta_{ij}=\delta_{ji}(i\neq j)$。副系数和自由项可能为正、可能为负、也可能为零。

4. 力法计算的步骤

（1）选取基本结构。确定超静定次数，去掉多余联系用相应的多余力来代替，得到一个静定的几何不变体。

（2）建立力法典型方程。根据基本结构在荷载和多余力共同作用下，在多余力方向上的位移与原结构一致的条件建立力法典型方程。

（3）计算系数项和自由项。首先分别作出基本结构在荷载和单位多余力单独作用时的弯矩图。然后用积分法或图乘法分别计算系数项和自由项。

（4）求多余力。将系数项和自由项代入典型方程，求解多余力。

（5）作内力图。采用叠加法先作出弯矩图，然后根据弯矩图作剪力图，根据剪力图作轴力图。另一种方法是将荷载和求出的多余力加在基本结构上，按作静定结构内力图的方法作内力图。

5. 利用对称性简化力法计算

对于对称结构可选取对称的基本结构进行计算，这样可将非对称荷载分解成正对称荷载和反对称荷载，直接利用简化结论进行简化。

对称结构在正对称荷载作用下，反对称力等于零，只有正对称力，结构的内力和变形也是正对称的。

对称结构在反对称荷载作用下，正对称力等于零，只有反对称力，结构的内力和变形也是反对称的。

6. 支座移动时超静定结构的内力计算

这时，力法典型方程中的自由项的计算应采用下式计算。

$$\Delta_{1C}=-\sum\overline{R}C$$

其余同荷载作用完全相同。

7. 超静定结构的位移计算

可用求得的最后弯矩图与任意选取的基本结构的单位弯矩图按图乘法计算。为了使计算简便，尽可能选取单位弯矩图简便的或者单位弯矩图中弯矩等于零的杆件较多者。

习　　题

20-1　试确定题 20-1 图示结构的超静定次数。

20-2　试用力法计算题 20-2 图示超静定梁。

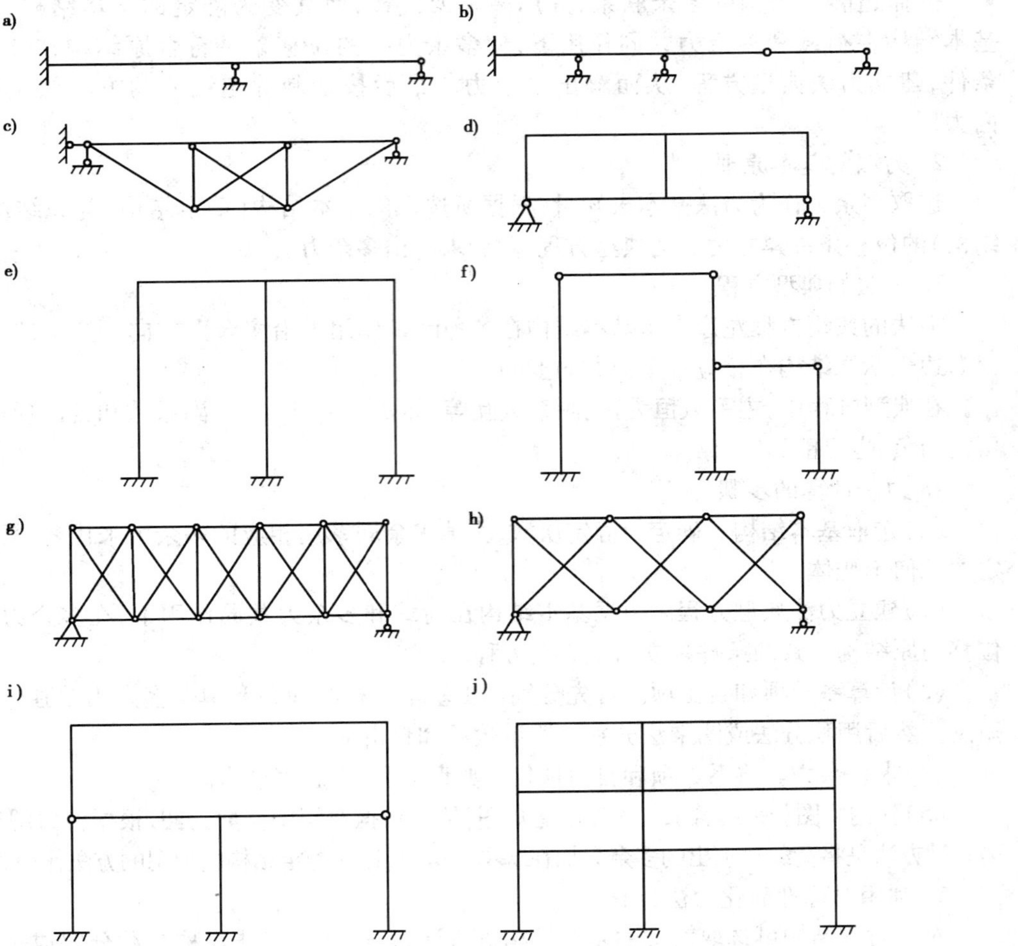

题 20-1 图

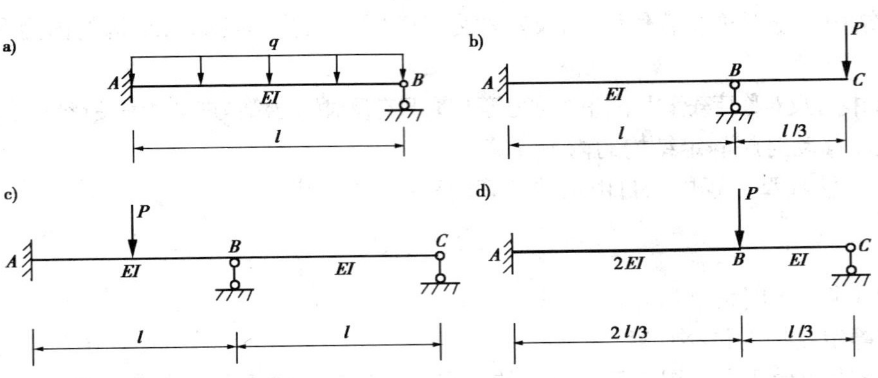

题 20-2 图

20-3　试用力法计算题 20-3 图示刚架，并作内力图（M、Q、N）。

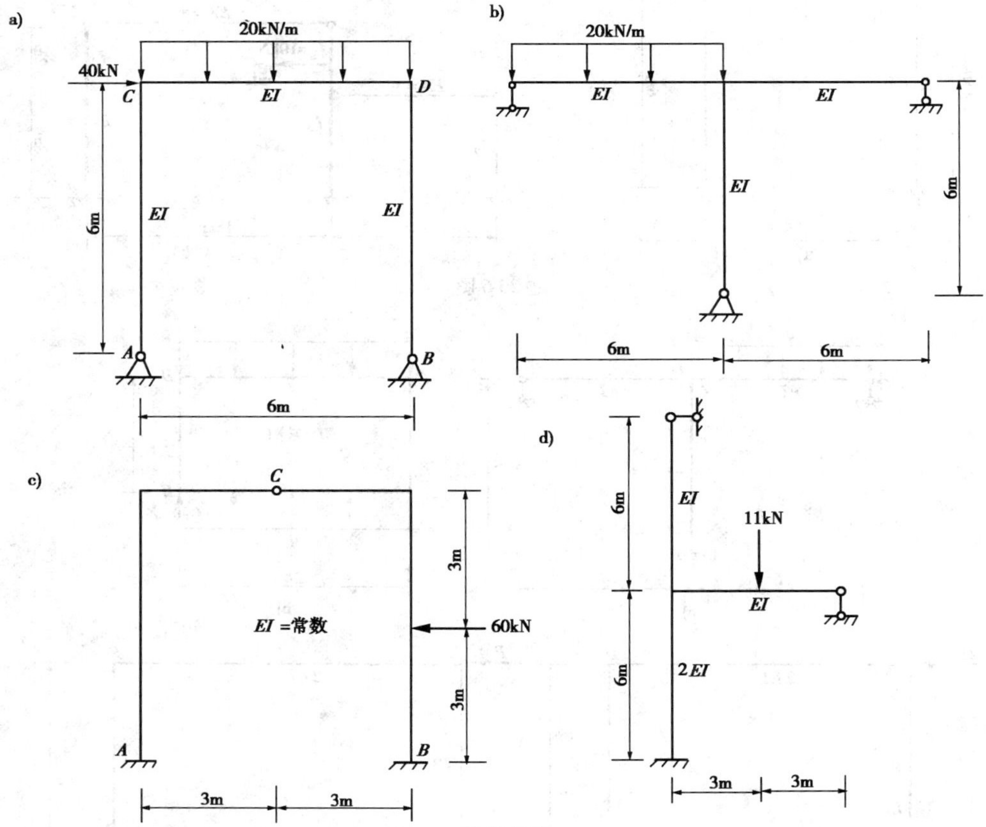

题 20-3 图

20-4　试用力法计算图示桁架。各杆的 EA 相同（题号对应于题图号，下同）。

20-5　计算图示组合结构。已知：横梁 $E_h = 3\times10^7\text{kN/m}^2$；$I = 6.63\times10^{-4}\text{m}^4$，$A_1 = 8.28\times10^{-2}\text{m}^2$；压杆 CE、DF：$E_h = 3\times10^7\text{kN/m}^2$，$A_2 = 1.65\times10^{-2}\text{m}^2$；拉杆 AE、EF、FB：$E_g = 2\times10^7\text{kN/m}^2$，$A_3 = 0.12\times10^{-2}\text{m}^2$。

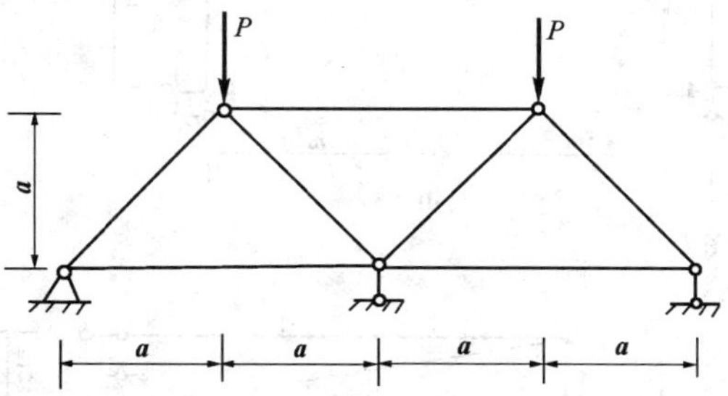

题 20-4 图

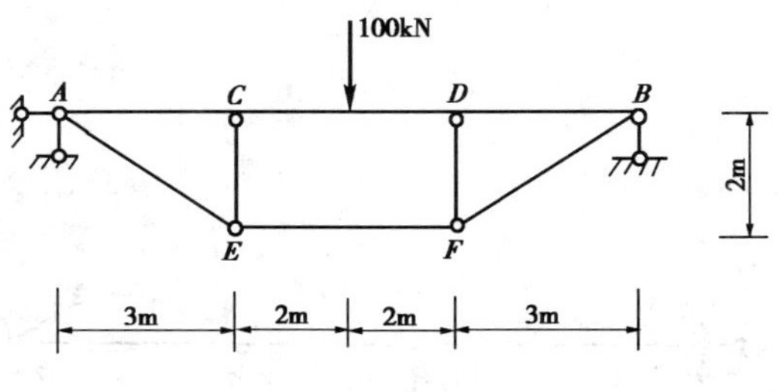

题 20-5 图

20-6　试用力法计算图示排架，并作弯矩图。

20-7　利用对称性计算图示结构，并作弯矩图。

20-8　试计算图示连续梁，并作 M 图。已知 $I = 36\times10^4\text{m}^4$，$E = 3\times10^7\text{kN/m}^2$。

20-9　设支座 B 下沉 $\Delta_{BV} = 1\text{cm}$，作图示刚架的 M 图。

20-10　试计算题 20-3a）中 C 点的水平位移；c）中 C 铰两侧截面的相对转角。

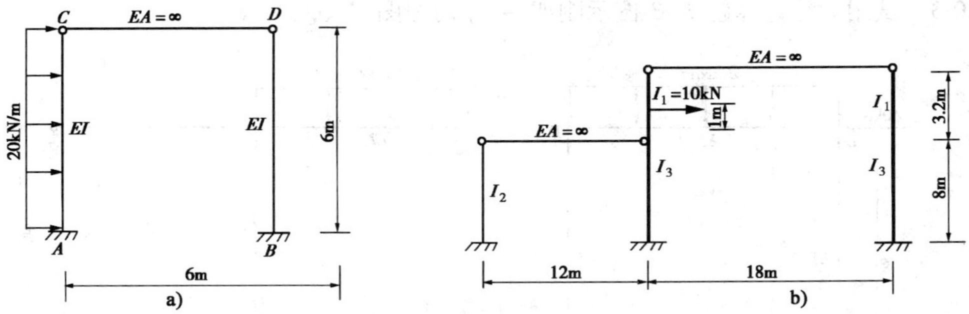

题 20-6 图

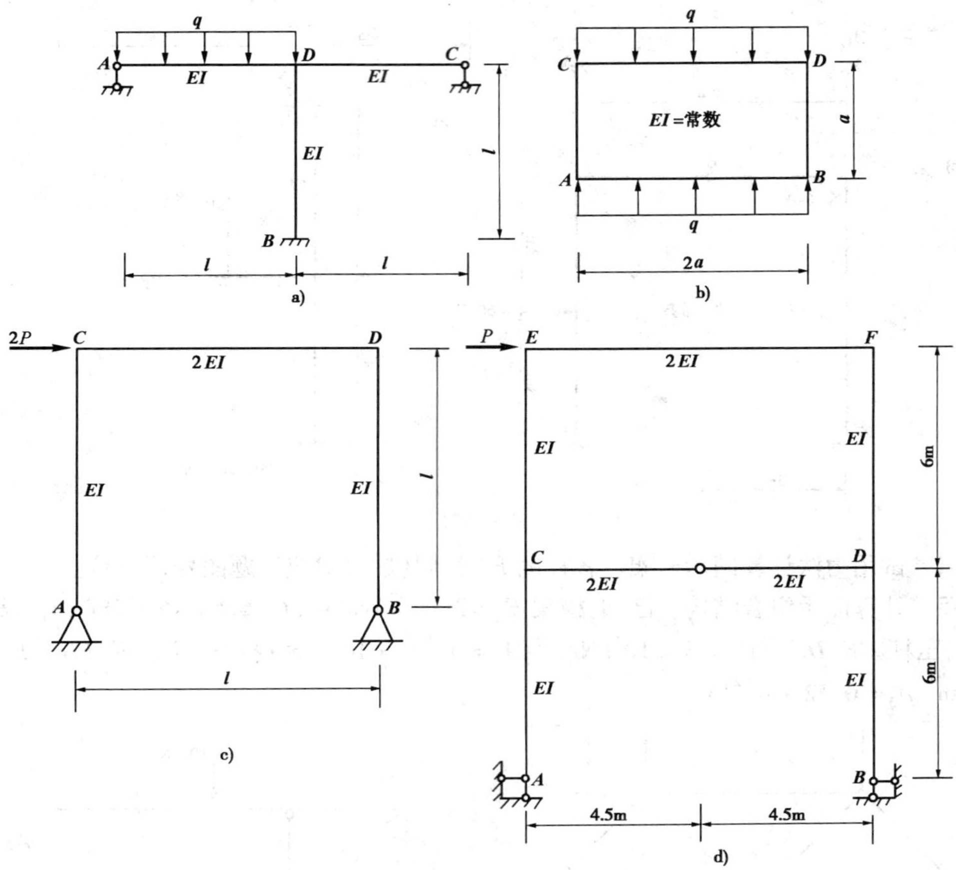

题 20-7 图

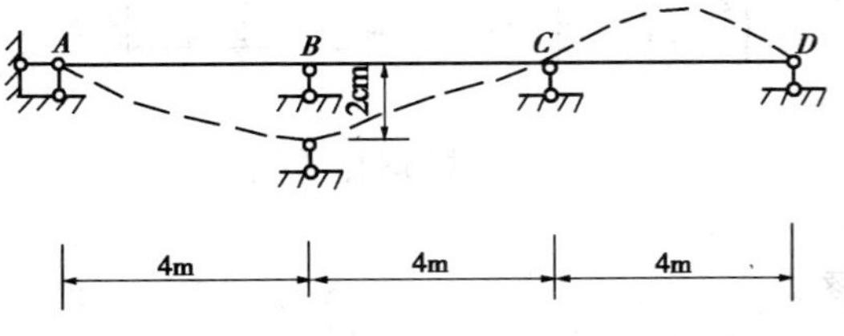

题 20-8 图

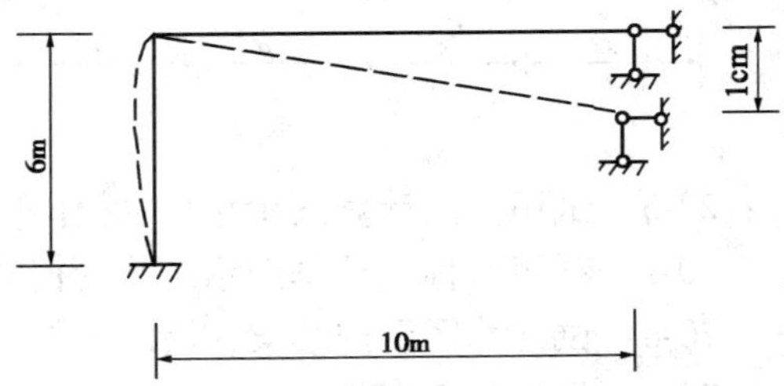

题 20-9 图

第二十一章　位移法和力矩分配法

§21-1　位移法的基本概念

力法和位移法是分析超静定结构的两种基本方法。在19世纪末力法已经应用于分析各种超静定结构。但自从钢筋混凝土结构问世以来，大量采用了高次超静定的刚架，如果仍用力法计算，将是十分繁琐的，于是20世纪，人们在力法的基础上又提出了位移法。

位移法和力法的主要区别在于选用的基本未知量不同。力法是以结构中的多余力作为基本未知量，先求出多余力，再据此算出结构的内力和位移。而位移法是取结点位移为基本未知量，先求出结点的位移，再据此求出结构的内力和其它未知位移。

本章主要讨论等截面直杆组成的刚架、连续梁等结构。为简化计算，采用如下假设：

1. 刚性结点假定：刚性结点联结的各杆不能绕结点各自自由转动，变形前后在结点杆端切线的夹角保持不变，即假定变形时在该结点相交各杆端切线转动的角度相同。

2. 轴向刚度假定：对于受弯直杆，通常略去轴向变形和剪切变形的影响，并认为弯曲变形是微小的，因而假定各杆两端之间的距离在变形后仍保持不变。

3. 小变位假定：即结点线位移的弧线可用垂直于杆件的切线来代替。

这些基本假定是我们用位移法分析刚架时，画出结点变形示意图的主要依据。

为了说明位移法解题的基本思路，我们分析如图21-1a)所示的刚架，在荷载 P 作用下，刚架将产生如图中虚线所示的变形曲线。此刚架没有结点线位移，只有结点角位移，即汇交于刚结点 A 处的两杆杆端应有相同的角位移 Z_1，并假设 Z_1 顺时针方向转动。

为了确定各杆的内力，先在刚结点 A 处添加一约束刚结点转动的附加刚臂⩓(刚度为无穷大)，因为结点 A 无线位移，故在添加附加刚臂后，A 就变成了固定端，原结构变成了 AB 和 AC 两个单跨超静定梁，如图21-1b)、c)所示。为了使 A 结点与原结点的变形完全一致，使附加刚臂产生与实际情况相同的角位移 Z_1，这样 AB 为两端固定 A 端有转角 Z_1 的单跨超静定梁，AC 为 C 端铰支 A 端固定在集中荷载 P 和 A 端产生转角 Z_1 共同作用下单跨超静定梁，AC 的内力可由图21-1d)、e)两种

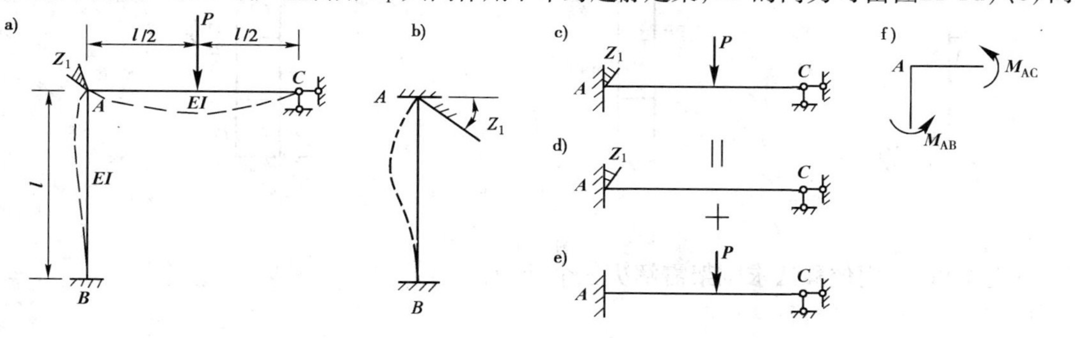

图　21-1

情况的叠加得到。

对于两个单跨超静定梁 AB 和 AC 来说，其杆端弯矩可由力法算得：

$$
\begin{aligned}
M_{AB} &= 4\frac{EI}{l}Z_1 \\
M_{BA} &= 2\frac{EI}{l}Z_1 \\
M_{AC} &= 3\frac{EI}{l}Z_1 - \frac{3}{16}Pl
\end{aligned}
\tag{21-1}
$$

为了求得未知角位移 Z_1，可以取刚结点 A 为隔离体如图 21-1f）所示，由刚结点 A 的力矩平衡条件

$$\sum M_A = 0 \qquad 得\ M_{AB} + M_{AC} = 0$$

把上面(21-1)式中的 M_{AB}、M_{AC}代入上式则有：

$$4\frac{EI}{l}Z_1 + 3\frac{EI}{l}Z_1 - \frac{3}{16}Pl = 0$$

解之得

$$Z_1 = \frac{3Pl^2}{112EI} \qquad (\downarrow)$$

再把 Z_1 代入式(21-1)中可得到各杆的杆端弯矩值为：

$$M_{AB} = \frac{3}{28}Pl \qquad （左侧受拉）$$

$$M_{BA} = \frac{3}{56}Pl \qquad （右侧受拉）$$

$$M_{AC} = -\frac{3}{28}Pl \qquad （上边受拉）$$

$$M_{CA} = 0$$

在知道杆端弯矩的情况下，可作出刚架的弯矩图如图 21-2a）所示。有了弯矩图可以进一步作出轴力图和剪力图，见图 21-2b）、c）。

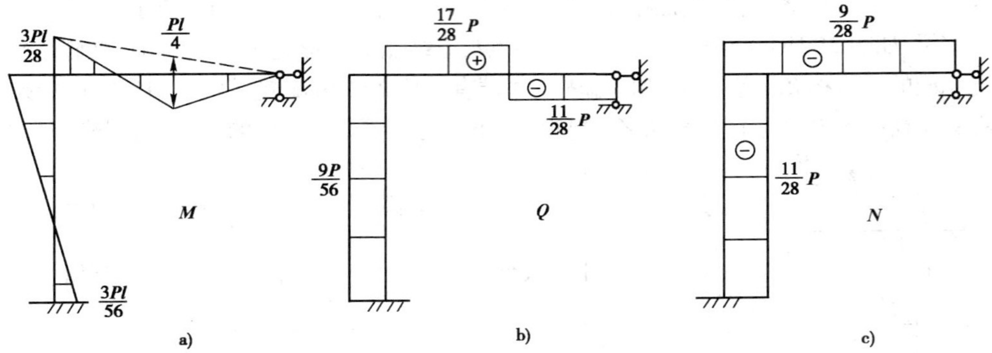

图 21-2

从上例可知，用位移法求刚架需解决三个问题：

1. 基本未知量的数目；

2. 单跨超静定梁的内力分析；

3. 位移法方程的建立和求解。

§21-2　等截面直杆的转角位移方程

位移法是以单跨超静定梁作为计算单元。因此,需要求出单跨超静定梁在荷载和杆端产生转动或移动下的杆端力(杆端弯矩和杆端剪力),其中只要能设法求出杆端弯矩,则杆端剪力可利用该梁的平衡条件求得。因此,我们把单跨超静定梁的杆端弯矩与外荷载和杆端位移(转角、线位移)之间的关系称为转角位移方程。

一、由荷载引起的固端力

单跨超静定梁支座无移动时,由荷载作用产生的杆端力称为固端力。它包括固端弯矩和固端剪力。固端弯矩用符号 M^{F}_{AB}、M^{F}_{BA} 表示,固端剪力用符号 Q^{F}_{AB}、Q^{F}_{BA} 表示,其正负号规定如下:固端弯矩绕杆端顺时针转动为正(对结点和支座而言,逆时针转动为正),反之为负;固端剪力仍以使隔离体顺时针转动为正,逆时针转动为负。对于单跨超静定梁在荷载作用下固端力的计算均可用力法求得,这里不再推导计算,表 21-1 中列出了常用的几种情况,计算时可直接查用。

二、由杆端位移引起的杆端力

单跨超静定梁由杆端位移引起的杆端力,同样也可以用力法进行计算,在这里我们也不再推导。下面把杆端位移的正负号作如下规定:杆端转角 θ_A、θ_B 以顺时针方向转动为正,逆时针转动为负;杆端相对线位称 Δ 以弦转角 $\beta=\dfrac{\Delta}{l}$ 顺时针方向转动为正 ,逆时针转动为负。

1. 两端固定的单跨超静定梁

如图 21-3a)所示的两端固定的单跨超静定梁,A、B 两端分别产生顺时针方向的转角 θ_A、θ_B、B 点产生垂直于 AB 的线位移 Δ,使 $\beta=\dfrac{\Delta}{l}$ 顺时针转动。由力法可计算得到的杆端力为:

$$\begin{cases} M_{AB}=4i\theta_A+2i\theta_B-\dfrac{6i}{l}\Delta \\ M_{BA}=2i\theta_A+4i\theta_B-\dfrac{6i}{l}\Delta \end{cases} \tag{21-2}$$

$$\begin{cases} Q_{AB}=-\dfrac{6i}{l}\theta_A-\dfrac{6i}{l}\theta_B+\dfrac{12i}{l^2}\Delta \\ Q_{BA}=-\dfrac{6i}{l}\theta_A-\dfrac{6i}{l}\theta_B+\dfrac{12i}{l^2}\Delta \end{cases} \tag{21-3}$$

式中 $i=\dfrac{EI}{l}$ 称为杆件的线刚度。

2. 一端固定、一端铰支的单跨超静定梁

如图 21-3b)所示的 A 端固定、B 端铰支的单跨超静定梁,当 A 端产生顺时针方向的转角 θ_A,B 点产生垂直于 AB 的线位移 Δ,并使 $\beta=\dfrac{\Delta}{l}$ 顺时针转动。由力法求得杆端力为:

$$\begin{cases} M_{AB}=3i\theta_A-\dfrac{3i}{l^2}\Delta \\ M_{BA}=0 \end{cases} \tag{21-4}$$

$$Q_{AB}=Q_{BA}=-\frac{3i}{l}\theta_A+\frac{3i}{l^2}\Delta \tag{21-5}$$

3．一端固定、一端滑动支座(定向支座)

如图21-3c)所示的A端固定、B端滑动支座的单跨超静定梁，当A端产生顺时针方向的转角θ_A时，其杆端力为：

$$\begin{cases}M_{AB}=i(\theta_A-\theta_B)\\M_{BA}=i(\theta_B-\theta_A)\end{cases} \tag{21-6}$$

$$Q_{AB}=Q_{BA}=0 \tag{21-7}$$

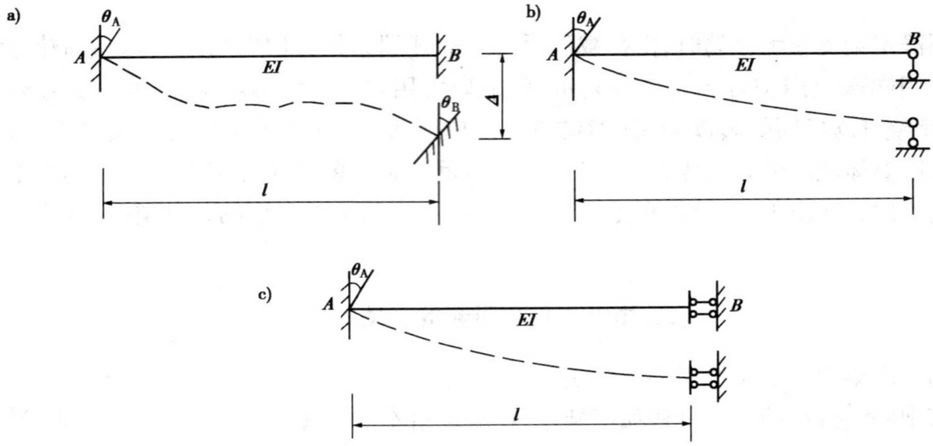

图 21-3

关于杆端位移引起的单跨超静定梁的杆端力的几种常用情况，见表21-1所示。

单跨超静定梁的形常数和载常数表　　表21-1

编号	梁的简图	弯矩		剪力	
		M_{AB}	M_{BA}	Q_{AB}	Q_{BA}
1	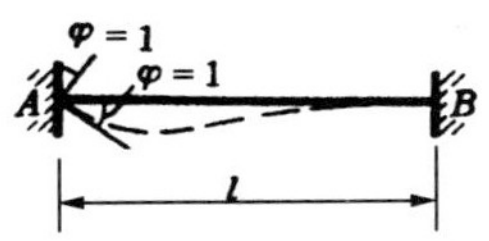	$\frac{4EI}{l}=4i$	$\frac{2EI}{l}=2i$	$-\frac{6EI}{l^2}=-6\frac{i}{l}$	$-\frac{6EI}{l^2}=-6\frac{i}{l}$
2	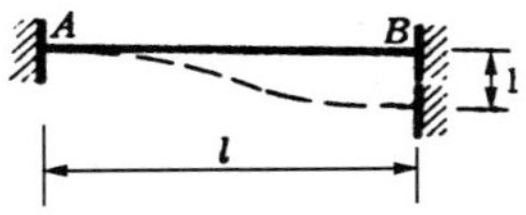	$-\frac{6EI}{l^2}=-6\frac{i}{l}$	$-\frac{6EI}{l^2}=-6\frac{i}{l}$	$\frac{12EI}{l^3}=12\frac{i}{l^2}$	$\frac{12EI}{l^3}=12\frac{i}{l^2}$
3	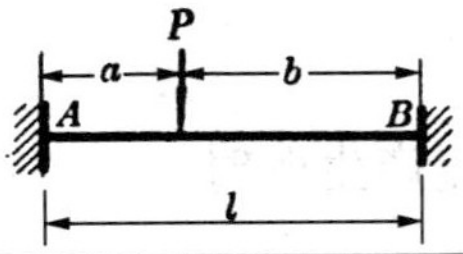	$-\frac{Pab^2}{l^2}$	$\frac{Pa^2b}{l^2}$	$\frac{Pb^2(l+2a)}{l^3}$	$-\frac{Pa^2(l+2b)}{l^3}$
4	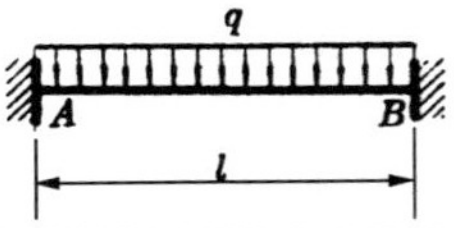	$-\frac{1}{12}ql^2$	$\frac{1}{12}ql^2$	$\frac{1}{2}ql$	$-\frac{1}{2}ql$

续上表

编号	梁的简图	弯矩 M_{AB}	弯矩 M_{BA}	剪力 Q_{AB}	剪力 Q_{BA}
5	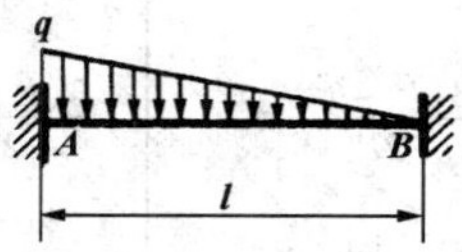	$-\frac{1}{20}ql^2$	$\frac{1}{30}ql^2$	$\frac{7}{20}ql$	$-\frac{3}{20}ql$
6	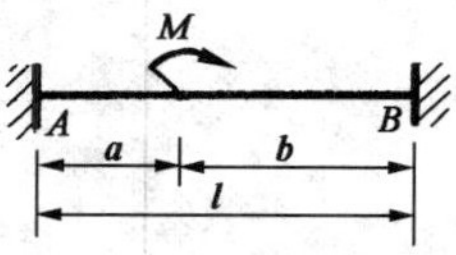	$\frac{b(3a-l)}{l^2}M$	$\frac{a(3b-l)}{l^2}M$	$-\frac{6ab}{l^3}M$	$-\frac{6ab}{l^3}M$
7	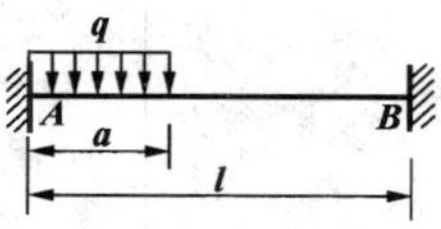	$-\frac{qa^2}{12l^2}(6l^2-8la+3a^2)$	$\frac{qa^3}{12l^2}(4l-3a)$	$\frac{qa}{2l^3}(2l^3-2la^2+a^3)$	$-\frac{qa^3}{2l^3}(2l-a)$
8	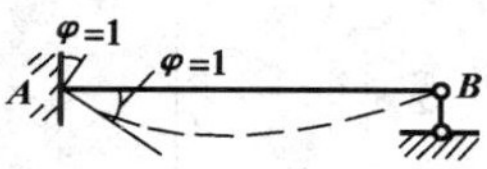	$\frac{3EI}{l}=3i$		$-\frac{3EI}{l^2}=-3\frac{i}{l}$	$-\frac{3EI}{l^2}=-3\frac{i}{l}$
9	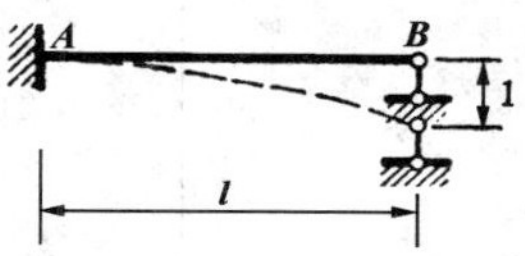	$-\frac{3EI}{l^2}=-3\frac{i}{l}$		$\frac{3EI}{l^3}=3\frac{i}{l^2}$	$\frac{3EI}{l^3}=3\frac{i}{l^2}$
10	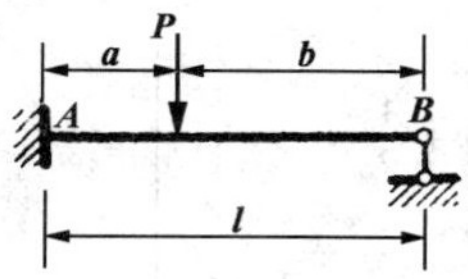	$-\frac{Pab(l+b)}{2l^2}$		$\frac{Pb(3l^2-b^2)}{2l^3}$	$-\frac{Pa^2(2l+b)}{2l^3}$
11	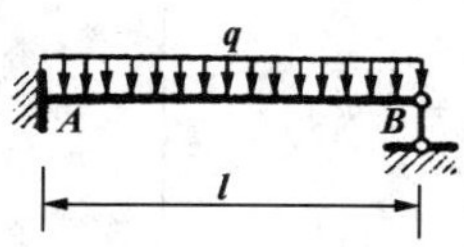	$-\frac{1}{8}ql^2$		$\frac{5}{8}ql$	$-\frac{3}{8}ql$
12	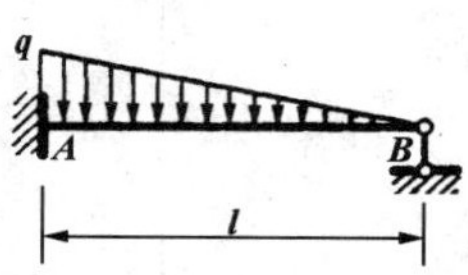	$-\frac{1}{15}ql^2$		$\frac{4}{10}ql$	$-\frac{1}{10}ql$
13	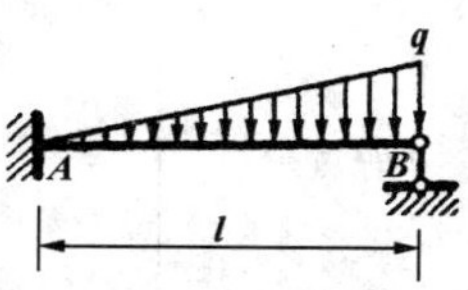	$-\frac{7}{120}ql^2$		$\frac{9}{40}ql$	$-\frac{11}{40}ql$

编号	梁的简图	弯矩		剪力	
		M_{AB}	M_{BA}	Q_{AB}	Q_{BA}
14	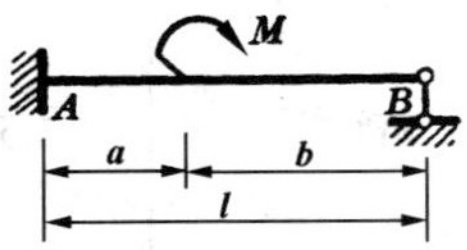	$\frac{l^2-3b^2}{2l^2}M$		$-\frac{3(l^2-b^2)}{2l^3}M$	$-\frac{3(l^2-b^2)}{2l^3}M$
15	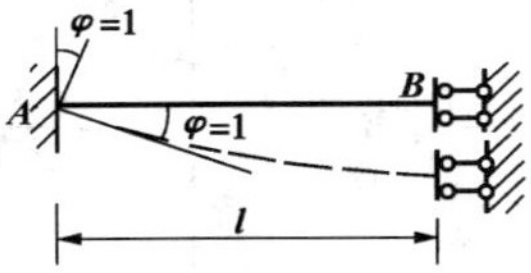	$\frac{EI}{l}=i$	$-\frac{EI}{l}=-i$		
16	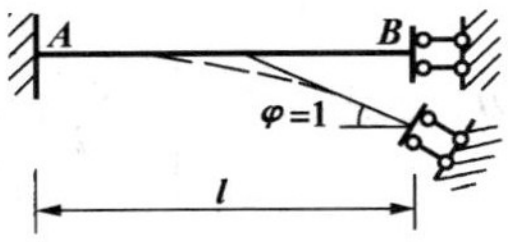	$-\frac{EI}{l}=-i$	$\frac{EI}{l}=i$		
17	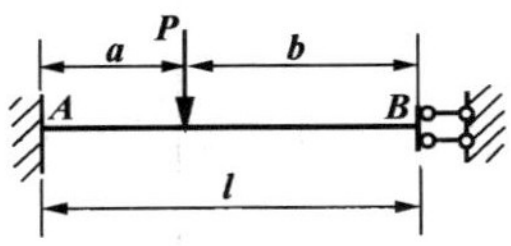	$-\frac{Pa(l+b)}{2l}$	$-\frac{Pa^2}{2l}$	$+P$	
18	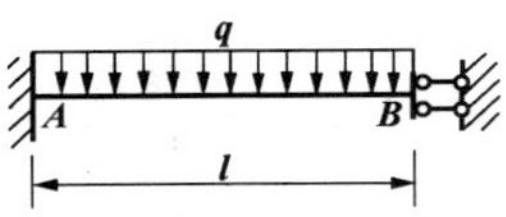	$-\frac{1}{3}ql^2$	$-\frac{1}{6}ql^2$	$+ql$	
19	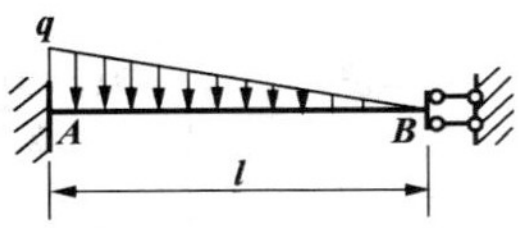	$-\frac{1}{8}ql^2$	$-\frac{1}{24}ql^2$	$+\frac{1}{2}ql$	
20	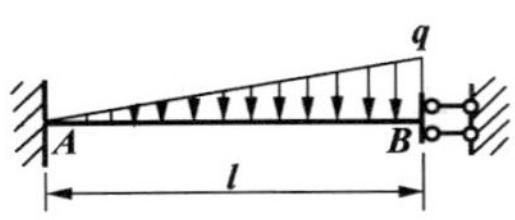	$-\frac{5}{24}ql^2$	$-\frac{1}{8}ql^2$	$+\frac{1}{2}ql$	
21	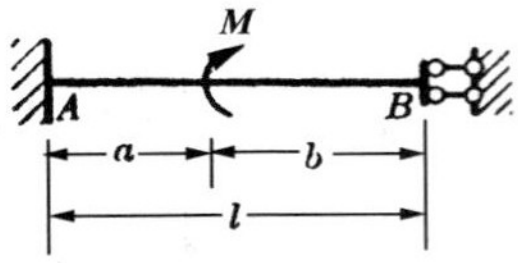	$-M\frac{b}{l}$	$-M\frac{a}{l}$		
22	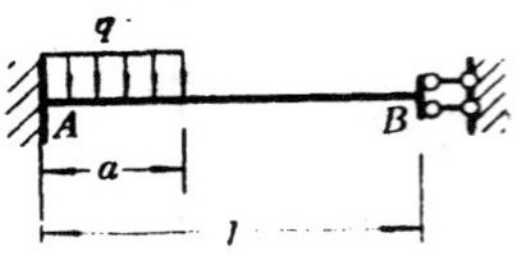	$-\frac{qa^2}{6l}(3l-a)$	$-\frac{qa^3}{6l}$	$+qa$	

三、等截面直杆的转角位移方程

当单跨超静定梁受到荷载和杆端位移共同作用时,其杆端力可应用叠加原理求得。其转角位移方程为:

1. 如图 21-3a)所示的两端固定的单跨超静定梁

$$\begin{aligned} M_{AB} &= 4i\theta_A + 2i\theta_B - \frac{6i}{l}\Delta + M_{AB}^F \\ M_{BA} &= 2i\theta_A + 4i\theta_B - \frac{6i}{l}\Delta + M_{BA}^F \end{aligned} \tag{21-8}$$

2. 如图 21-3b)所示的一端固定、一端铰支的单跨超静定梁

$$\begin{aligned} M_{AB} &= 3i\theta_A - \frac{3i}{l}\Delta + M_{AB}^F \\ M_{BA} &= 0 \end{aligned} \tag{21-9}$$

3. 如图 21-3c)所示的一端固定、一端滑动支座的单跨超静定梁

$$\begin{aligned} M_{AB} &= i\theta_A + M_{AB}^F \\ M_{BA} &= -i\theta_A + M_{BA}^F \end{aligned} \tag{21-10}$$

§21-3 位移法的基本未知量和基本结构

一、基本未知量的确定

位移法是以结点位移作为基本未知量,结点的位移有两种,即结点角位移和独立的结点线位移。

1. 结点角位移

确定结点角位移的数目比较容易。因相交于同一刚结点处的杆端,具有相同的角位移,即每一个刚结点只有一个独立的角位移。如图 21-4a)有 A、B、C 三个刚结点,故有三个独立的结点角位移,图 21-4b)有 A、C 二个刚结点故有二个独立的结点角位移。因此,结点的角位移未知量的数目等于结构刚结点的数目。

2. 独立的结点线位移

位移法中确定独立的结点线位移,根据位移法中轴向刚度条件和小变位假定,即等截面直杆变形前后的长度保持不变,结点的线位移可以用垂直于杆件的直线来代替。因此,对于简单刚架独立的结点线位移,可观察判断确定。如图 21-5a)所示刚架,A 结点为刚结点,故 A 结点有结点角位移 θ,同时 A 结点能产生水平位移,设其值为 Δ,并向右与 AC 垂直。由于 AB 杆长

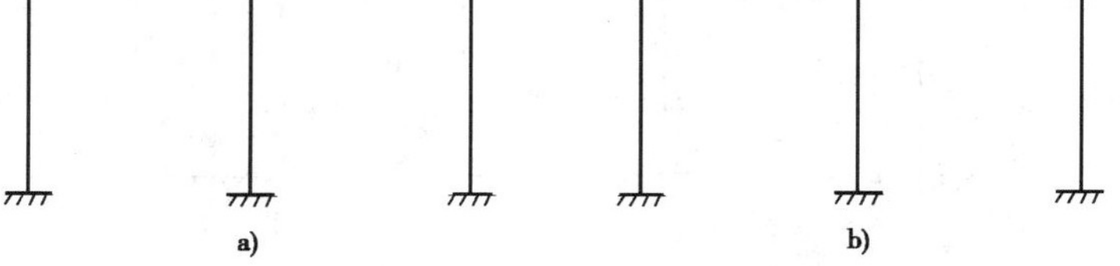

图 21-4

度不变，B 点也向右位移 Δ，且与 BD 垂直。因此，这个刚架的独立的结点位移有 2 个，即刚结点 A 的角位移 θ 和结点 A、B 的线位移 Δ。分别用 Z_1 和 Z_2 作为位移法的基本未知量。

对于复杂刚架独立的结点线位移数目的确定，可采用“铰化结点，增设链杆”的方法：在确定独立的结点线位移数目时，首先把原结构中的所有刚结点变成铰结点，把固定支座变成固定铰支座，这就得到一个铰结图形。若此铰结图形是几何不变体系，则原结构所有结点均无独立的结点线位移。若此铰结图形是几何可变体系或瞬变体系，则可采用添加链杆使其成为几何不变体系。所添加的最少链杆的数目就是原结构独立的结点线位移数目。如图 21-5b）所示刚架，C、D、E、F 四个刚结点上有四个角位移 Z_1、Z_2、Z_3、Z_4，把刚结点 C、D、E、F 铰化，固定支座改变成固定铰支座，它变成如图 21-5c）所示的可变体系。采用两定点引出的两直杆相交的结点也是不动的方法添加链杆，得到 C 点和 D 点的水平方向有线位移 Δ_1，E 点和 F 点水平方向有线位移 Δ_2，可分别用位移法的基本未知量 Z_5、Z_6。最后可确定原结构有 6 个基本未知量 Z_1、Z_2、Z_3、Z_4、Z_5、Z_6。

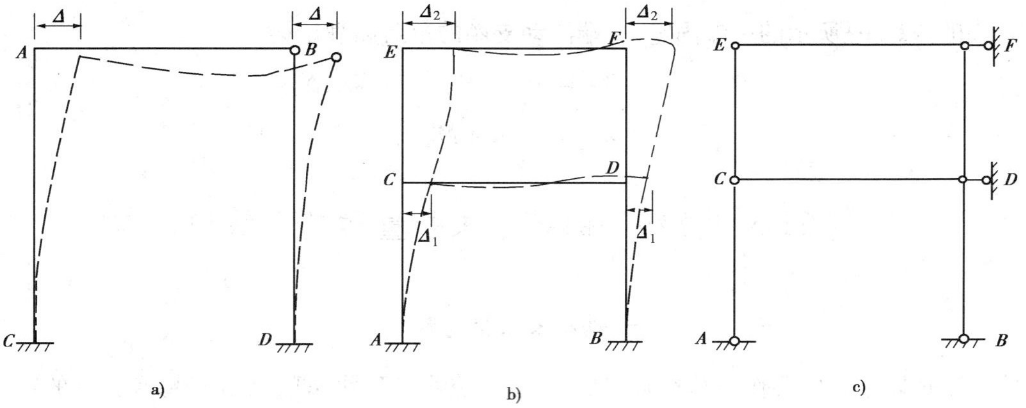

图 21-5

二、位移法的基本结构

用位移法解算超静定结构时，是在原结构上增加附加刚臂和附加链杆，使其结点既不能产生独立的结点角位移，也不能产生独立的结点线位移。这种单跨超静定梁的组合体称为位移法的基本结构，在基本结构上作用结点位移和荷载就得到位移法的基本体系。附加刚臂只能阻止结点的转动，而不能阻止结点的位移；附加链杆只能阻止结点沿链杆方向的转动，而不能阻止结点的转动。图 21-6a）所示超静定刚架，它有两个刚结点 D、F，两结点有相同的线位移，故只有一个独立的结点线位移。则在 D、F 刚结点上分别增加两个附加刚臂，在 F 结点加一水平的附加链杆，就得到图 21-6b）所示的基本结构。

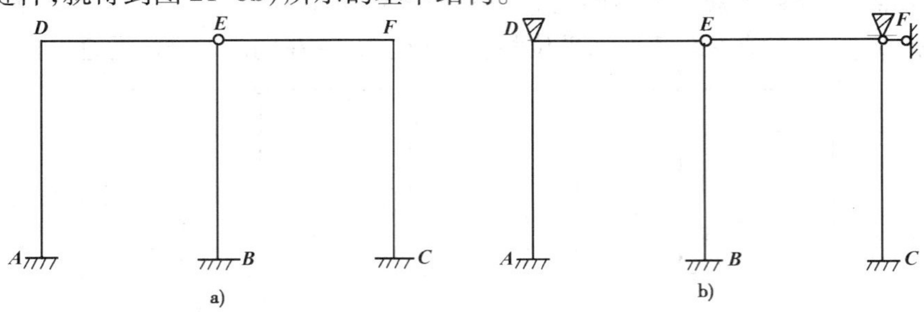

图 21-6

又如图21-7a)所示的刚架，除了在E、G刚结点上增加两个附加刚臂外，还应在结点F增加一根附加链杆，如图21-7b)所示。因为由于EF杆和FG杆位于同一直线上，结点F可在垂直于杆轴的方向上产生微小的位移。由此可知，该结构的基本未知量共有三个。其中两个是结点的转角，一个是结点独立的线位移。

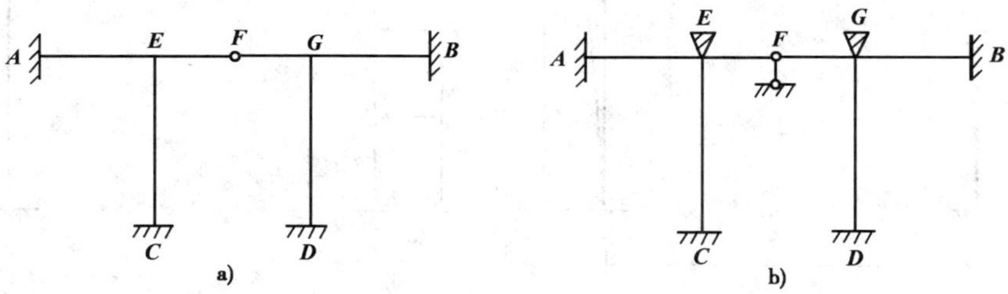

图 21-7

值得指出的是，上述确定独立的结点线位移数目的方法，是以受弯直杆变形后两端距离不变的假设为依据的。对于需要考虑轴向变形的二力杆和受弯曲杆，则其两端距离不能看作是不变的。因此，对于图21-8a)、b)所示两结构，其独立的结点线位移的数目均应等于2，而不是1。

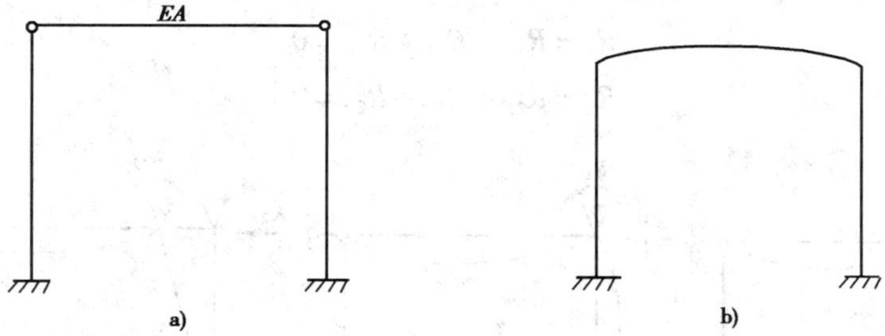

图 21-8

§21-4 用位移法典型方程计算梁和刚架

一、位移法的典型方程

用位移法求解超静定刚架有两种方法。其一是直接利用结点和截面平衡条件来建立位移法的方程。其二是利用位移法的典型方程。下面我们用具体的实例来说明位移法典型方程的建立和求解过程。

图21-9a)图所示刚架。此刚架的基本体系如图21-9b)所示，其基本未知量有两个，B结点的转角Z_1和C结点的水平线位移Z_2。此基本结构是由三根单跨超静定梁组成。

为了使基本结构的变形和受力情况与原结构相同，以便在计算中能用基本结构来代替原结构，在基本结构上使附加刚臂连同C结点产生一个与原结构相同的转角Z_1，同时使附加链杆连同C、D结点产生一个与原结构相同的线位移Z_2，这样，基本结构上的位移和原结构上的位移就完全相同了，因附加刚臂阻止结点的转动，附加链杆阻止了结点的移动，故在附加刚臂和附加链杆上必然产生附加反力。设附加刚臂上的反力矩为R_1，附加链杆上反力为R_2，而原结构在C结点和C、D结点水平方向满足平衡条件，故基本结构在结点位移Z_1、Z_2和荷载共同作用下，附加刚臂上的反力矩R_1和附加链杆上的反力R_2都应等于零。

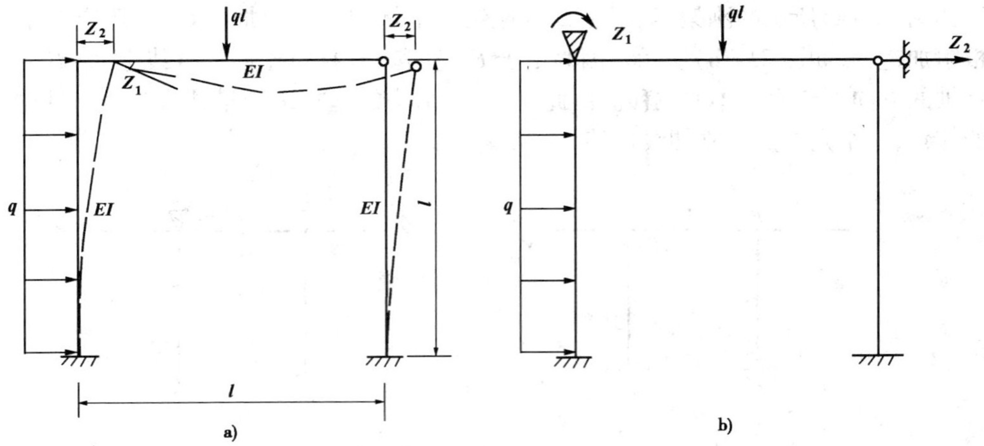

图 21-9

假设 Z_1、Z_2 和荷载分别作用在基本结构上时，在附加刚架上所引起的反力矩分别为 R_{11}、R_{12}、R_{1P}；在附加链杆上所引起的反力分别为 R_{21}、R_{22}、R_{2P}，如图 21-10 所示。根据叠加原理则有：

$$
\begin{aligned}
R_1 &= R_{11} + R_{12} + R_{1P} = 0 \\
R_2 &= R_{21} + R_{12} + R_{2P} = 0
\end{aligned}
\qquad (21\text{-}11)
$$

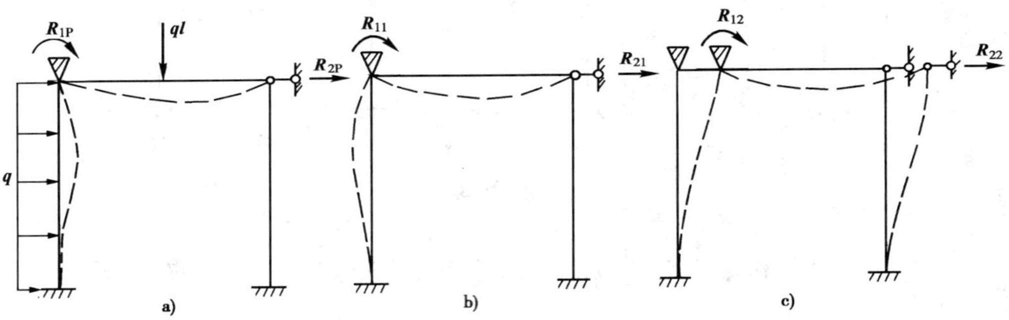

图 21-10

为了计算方便，设 $\overline{Z}=1$ 单独作用在基本结构上时，在附加刚臂上的反力矩为 r_{11}，在附加链杆上的反力为 r_{21}，如图 21-11a) 所示。同时设 $\overline{Z}_2=1$ 单独作用在基本结构上时，在附加刚臂上的反力矩为 r_{21}，在附加链杆上的反力为 r_{22}，如图 21-11b) 所示。当 Z_1 和 Z_2 不等于 1 时其反力和反力矩分别为：

$$
\begin{aligned}
R_{11} &= r_{11} Z_1 \\
R_{12} &= r_{12} Z_2 \\
R_{21} &= r_{21} Z_1 \\
R_{22} &= r_{22} Z_2
\end{aligned}
$$

将其代入式(21-11)中，可得

$$
\begin{aligned}
r_{11} Z_1 + r_{12} Z_2 + R_{1P} &= 0 \\
r_{21} Z_1 + r_{22} Z_2 + R_{2P} &= 0
\end{aligned}
\qquad (21\text{-}12)
$$

上式为求结点位移 Z_1、Z_2 的位移法的**典型方程**。其物理意义是：**基本结构在荷载及各结点位移等因素共同作用下，每一个附加约束中的附加反力矩或附加反力都等于零**。由此可见，位移法的典型方程实质上是静力平衡方程。

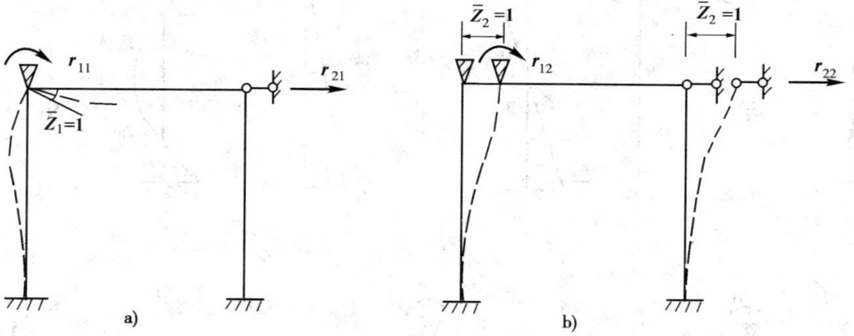

图 21-11

对于具有 n 个独立结点位移的结构来说，就有 n 个基本未知量，为了控制每一个结点的位移需增加 n 个附加约束，根据每一个附加约束的约束反力等于零的条件，可建立如下 n 个方程：

$$
\begin{aligned}
&r_{11}Z_1 + r_{12}Z_2 + \cdots + r_{1n}Z_n + R_1 = 0\\
&r_{21}Z_1 + r_{22}Z_2 + \cdots + r_{2n}Z_n + R_2 = 0\\
&\cdots\\
&r_{n1}Z_1 + r_{n2}Z_2 + \cdots + r_{nn}Z_1 + R_n = 0
\end{aligned}
\tag{21-13}
$$

这就是一般情况下位移法的典型方程。方程中主对角线上的系数 r_{ii}，称为主系数，它们表示附加约束 i 产生单位位移 $\bar{Z}_i=1$ 时在附加约束 i 上的反力或反力矩，其方向与所设 $\bar{Z}_i=1$ 的方向一致，故它们恒为正。在主对角线两侧的系数 r_{ij}（$i\neq j$），称为副系数，它们表示附加约束 j 产生单位位移 $\bar{Z}_j=1$ 时在附加约束 i 上的反力或反力矩，其正负号需视其与所设 Z_i 的方向是否相同而定，一致取正值，相反取负值。根据反力互等定理可知，在主对角线两侧处于对称位置上的副系数 r_{ij} 和 r_{ji} 彼此数值相等，即 $r_{ij}=r_{ji}$（$i\neq j$）。除系数项以外，还有自由项 R_{ip}，它表示荷载单独作用时，在附加约束 i 上产生的反力或反力矩，故又称荷载项，其正负号亦需视其与所设 $\bar{Z}_i$ 的方向是否一致而定，一致时取正，反之取负。

为了求得典型方程中的系数项和自由项，须分别画基本结构在单位位移和荷载分别作用下的弯矩图 $\bar{M}_1$、$\bar{M}_2$ 和 M_p，如图 21-12a)、b)、c) 所示。对于系数项和自由项可分为两类。一类是附加刚臂上的反力矩；另一类是附加链杆上的反力。

对于第一类系数项和自由项，可取结点为隔离体，利用结点平衡条件 $\sum M=0$ 求出，如求 r_{11}、r_{12} 和 r_{1P}，分别取 $\bar{M}$、$\bar{M}_2$ 和 M_P 图中的 C 结点为隔离体，如图 21-12d)、e)、f) 所示。对结点 C 由力矩平衡方程 $\sum M=0$ 可求得：

$$r_{11}=7i \qquad r_{12}=-\frac{6i}{l} \qquad r_{1P}=-\frac{5ql}{48}$$

对于第二类系数项和自由项，可取附加链杆有关的杆件为隔离体，如图 21-12g)、h)、i) 所示。对杆件 CD 由投影方程 $\sum X=0$ 可求得：

$$r_{21}=\frac{6i}{l} \qquad r_{22}=\frac{15i}{l^2} \qquad R_{2P}=-\frac{3}{2}ql$$

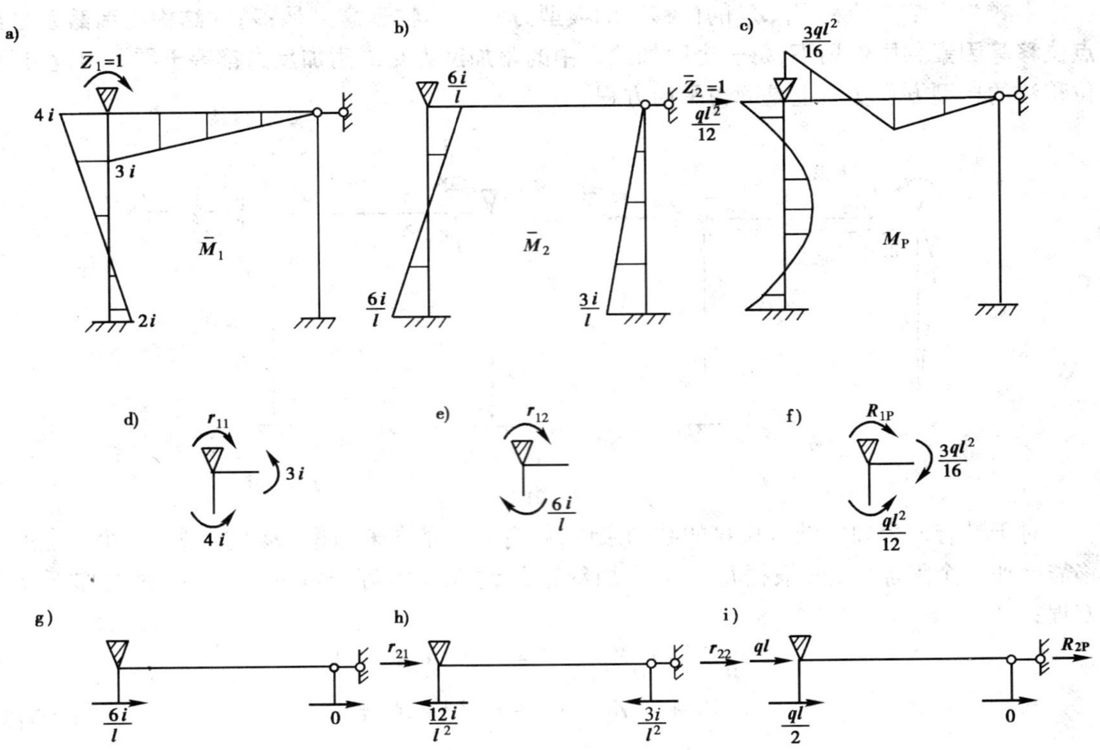

图 21-12

系数项和自由项求得,即可解算典型方程求出各基本未知量,然后进一步计算各杆的内力。

二、举　　例

根据上述过程,可知用位移法计算超静定结构的步骤为:

1. 首先增加附加约束,阻止刚结点的转动和结点的移动,从而得到一个单跨超静定梁的组合体作为基本结构。

2. 使基本结构承受原荷载,并令附加约束产生与原结构相同的位移,然后根据其上的反力矩或反力等于零的条件,建立位移法的典型方程。

3. 求解典型方程中的系数项和自由项。

(1)画出单位弯矩图 $\overline{M}$ 和荷载弯矩图 M_P;

(2)利用平衡条件求出系数项和自由项。

4. 解算典型方程,求出各基本未知量。

5. 按叠加原理画出最后弯矩图;然后根据最后弯矩图作出剪力图;最后根据剪力图作出轴力图。

例 21-1　试用位移法计算图 21-13a)所示二跨连续梁,并画内力图。

解　1. 确定基本未知量和基本结构

此连续梁只有一个刚结点 B,设基本未知量为 Z_1,其基本结构如图 21-13b)所示。

2. 建立位移法的典型方程

$$r_{11}Z_1 + R_{1P} = 0$$

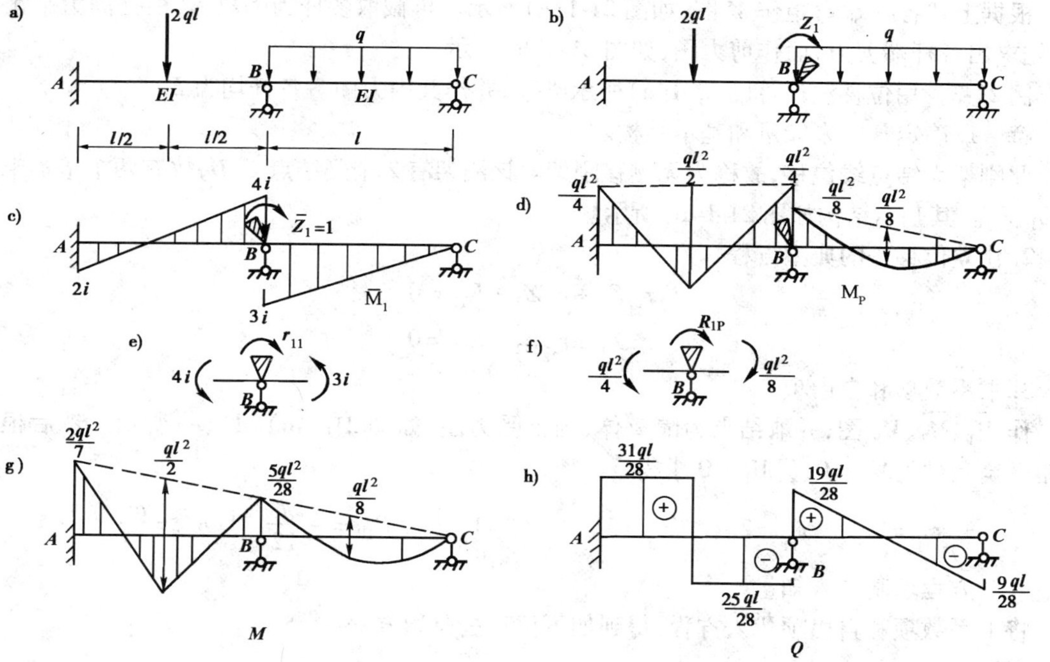

图 21-13

3. 求系数项和自由项

为了求系数项和自由项，首先作出基本结构分别在 $\overline{Z}_1=1$ 和荷载作用下的 $\overline{M}_1$ 和 M_P 图，如图21-13c)、d)所示。并分别取 $\overline{M}_1$ 和 M_P 图中 B 结点为隔离体，如图21-13e)、f)所示。运用结点平衡条件 $\sum M_B=0$ 可得：

$$r_{11}=7i$$

$$R_{1P}=\frac{ql^2}{8}$$

4. 解方程求基本未知量

将系数项和自由项代入方程，得：

$$7iZ_1+\frac{1}{8}ql^2=0$$

$$Z_1=-\frac{ql^2}{56i}\qquad(\swarrow)$$

5. 作内力图

绘制弯矩图时，根据叠加原理 $\overline{M}_1Z_1+M_P$ 可得各杆弯矩：

$$M_{AB}=2i\times\left(-\frac{ql^2}{56i}\right)-\frac{ql^2}{4}=-\frac{2}{7}ql^2$$

$$M_{BA}=4i\times\left(-\frac{ql^2}{56i}\right)+\frac{ql^2}{4}=\frac{5ql^2}{28}$$

$$M_{BC}=3i\times\left(-\frac{ql^2}{56i}\right)-\frac{ql^2}{8}=-\frac{5ql^2}{28}$$

$$M_{CB}=0$$

根据上述各杆端弯矩作 M 图，如图 21-13g）所示。再截取各杆为隔离体，根据静力平衡条件，先求出各杆端剪力，而作剪力图，如图 21-13h）所示。

例 21-2 用位移法计算图 21-14a）所示刚架，并作其内力图。各杆均为 EI。

解 1. 确定基本未知量和基本结构。

此刚架无结点线位移，故称为无侧移刚架。该刚架有 2 个刚结点 C、D，故有两个基本未知量 Z_1、Z_2。其基本结构如图 21-14b）所示。

2. 建立位移法的典型方程

$$r_{11}Z_1 + r_{12}Z_2 + R_{1P} = 0$$

$$r_{21}Z_1 + r_{22}Z_2 + R_{2P} = 0$$

3. 求系数项和自由项

作 $\overline{M}_1$、$\overline{M}_2$、M_P 图，并取结点为隔离体，画出受力图，如图 21-14c）、d）、e）所示。然后根据力矩平衡条件 $\sum M_D = 0$、$\sum M_E = 0$ 求得

$$r_{11} = 8i \qquad r_{21} = 2i \qquad r_{12} = 2i \qquad r_{22} = 11i \qquad R_{1P} = -\frac{ql^2}{12} \qquad R_{2P} = \frac{ql^2}{12}$$

4. 解方程求基本未知量

将上系数项和自由项代入方程，得到如下位移法典型方程：

$$8iZ_1 + 2iZ_2 - \frac{ql^2}{12} = 0$$

$$2iZ_1 + 11iZ_2 + \frac{ql^2}{12} = 0$$

由此解出

$$Z_1 = \frac{13ql^2}{1008i}(\downarrow)$$

$$Z_2 = -\frac{5ql^2}{504i} \qquad (\uparrow)$$

Z_1 为正值，说明刚结点 B 所设的角位移方向与实际角位移方向一致，Z_2 为负值，说明刚结点 C 所设的角位移方向与实际角位移方向相反。

5. 作内力图

在求出 Z_1、Z_2 后，先利用叠加原理 $M = \overline{M}_1 Z_1 + \overline{M}_2 Z_2 + M_P$ 计算出各杆端弯矩，然后作弯矩图 M，如图 21-14f）所示，后再作出剪力图和轴力图，如图 21-14g）、h）所示。

例 21-3 用位移法计算图 21-15a）所示刚架，并绘出弯矩图。

解 1. 确定基本未知量和基本结构。

该刚架有 2 个基本未知量，即刚结点 E 的角位移 Z_1 和 F 结点的水平线位移 Z_2。其基本结构如图 21-15b）所示。

2. 建立位移法典型方程

$$\begin{cases} r_{11}Z_1 + r_{12}Z_2 + R_{1P} = 0 \\ r_{21}Z_1 + r_{22}Z_2 + R_{2P} = 0 \end{cases}$$

3. 求系数项和自由项

画 $\overline{M}_1$、$\overline{M}_2$ 和 M_P 图，并取 E 结点和杆 DEF 为隔离体，如图 21-15c）、d）、e）所示。利用平衡条件 $\sum M = 0$ 和 $\sum X = 0$ 可求得：

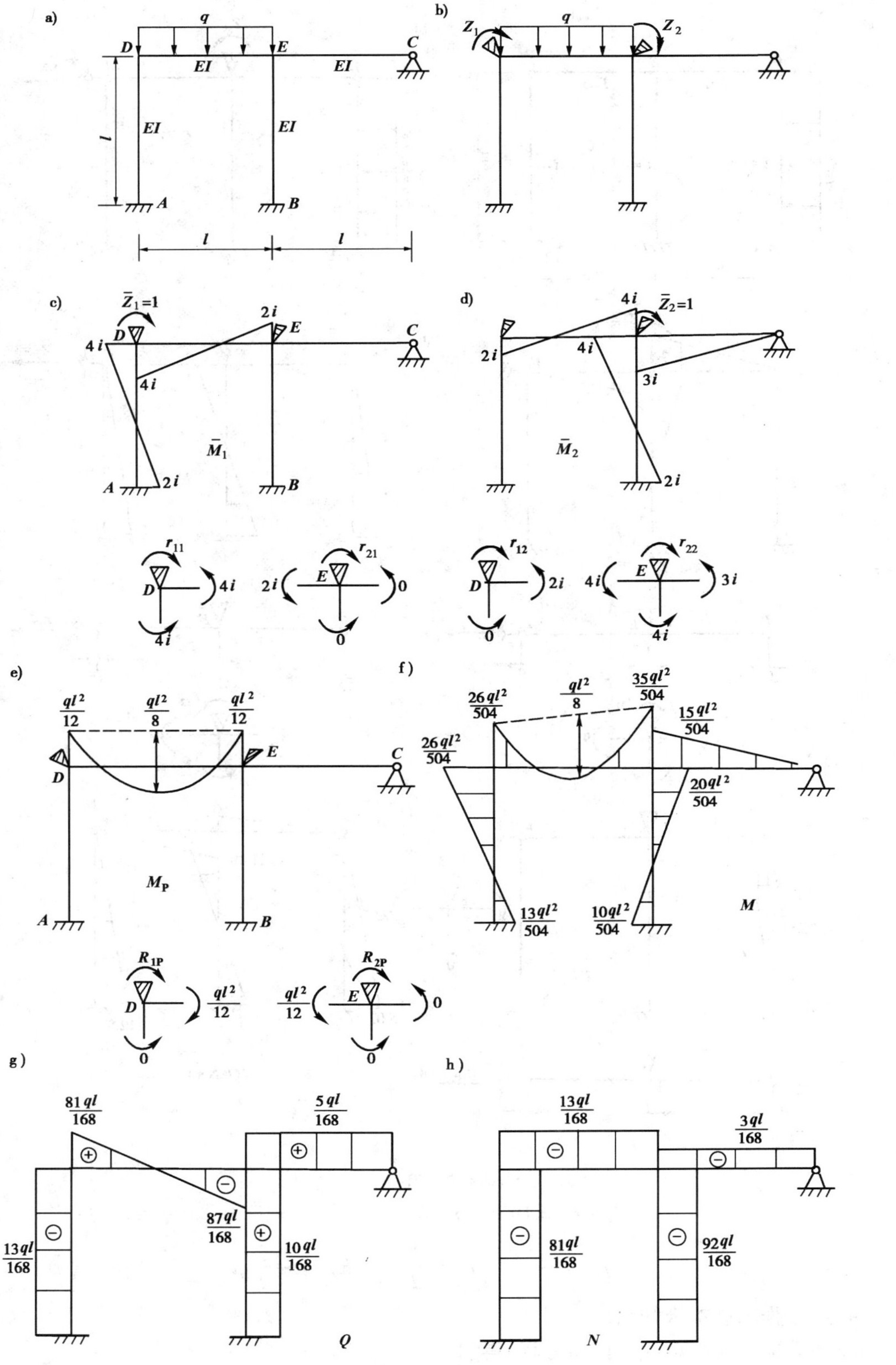
a)
q
D
E
C
EI
l
A
B
b)
Z_1
Z_2
c)
$\bar{Z}_1=1$
4i
2i
$\bar{M}_1$
2i
d)
4i
$\bar{Z}_2=1$
2i
4i
3i
$\bar{M}_2$
2i
r_{11}
r_{21}
r_{12}
r_{22}
0
3i
e)
$\frac{ql^2}{12}$
$\frac{ql^2}{8}$
$\frac{ql^2}{12}$
M_P
f)
$\frac{26ql^2}{504}$
$\frac{ql^2}{8}$
$\frac{35ql^2}{504}$
$\frac{15ql^2}{504}$
$\frac{26ql^2}{504}$
$\frac{20ql^2}{504}$
$\frac{13ql^2}{504}$
$\frac{10ql^2}{504}$
M
R_{1P}
R_{2P}
$\frac{ql^2}{12}$
0
g)
h)
$\frac{81ql}{168}$
$\frac{5ql}{168}$
$\frac{87ql}{168}$
$\frac{13ql}{168}$
$\frac{10ql}{168}$
Q
$\frac{13ql}{168}$
$\frac{3ql}{168}$
$\frac{81ql}{168}$
$\frac{92ql}{168}$
N

图 21-14

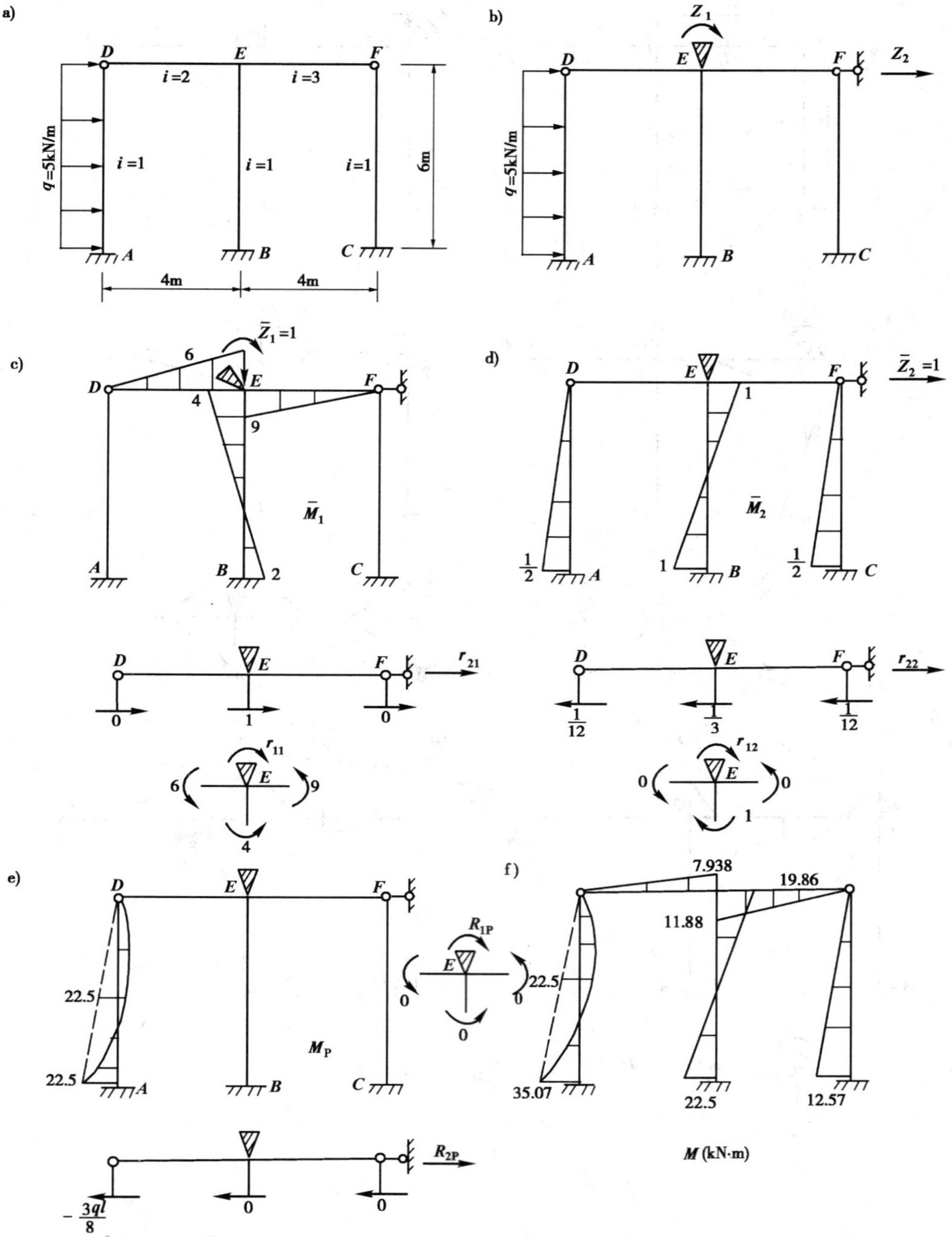

图 21-15

$$r_{11}=19 \qquad r_{12}=-1 \qquad R_{1P}=0$$

$$r_{21}=-1 \qquad r_{22}=\frac{1}{2} \qquad R_{2P}=-\frac{3}{8}ql$$

4. 解方程求基本未知量

将系数项和自由项代入典型方程,得

$$19Z_1-Z_2=0$$

$$-Z_1+\frac{1}{2}Z_2-\frac{3}{8}ql=0$$

由此解出

$$Z_1=0.044ql \qquad (\curvearrowright)$$
$$Z_2=0.838ql \qquad (\rightarrow)$$

5. 作弯矩图

根据叠加原理 $M=\overline{M}_1Z_1+\overline{M}_2Z_2+M_P$，作弯矩图如图 21-15f) 所示。

§21-5 用结点和截面平衡条件计算梁和刚架

利用位移法典型方程计算超静定结构时，必须先作出 $\overline{M}$ 和 M_P 图，并根据这些图形求出典型方程中的系数项和自由项，然后才能求解结点位移的典型方程。但是，我们知道，基本结构在各种情况下的内力都是由转角位移方程确定的，而位移法典型方程又是反映了原结点的静定平衡条件，因此，我们也可毋需通过基本结构，而直接利用转角位移方程和原结构的静力平衡条件来建立位移法的典型方程。

例 21-4 用位移法计算图 21-16 所示连续梁，并作弯矩图。

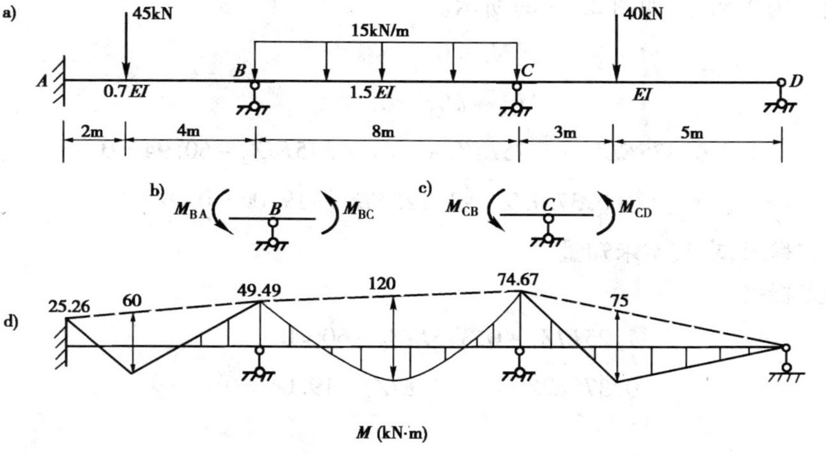

图 21-16

解 1. 确定基本未知量

该连续梁只有刚结点 B、C 两个角位移，分别为 Z_1、Z_2。

2. 建立各杆的转角位移方程

$$M_{AB}=2i_{AB}Z_1+M_{AB}^F=2\times\frac{0.75}{6}EIZ_1-\frac{45\times2\times4^2}{6^2}$$
$$=0.25EIZ_1-40$$

$$M_{BA}=4i_{BA}Z_1+M_{BA}^F=4\times\frac{0.75}{6}EIZ_1+\frac{45\times2^2\times4}{6^2}$$
$$=0.5EIZ_1+20$$

$$M_{BC}=4i_{BC}Z_1+2i_{BC}Z_2+M_{BC}^F=4\times\frac{1.5}{8}EIZ_1+2\times\frac{1.5}{8}EIZ_2-\frac{15\times8^2}{12}$$

$$=0.75EIZ_1+0.375EIZ_2-80$$

$$M_{CB}=2i_{BC}Z_1+4i_{BC}Z_2+M^F_{CB}=2\times\frac{1.5}{8}EIZ_1+4\times\frac{1.5}{8}EIZ_2+\frac{15\times8^2}{12}$$

$$=0.375EIZ_1+0.75EIZ_2+80$$

$$M_{CD}=3i_{CD}Z_2+M^F_{CD}=3\times\frac{EI}{8}Z_2-\frac{40\times3\times5(8+5)}{2\times8^2}$$

$$=0.375EIZ_2-60.94$$

$$M_{DC}=0$$

3. 建立位移法方程

取 B 结点为隔离体，如图 21-16b）所示。

$$\sum M_B=0$$

$$M_{BA}+M_{BC}=0$$

$$0.5EIZ_1+20+0.75EIZ_1+0.375EIZ_2-80=0$$

$$1.25EIZ_1+0.375EIZ_2-60=0$$

取 C 结点为隔离体，如图 21-16c）所示。

$$\sum M_C=0$$

$$M_{CB}+M_{CD}=0$$

$$0.375EIZ_1+0.75EIZ_2+80+0.375EIZ_2-60.94=0$$

$$0.375EIZ_1+1.125EIZ_2+19.06=0$$

4. 联立方程组，求其本未知量

求下列方程组。

$$1.25EIZ_1+0.375EIZ_2-60=0$$

$$0.375EIZ_1+1.125EIZ_2+19.06=0$$

解之得

$$Z_1=\frac{58.98}{EI}\quad(\curvearrowright)$$

$$Z_2=\frac{-36.6}{EI}\quad(\curvearrowleft)$$

5. 计算各杆端弯矩值

将 Z_1、Z_2 之值代入各杆端转角位移方程。得：

$$M_{AB}=0.25EI\times\frac{58.98}{EI}-40=-25.26\text{kN}\cdot\text{m}$$

$$M_{BA}=0.5EI\times\frac{58.98}{EI}EI+20=49.49\text{kN}\cdot\text{m}$$

$$M_{BC}=0.75EI\frac{58.98}{EI}+0.375EI\times\left(-\frac{136.6}{EI}\right)-80=-49.49\text{kN}\cdot\text{m}$$

$$M_{CB}=0.375EI\left(\frac{58.98}{EI}\right)+0.75EI\left(-\frac{36.6}{EI}\right)+80=74.67\text{kN}\cdot\text{m}$$

$$M_{CD}=0.375EI\left(-\frac{36.6}{EI}\right)-60.94=-74.67\text{kN}\cdot\text{m}$$

$$M_{DC}=0$$

6. 作弯矩图

根据各杆端弯矩值,作弯矩图如图 21-16d)所示。

例 21-5 试作图 21-17a)所示刚架的弯矩图。

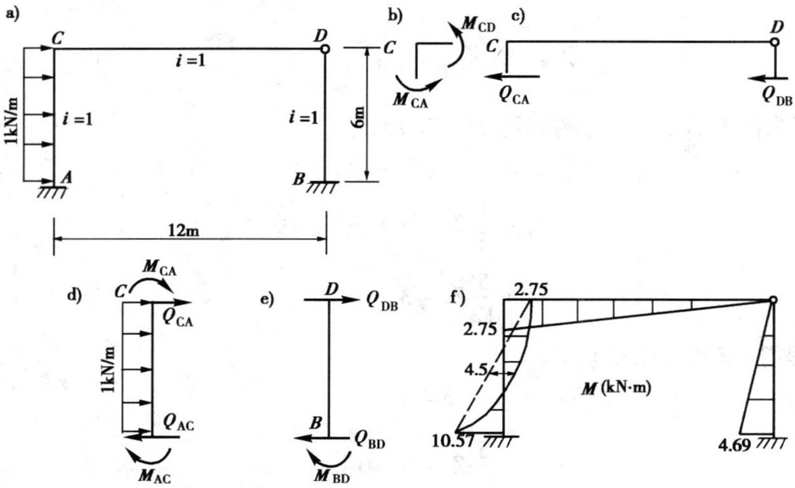

图 21-17

解 1. 确定基本未知量

该刚架有两个基本未知量,一个是 C 结点的角位移 Z_1,另一个是 CD 杆方向的水平线位移 Z_2。

2. 建立各杆的转角位移方程。

$$M_{AC}=2iZ_1-\frac{6i}{l}Z_2+M_{AC}^{F}=2\times1\times Z_1-\frac{6\times1}{6}Z_2-\frac{1\times6^2}{12}$$

$$=2Z_1-Z_2-3$$

$$M_{CA}=4iZ_1-\frac{6i}{l}Z_2+M_{CA}^{F}=4\times1\times Z_1-\frac{6\times1}{6}Z_2+\frac{1\times6^2}{12}$$

$$=4Z_1-Z_2+3$$

$$M_{CD}=3iZ_1=3\times1\times Z_1=3Z_1$$

$$M_{DC}=0$$

$$M_{DB}=0$$

$$M_{BD}=-\frac{3i}{l}Z_2=-\frac{3\times1}{6}Z_2=-\frac{1}{2}Z_2$$

3. 建立位移法方程

取 C 结点为隔离体,作受力图如图 21-17b)所示。

$$\sum M_C = 0 \qquad M_{CA} + M_{CD} = 0$$

$$7Z_1 - Z_2 + 3 = 0$$

取 CA 杆为隔离体，作受力图如图 21-17d）所示。

$$\sum M_A = 0 \qquad \frac{1}{2} \times 1 \times 6^2 + M_{CA} + M_{AC} + Q_{CA} \times 6 = 0$$

$$Q_{CA} = -Z_1 + \frac{1}{3}Z_2 - 3$$

取 DB 杆为隔离体，作受力图如图 21-17e）所示。

$$\sum M_B = 0 \qquad M_{DB} + M_{BD} + Q_{DB} \times 6 = 0$$

$$Q_{DB} = \frac{1}{12}Z_2$$

再取 CD 杆为隔离体，作受力图如图 21-17c）所示。

$$\sum X = 0 \qquad Q_{CA} + Q_{DB} = 0$$

$$-Z_1 + \frac{1}{3}Z_2 - 3 + \frac{1}{12}Z_2 = 0$$

$$-Z_1 + \frac{5}{12}Z_2 - 3 = 0$$

4. 联立方程组，求基本未知量。

$$7Z_1 - Z_2 + 3 = 0$$

$$-Z_1 + \frac{5}{12}Z_2 - 3 = 0$$

解之，得

$$Z_1 = 0.91 \quad (\circlearrowright)$$

$$Z_2 = 9.39 \quad (\rightarrow)$$

5. 计算各杆端弯矩

$$M_{AC} = 2 \times 0.91 - 9.39 - 3 = -10.57\text{kN}\cdot\text{m}$$
$$M_{CA} = 4 \times 0.91 - 9.39 + 3 = -2.75\text{kN}\cdot\text{m}$$
$$M_{CD} = 3 \times 0.91 = 2.73\text{kN}\cdot\text{m}$$
$$M_{DC} = 0$$
$$M_{DB} = 0$$
$$M_{BD} = -\frac{1}{2} \times 9.39 = -4.69\text{kN}\cdot\text{m}$$

6. 作弯矩图

根据各杆端弯矩和荷载作用情况，作弯矩图如图 21-17f）所示。

例 21-6 利用对称性，作图 21-18 所示刚架的弯矩图。

解 1. 确定基本未知量和基本结构

取图 21-19a）所示的半刚架，该刚架只有 C 结点的转角 Z_1，其基本结构如图 21-19b）所示。

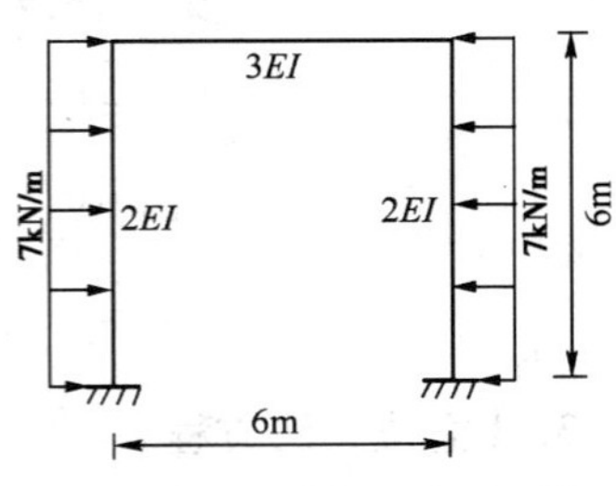

图 21-18

2. 建立位移法典型方程

$$r_{11}Z_1 + R_{1p} = 0$$

3. 求系数项和自由项

首先作 $\overline{M}_1$、M_P 如图 21-19c)、d)所示。由 $\overline{M}_1$、M_P 图可得：

$$r_{11} = \frac{7}{3}EI$$

$$R_{1P} = 21$$

4. 求基本未知量

将系数项、自由项代入方程，得

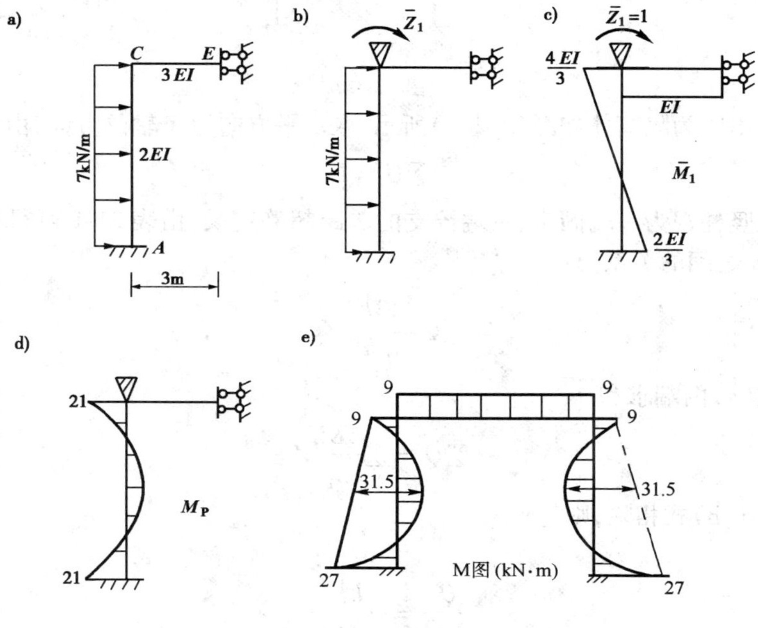

图 21-19

$$\frac{7}{3}EIZ_1 + 21 = 0$$

$$Z_1 = -\frac{9}{EI} \quad (\circlearrowleft)$$

5. 作 M 图

根据叠加原理作 M 图，如图 21-19e)所示。

§21-6　用剪力分配法计算等高铰接排架

上一章，我们讨论了用力法计算排架，下面我们讨论计算等高铰结排架的简单计算方法——剪力分配法。

一、柱顶有水平集中荷载作用的计算

如图 21-20a)所示为柱顶有水平集中荷载作用的等高铰结排架。它有 n 个竖柱，因为不考虑横梁的轴向变形，故柱顶只有一个水平位移 Z，设各柱顶的未知剪力为 $Q_i(i=1,2\cdots,n)$，

而每个竖柱的高度 h_i 和抗弯刚度 EI_i、集中荷载 P 均为已知。下面我们来讨论其计算

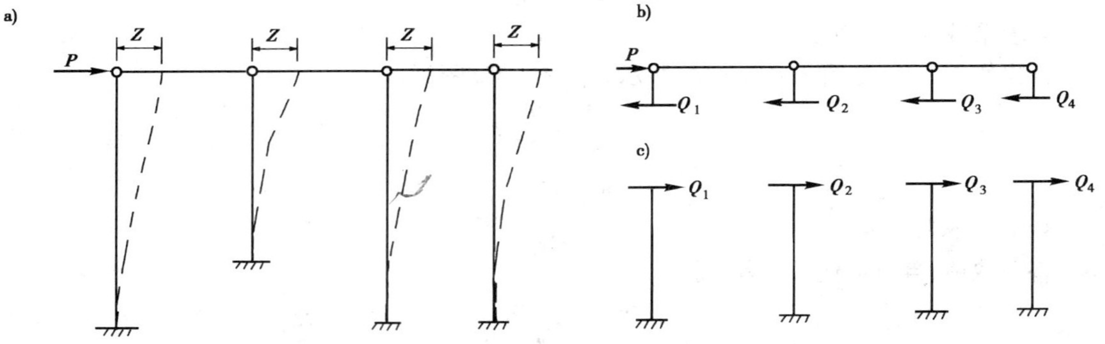

图 21-20

(1)取水平横梁为隔离体如图 21-20b)所示,取水平方向为 X 轴的方向,由 $\sum X=0$ 可得

$$\sum Q_i=P$$

(2)把每根竖柱视为一端固定、一端铰支的单跨超静定梁,由表 21-1 可得柱顶剪力 Q_i 与柱顶水平位移 Z 之间的关系为:

$$Q_i=\frac{3EI_i}{h_i^3}Z \tag{a}$$

(3)对上式(a)两端求和

$$\sum Q_i=\sum\frac{3EI_i}{h_i^3}Z \tag{b}$$

(4)(a)式与(b)式相除,则得

$$\frac{Q_i}{\sum Q_i}=\frac{\dfrac{3EI_i}{h_i^3}Z}{\sum\dfrac{3EI_i}{h_i^3}Z}$$

由上式可解出 Q_i,并把 $\sum Q_i=P$ 代入式可得

$$Q_i=\frac{\dfrac{3EI_i}{h_i^3}}{\sum\dfrac{3EI_i}{h_i^3}}P$$

为计算简便,令 $r_i=\dfrac{3EI_i}{h_i^3}$称为侧移刚度系数。其物理意义是当柱顶水平位移 $Z=1$ 时,第 i 个竖柱的柱顶剪力。则上式可简化为:

$$Q_i=\eta_i P$$

式中 $\eta_i=\dfrac{r_i}{\sum r_i}$称为剪力分配系数,显然 $\sum\eta_i=01$。

(5)求得柱顶的杆端剪力后,可把每一根竖柱看成杆端作用有集中荷载 Q_i 的悬臂梁如图 21-20c)所示。它的内力图很容易作出。

以上是柱顶有水平集中荷载作用的铰结排架用剪力分配法计算的过程,应该注意的是计

算得到的柱顶剪力的方向与集中荷载一致。

从以上可得到用剪力分配法计算等高铰结排架的一般步骤：

(1)求各竖柱的侧移刚度系数 $r_i=\frac{3EI_i}{h_i^3}$。

(2)计算各竖柱的剪力分配系数 $\eta_i=\frac{r_i}{\sum r_i}$，并验算 $\sum\eta_i=1$。

(3)计算柱顶剪力 $Q_i=\eta_i P$。

(4)把每根竖柱视为杆端作用集中力 Q_i 的悬臂梁作弯矩图。

例 21-7 用剪力分配法计算图 21-21a)所示的排架，画出弯矩图。

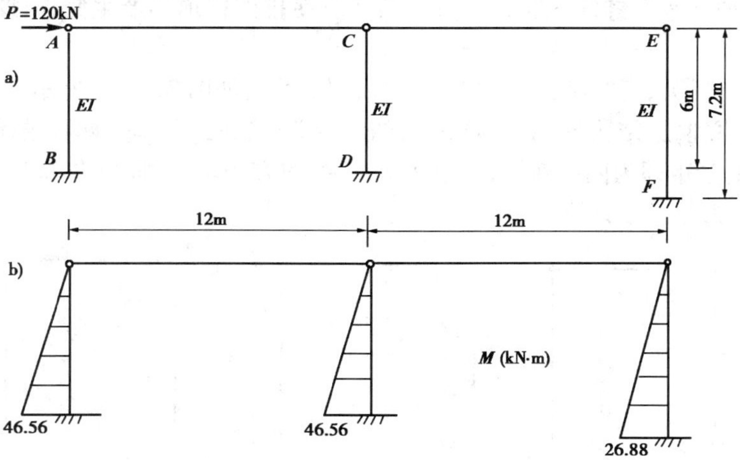

图 21-21

解 1. 计算各柱侧移刚度系数 r

查表 21-1 得

$$r_{AB}=\frac{3EI}{6^3}$$

$$r_{CD}=\frac{3EI}{6^3}$$

$$r_{EF}=\frac{3EI}{7.2^3}$$

2. 计算剪力分配系数

$$\eta_{AB}=\eta_{CD}=\frac{r_{AB}}{r_{AB}+r_{CD}+r_{EF}}=\frac{\frac{3EI}{6^3}}{\frac{3EI}{6^3}+\frac{3EI}{6^3}+\frac{3EI}{7.2^3}}=0.388$$

$$\eta_{EF}=\frac{r_{EF}}{r_{AB}+r_{CD}+r_{EF}}=\frac{\frac{3EI}{6^3}}{\frac{3EI}{6^3}+\frac{3EI}{6^3}+\frac{3EI}{7.2^3}}=0.224$$

校核： $\eta_{AB}+\eta_{CD}+\eta_{EF}=0.388+0.388+0.224=1$

3. 用剪力分配法计算柱顶的杆端剪力

$$Q_{AB}=\eta_{AB}P=0.388\times120=46.56\text{kN}$$

$$Q_{CD}=\eta_{CD}P=0.388\times120=46.56\text{kN}$$

$$Q_{EF}=\eta_{EF}P=0.224\times120=26.88\text{kN}$$

4. 作弯矩图

每个竖柱按杆端作用有集中荷载的悬臂梁作其弯矩图如图 21-21b)所示。

二、柱间有水平荷载作用的计算

如图 21-22a)所示为柱间有均布荷载作用的一排架，若用剪力分配法计算需作如下处理：

1. 在柱顶端加一水平链杆，如图 21-22b)所示。使排架柱顶不产生侧移，此时附加链杆上将产生附加反力 R。

2. 为消除这个反力，可在柱顶再加上一个反向的力 R，如图 21-22c)所示。

3. 根据叠加原理，原结构图 21-22a)，等于图 21-22b)和图 21-22c)两种情况的叠加。其中图 21-22b)的杆端弯矩即为固端弯矩，它可查表 21-1 的方法求得；而图 21-22c)所示情况的计算，则可用上述剪力分配法计算。

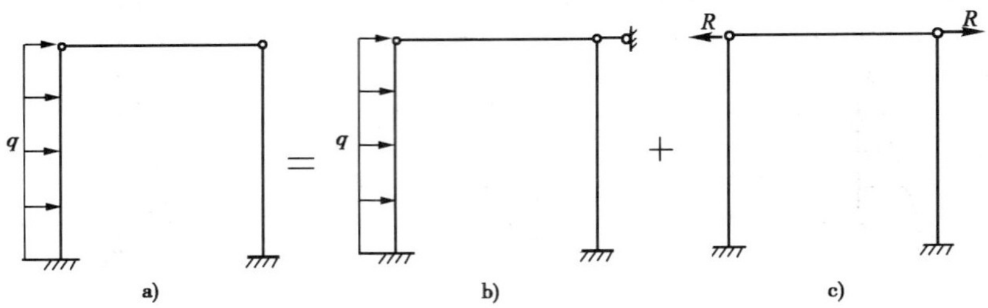

图 21-22

三、单阶变截面柱排架计算

单层工业厂房往往要安装吊车，因而竖柱要采用单阶变截面柱。对于等高排架在水平荷载作用下的力学计算，也可采用较简捷的剪力分配法。但其分配系数和杆端剪力的计算要复杂一些。其计算可查其他书籍。

§21-7 力矩分配法

力矩分配法是在位移法的基础上发展起来的一种渐近法，它主要应用于分析连续梁和无结点线位移的刚架。在力矩分配法中的杆端弯矩正负员的规定与位移法相同，即杆端弯矩对杆端顺时针方向为正，对结点逆时针方向为正，结点上的外力偶(荷载)仍以顺时针方向为正。

一、力矩分配法的基本概念

1. 转动刚度

转动刚度表示杆端对转动的抵抗能力。杆端的转动刚度以 S 表示，它在数值上等于使杆端产生单位转角时需要施加的力矩。图 21-23 所示等截面直杆 AB 在 A 端产生单位转角时，在 A 端所需施加的力矩称为该杆端的转动刚度，并用 S_{AB} 表示。其值不仅与杆件的线刚度 $i=EI/l$ 有关，而且与远端的支承情况有关。如果把 A 端看成可转动(但不能移动)的刚结点，这时

S_{AB}代表当刚结点产生单位转角时在杆端 A 引起的杆端弯矩。

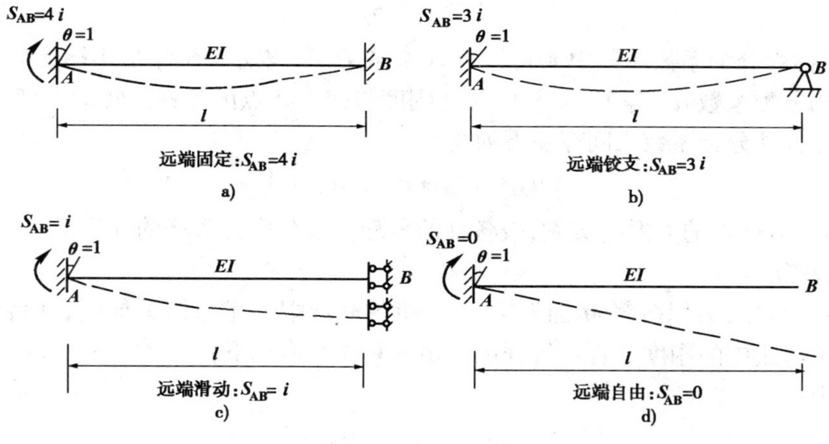

图　21-23

2. 分配系数

图21-24 a)所示为三杆 AB、AC 和 AD 在刚结点 A 处连接在一起。为了便于说明问题，设 B 端为固定端，C 端为滑动支座，D 端为铰支座。

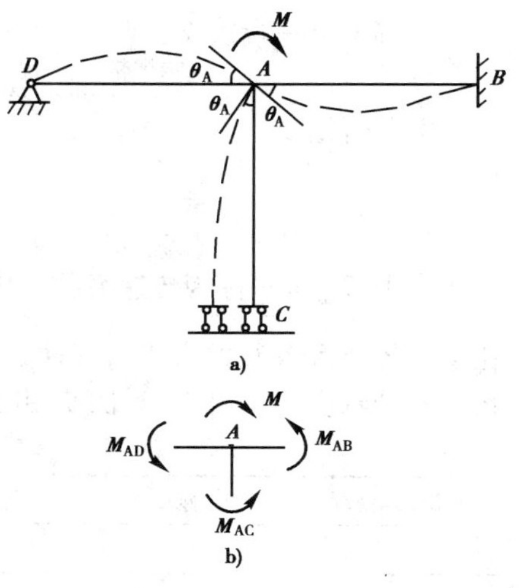

图　21-24

设有力偶荷载 M 加于结点 A，使结点 A 产生转角 θ_A，然后达到平衡。试求杆端弯矩 M_{AB}、M_{AC}和 M_{AD}。

由转动刚度的定义可知：

$$M_{AB}=S_{AB}\theta_A=4i_{AB}\theta_A$$

$$M_{AD}=S_{AD}\theta_A=3i_{AD}\theta_A \qquad \text{(a)}$$

$$M_{AC}=S_{AC}\theta_A=i_{AC}\theta_A$$

取结点 A 为隔离体如图 21-24b)所示，由 $\sum M_A=0$ 得

$$M-S_{AD}\theta_A-S_{AC}\theta_A-S_{AB}\theta_A=0$$

因而得到

$$\theta_A=\frac{M}{S_{AB}+S_{AC}+S_{AD}}=\frac{M}{\sum\limits_{A}S_{AJ}}$$

其中$\sum\limits_{A}S_{AJ}$表示各杆 A 端转动刚度之和。将 θ_A 值代入式(a)，得：

$$M_{AB}=\frac{S_{AB}}{\sum\limits_{A}S_{AJ}}M$$

$$M_{AD}=\frac{S_{AD}}{\sum\limits_{A}S_{AJ}}M$$

$$M_{AC}=\frac{S_{AC}}{\sum\limits_{A}S_{AJ}}M \qquad \text{(b)}$$

写成一般形式，则有

$$M_{AK}=\mu_{AK}M$$

$$\mu_{AK}=\frac{S_{AK}}{\sum_{A}S_{AJ}} \tag{21-14}$$

这里μ_{AK}称为分配系数。其中 K 可以是 B、C 或 D;μ_{AB}表示 AB 杆在 A 端的分配系数。AB 杆在结点 A 的分配系数μ_{AB}等于 AB 杆的转动刚度与交于 A 点的各杆的转动刚度之和的比值。

同一结点各杆分配系数之间存在下列关系:

$$\sum_{A}\mu_{AK}=\mu_{AB}+\mu_{AC}+\mu_{AD}=1$$

总之,加于结点 A 的力偶荷载 M,按各杆的分配系数分配到各杆的 A 端。

3. 传递系数

在图 21-24a)中,力偶荷载 M 加于结点 A,使各杆近端产生弯矩的同时,在各杆远端也产生弯矩。由位移法中的刚度方程可得杆端弯矩的具体数值如下:

两端固定:

$$M_{AB}=4i_{AB}\theta_{A} \qquad M_{BA}=2i_{AB}\theta_{A}$$

一端固定一端滑动:

$$M_{AC}=i_{AC}\theta_{A} \qquad M_{CA}=-i_{AC}\theta_{A}$$

一端固定一端铰支:

$$M_{AD}=3i_{AD}\theta_{A} \qquad M_{DA}=0$$

由上可知

$$\frac{M_{BA}}{M_{AB}}=C_{AB}=\frac{1}{2}$$

式中 $C_{AB}=\frac{1}{2}$称为传递系数。传递系数表示当近端产生转角时,远端弯矩与近端弯矩的比值。传递系数 C 的大小与杆件远端的支承情况有关。为便于使用,将等截面直杆的传递系数和转动刚度列于表 21-2,供使用时查阅。

转动刚度和传递系数 表 21-2

远端支承情况	转动刚度 S	传递系数 C	远端支承情况	转动刚度 S	传递系数 C
固 定	$4i$	0.5	滑 动	i	-1
铰 支	$3i$	0	自 由	0	

有了传递系数后,便可根据分配系数求得分配弯矩,再用分配弯矩乘以传递系数便得传递弯矩(即远端弯矩)。

$$M_{BA}=C_{AB}M_{AB}$$

二、力矩分配法的基本原理

以图 21-25a)所示刚架为例来说明力矩分配法的基本原理。当用位移法计算时,此结构只有一个基本未知量,即结点 B 的转角 Z_1,位移法的典型方程为:

$$r_{11}Z_{1}+R_{1P}=0$$

式中的系数项和自由项可由单位弯矩图 21-25c)和荷载弯矩图 21-25b)求得。

$$r_{11}=3i_{12}+4i_{14}+i_{13}=S_{12}+S_{13}+S_{14}=\sum_{1}S_{1j}$$

$\sum S_{1j}$表示汇交于 1 结点上的各杆端的转动刚度的总和。

$$R_{1P}=M_{13}^{F}+M_{12}^{F}=\sum_{1}M_{1j}^{F}=M_{1}^{F}$$

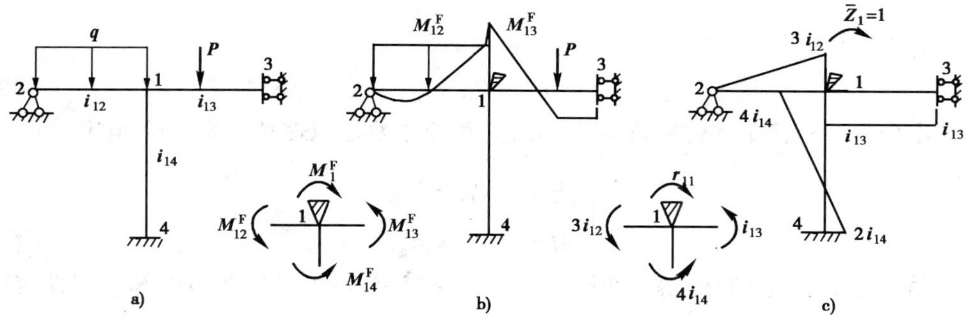

图 21-25

R_{1P}表示附加刚臂上的反力矩。它等于汇交于 1 结点上的各杆端的固端弯矩的代数和,用 M_1^F 表示。由于它代表各固端弯矩所不能平衡的差额,故称为结点的不平衡力矩。

解典型方程,得

$$Z_1 = -\frac{R_{1P}}{r_{11}} = -\frac{M_1^F}{\sum_1 S_{1j}}$$

然后按叠加法 $M = M_p + Z_1\overline{M}_1$ 计算各杆端的最后弯矩。

各杆近端弯矩为:

$$M_{12} = M_{12}^F + Z_1 \times 3i_{12} = M_{12}^F + \frac{S_{12}}{\sum_1 S_{1j}}(-M_1^F)$$

$$M_{13} = M_{13}^F + Z_1 \times i_{13} = M_{13}^F + \frac{S_{12}}{\sum_1 S_{1j}}(-M_1^F)$$

$$M_{14} = M_{14}^F + Z_1 \times 4i_{14} = M_{14}^F + \frac{S_{12}}{\sum_1 S_{1j}}(-M_1^F)$$

写成一般公式为:

$$M_{1K} = M_{1K}^F + \mu_{1K}(-M_1^F)$$

由上式可知,第一项为各杆由荷载产生的弯矩,即固端弯矩。第二项为附加刚臂转动 Z_1 角度时引起的弯矩,称为分配弯矩。其公式可为:

$$M_{1K}^{\mu} = -\mu_{1K}M_1^F \tag{21-15}$$

$$\mu_{1K} = \frac{S_{1k}}{\sum S_{1j}}$$

显然,汇交于同一结点各杆端的分配系数之和应等于 1,即 $\sum\mu_{1K} = 1$。

至于各杆的远端的最后弯矩,则可写成:

$$M_{21} = M_{21}^F + C_{21}M_{12}^{\mu}$$

$$M_{31} = M_{13}^F + C_{13}M_{13}^{\mu}$$

$$M_{41} = M_{14}^F + C_{14}M_{14}^{\mu}$$

写成一般公式为:

$$M_{K1} = M_{K1}^F + C_{1K}M_{1K}^{\mu}$$

式中第一项仍为固端弯矩,第二项是由附加刚臂转动 Z_1 角度时产生的弯矩,称为传递弯矩。

其公式为：

$$M_{K1}^{c}=C_{1K}M_{1K}^{\mu} \tag{21-16}$$

在求出分配弯矩，M_{1K}^{μ}和传递弯矩 M_{1K}^{c}以后，可应用叠加原理来计算最后弯矩。

$$M_{1K}=M_{1K}^{F}+M_{1K}^{\mu} \tag{21-17}$$

$$M_{K1}=M_{K1}^{F}+M_{K1}^{C} \tag{21-18}$$

这说明于近端的最后弯矩等于固端弯矩加分配弯矩，对于远端弯矩应等于固端弯矩加传递弯矩。

从此例可看出，若能求出固端弯矩、分配系数和传递系数，则其最后弯矩可不必求解联立方程组，因此，固端弯矩、分配系数和传递系数称为分矩分配法的三要素。

从上例可总结出单结点力矩分配法计算的一般步骤：

1. 先求出汇交于该结点的各杆固端弯矩，并求出不平衡力矩。
2. 计算分配系数和传递系数。
3. 将不平衡力矩反号乘上各杆的分配系数，便可得到近端的分配弯矩。
4. 将分配弯矩乘传递系数便得远端的传递弯矩。
5. 最后应用叠加原理求最后杆端弯矩。

例 21-8 试用力矩分配法求图21-26a）所示连续梁，并作弯矩图。

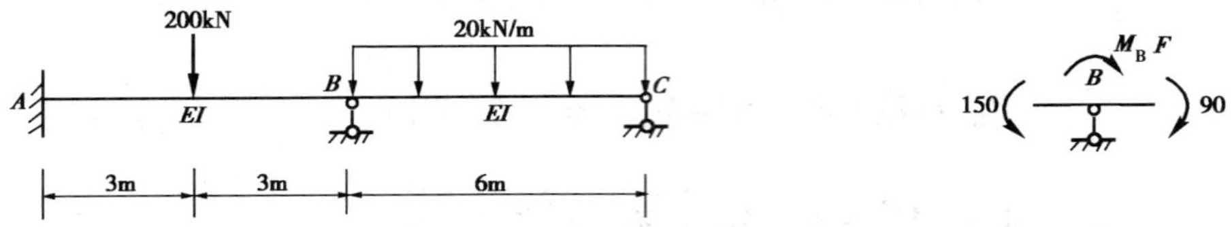

a) b)

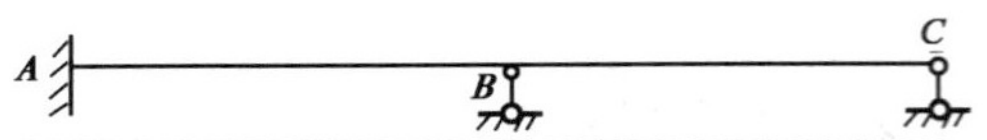

分配系数		0.571	0.429	
固端弯矩	−150	150	−90	0
分配与传递	−17.2 ←	−34.3	−25.7 →	0
杆端弯矩	−167.2	115.7	−115.7	0

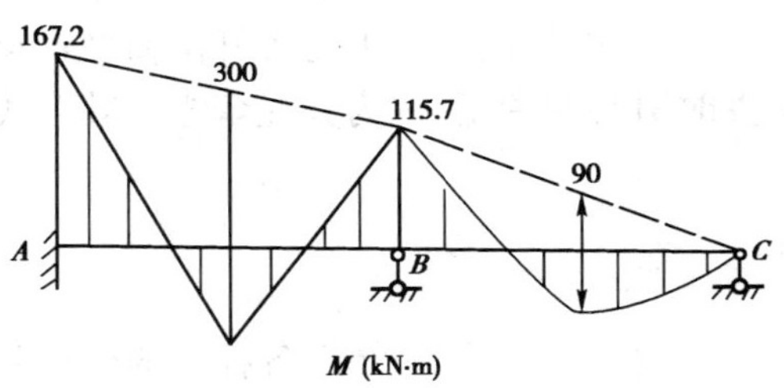

c) d)

图 21-26

解 1. 计算固端弯矩和结点不平衡力矩。

由表 21-1 查得

$$M_{AB}^{F}=-\frac{200\times6}{8}=-150\text{kN}\cdot\text{m}$$

$$M_{BA}^{F}=\frac{200\times6}{8}=150\text{kN}\cdot\text{m}$$

$$M_{BC}^{F}=-\frac{200\times6^{2}}{8}=-90\text{kN}\cdot\text{m}$$

$$M_{CB}^{F}=0$$

$$M_{B}^{F}=M_{BA}^{F}+M_{BC}^{F}=150+(-90)=60\text{kN}\cdot\text{m}$$

2. 计算分配系数

转动刚度：

$$S_{BA}=4\frac{EI}{6}=\frac{2EI}{3}$$

$$S_{BC}=3\frac{EI}{6}=\frac{EI}{2}$$

分配系数：

$$\mu_{BA}=\frac{S_{BA}}{S_{BA}+S_{BC}}=\frac{\frac{2EI}{3}}{\frac{2EI}{3}+\frac{EI}{2}}=0.571$$

$$\mu_{BC}=\frac{S_{BC}}{S_{BA}+S_{BC}}=\frac{\frac{EI}{2}}{\frac{2EI}{3}+\frac{EI}{2}}=0.429$$

校核：$\mu_{BA}+\mu_{BC}=1$

3. 计算分配弯矩

$$M_{BA}^{\mu}=-\mu_{BA}M_{B}^{F}=-0.571\times60=-34.3\text{kN}\cdot\text{m}$$

$$M_{BC}^{\mu}=-\mu_{BC}M_{B}^{F}=-0.429\times60=-25.7\text{kN}\cdot\text{m}$$

4. 计算传递弯矩

$$M_{AB}^{C}=C_{AB}M_{BA}^{\mu}=\frac{1}{2}\times(-34.3)=-17.2\text{kN}\cdot\text{m}$$

$$M_{CB}^{C}=0$$

5. 计算各杆端的最后弯矩

$$M_{AB}=M_{AB}^{F}+M_{AB}^{C}=-150-17.2=-167.2\text{kN}\cdot\text{m}$$

$$M_{BA}=M_{BA}^{F}+M_{BA}^{\mu}=150-34.3=115.7\text{kN}\cdot\text{m}$$

$$M_{BC}=M_{BC}^{F}+M_{BC}^{C}=-90-25.7=-115.7\text{kN}\cdot\text{m}$$

$$M_{CB}=M_{CB}^{F}+M_{CB}^{C}=0\text{kN}\cdot\text{m}$$

将以上计算过程用一个简单表格来进行，如图 21-26 所示。

6. 作弯矩图

根据各杆的杆端弯矩和荷载作用情况，采用区段叠加法作弯矩图如图 21-26d）所示。

例 21-9 试求图21-27所示刚架各杆的杆端弯矩。

解 1. 计算各杆的固端弯矩和结点不平衡力矩。

$$M_{AB}^{F}=\frac{1}{8}\times 30\times 4^{2}=60\text{kN}\cdot\text{m}$$

$$M_{AD}^{F}=-\frac{100\times 3\times 2^{2}}{5^{2}}=-48\text{kN}\cdot\text{m}$$

$$M_{DA}^{F}=\frac{100\times 3^{2}\times 2}{5^{2}}=72\text{kN}\cdot\text{m}$$

$$M_{A}^{F}=M_{AB}^{F}+M_{AD}^{F}=60-48=12\text{kN}\cdot\text{m}$$

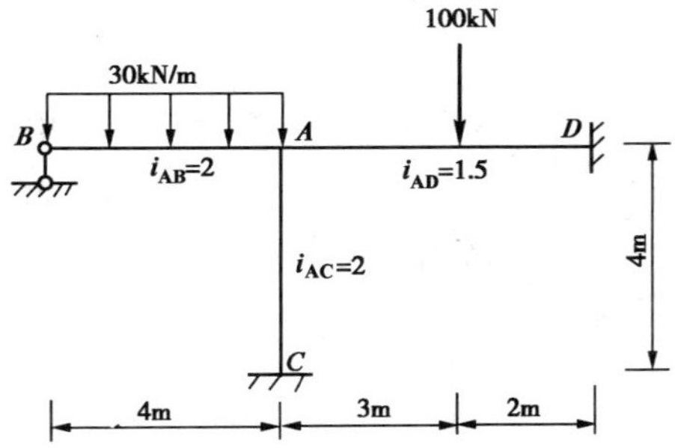

图 21-27

2. 计算 A 结点各杆的分配系数

$$\mu_{AB}=\frac{3\times 2}{3\times 2+4\times 2+4\times 1.5}=0.3$$

$$\mu_{AC}=\frac{4\times 2}{3\times 2+4\times 2+4\times 1.5}=0.4$$

$$\mu_{AD}=\frac{4\times 1.5}{3\times 2+4\times 2+4\times 1.5}=0.3$$

3. 计算分配弯矩

$$M_{AB}^{\mu}=-\mu_{AB}M_{A}=-0.3\times 12=-3.6\text{kN}\cdot\text{m}$$

$$M_{AC}^{\mu}=-\mu_{AC}M_{A}=-0.4\times 12=-4.8\text{kN}\cdot\text{m}$$

$$M_{AD}^{\mu}=-\mu_{AD}M_{A}=-0.3\times 12=-3.6\text{kN}\cdot\text{m}$$

4. 计算传递弯矩

$$M_{BA}^{C}=C_{AB}M_{AB}^{\mu}=0$$

$$M_{CA}^{C}=C_{AC}M_{AC}^{\mu}=\frac{1}{2}\times(-4.8)=-2.4\text{kN}\cdot\text{m}$$

$$M_{DA}^{C}=C_{AD}M_{AD}^{\mu}=\frac{1}{2}\times(-3.6)=-1.8\text{kN}\cdot\text{m}$$

5. 计算各杆最后弯矩

$$M_{AB}=0$$

$$M_{AB}=M_{AB}^{F}+M_{AB}^{\mu}=60-3.6=-56.4\text{kN}\cdot\text{m}$$

$$M_{AC}=M_{AC}^{F}+M_{AC}^{\mu}=0-4.8=-4.8\text{kN}\cdot\text{m}$$

$$M_{CA}=M_{CA}^{F}+M_{CA}^{C}=-2.4\text{kN}\cdot\text{m}$$

$$M_{AD}=M_{AD}^{F}+M_{AD}^{\mu}=-48-3.6=-51.6\text{kN}\cdot\text{m}$$

$$M_{DA}=M_{DA}^{F}+M_{DA}^{C}=72-1.8=70.2\text{kN}\cdot\text{m}$$

以上计算可列于表 21-3。

表 21-3

结　点	B	A			D	C
杆端	BA	AB	AC	AD	DA	CA
分配系数		0.3	0.4	0.3		
固端弯矩	0	+60.0	0	-48.0	+72.0	0
分配弯矩和传递弯矩	0	-3.6	-4.8	-3.6	-1.8	-2.4
最后弯矩	0	+56.4	-4.8	-51.6	+70.2	-2.4

三、用力矩分配法计算连续梁和无侧移刚架

上面介绍的单结点力矩分配法的基本原理可推广到多结点的连续梁和无侧移刚架。对于多结点的连续梁和刚架，只要逐次对每一个结点应用上面的基本方法，就可求出各杆的杆端弯矩。下面举例说明。

例如图 21-28a）所示三跨连续梁，在刚结点 B 和 C 处有二个角位移。首先在刚结点 B、C 增设附加刚臂如图 21-28b）所示，则可求出各杆的固端弯矩为：

$$M_{AB}^{F}=-\left(\frac{30\times2\times4^{2}}{6^{2}}+\frac{30\times4\times2^{2}}{6^{2}}\right)=-40\text{kN}\cdot\text{m}$$

$$M_{BA}^{F}=\frac{30\times2\times4^{2}}{6^{2}}+\frac{30\times4\times2^{2}}{6^{2}}=40\text{kN}\cdot\text{m}$$

$$M_{BC}^{F}=-\frac{40\times4}{8}=-20\text{kN}\cdot\text{m}$$

$$M_{CB}^{F}=\frac{40\times4}{8}=20\text{kN}\cdot\text{m}$$

$$M_{CD}^{F}=-\frac{8\times6^{2}}{8}=-36\text{kN}\cdot\text{m}$$

$$M_{DC}^{F}=0$$

将上述各杆固端弯矩列于图 21-28 的表中。此时的结点不平衡力矩可求得

$$M_{B}^{F}=\sum M_{Bj}^{F}=40-20=20\text{kN}\cdot\text{m}$$

$$M_{C}^{F}=\sum M_{Cj}^{F}=20-36=-16\text{kN}\cdot\text{m}$$

为了消除这两个刚结点上的不平衡力矩，首先放松 B 结点（通常从结点不平衡力矩绝对值最大的开始）并进行力矩分配和传递。为此，求出汇交于 B 点的各杆端分配系数：

$$\mu_{BA}=\frac{4\times\dfrac{EI}{6}}{4\times\dfrac{EI}{6}+4\times\dfrac{EI}{4}}=0.4$$

$$\mu_{BC}=\frac{4\times\dfrac{EI}{4}}{4\times\dfrac{EI}{6}+4\times\dfrac{EI}{4}}=0.6$$

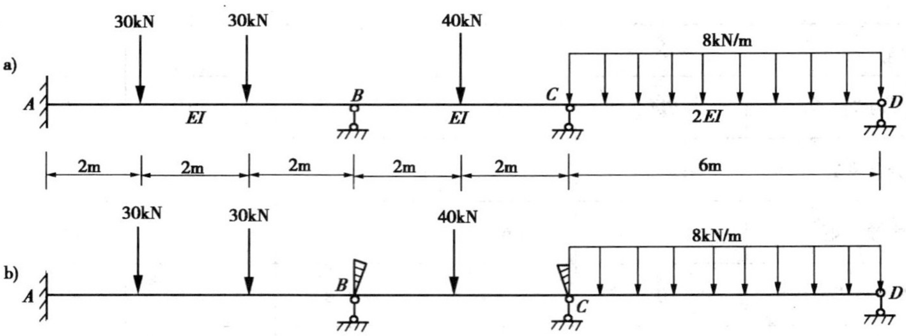

分配系数		0.4	0.6	0.5	0.5	
固端弯矩	-40	40	-20	20	-36	
	-4 ←	-8	-12 →	-6		
分配与传递			5.5 ←	11	11 →	0
	-1.1 ←	-2.2	-3.3 →	-1.65		
			0.42 ←	+0.83	0.83 →	0
	-0.09 ←	-0.17	-0.25 →	-0.13		
				0.06	0.06	
最后弯矩	45.19	29.63	-29.63	24.11	-24.11	0

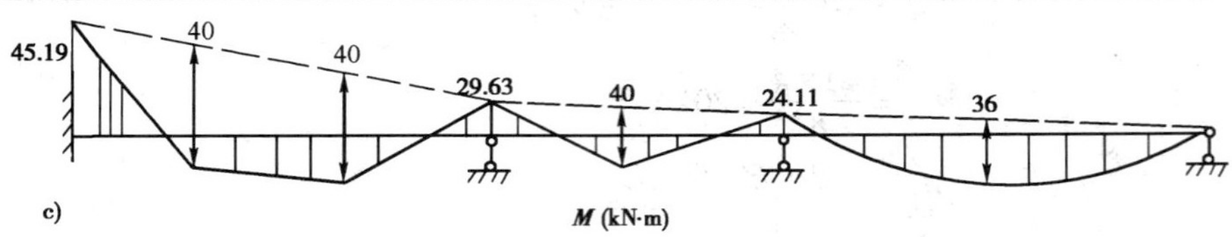

图 21-28

通过力矩分配，求相应杆端的分配弯矩为

$$M_{AB}^{\mu} = -0.4 \times 20 = -8\text{kN}\cdot\text{m}$$

$$M_{BC}^{\mu} = -0.6 \times 20 = -12\text{kN}\cdot\text{m}$$

通过松开 B 结点，此时 B 结点上的不平衡力矩已经消除，结点达到暂时平衡。同时，相应的分配弯矩向各自的远端传递，得到传递弯矩为

$$M_{AB}^{C} = \frac{1}{2} \times (-8) = -4\text{kN}\cdot\text{m}$$

$$M_{BC}^{C} = \frac{1}{2} \times (-12) = -6\text{kN}\cdot\text{m}$$

这一分配和传递过程列于图 21-28 中的表中，并用箭头表示力矩传递的方向。

放松 B 结点后，将暂时处于平衡的 B 结点在新位置上重新用附加刚臂固定。此时将放松 C 结点，考虑到放松 B 结点时传至 C 端的传递弯矩 $-6\text{kN}\cdot\text{m}$，故 C 结点的不平衡力矩为

$$M_{C}^{F}=-16-6=-22\text{kN}\cdot\text{m}$$

首先计算汇交于 C 结点的各杆端的分配系数

$$\mu_{CB}=\frac{4\times\dfrac{EI}{4}}{4\times\dfrac{EI}{4}+3\times\dfrac{2EI}{6}}=0.5$$

$$\mu_{CD}=\frac{3\times\dfrac{2EI}{6}}{4\times\dfrac{EI}{4}+3\times\dfrac{2EI}{6}}=0.5$$

然后松开 C 结点,从而计算相关各杆的分配弯矩

$$M_{CB}^{\mu}=-0.5\times(-22)=11\text{kN}\cdot\text{m}$$

$$M_{CD}^{\mu}=-0.5\times(-22)=11\text{kN}\cdot\text{m}$$

同时计算相对应的远端传递弯矩

$$M_{BC}^{C}=\frac{1}{2}\times11=5.5\text{kN}\cdot\text{m}$$

$$M_{DC}^{C}=0$$

将上述计算过程填入图 21-28 的表中。这时 C 结点也已暂时达到平衡,但因有传递弯矩 $M_{BC}^{C}=5.5\text{kN}\cdot\text{m}$ 传至 B 结点,此时 B 结点又有新的不平衡力矩。此时的不平衡力矩值减小了,再固定 C 结点,放松 B 结点,如此循环下去,就可使结点的不平衡力矩越来越小,直至所需精度后,便可停止计算。最后将各杆端的固端弯矩、各次的分配弯矩和传递弯矩相加,便得到各杆端的最后弯矩,据此可画出最后弯矩如图 21-28c)所示。

以上用连续梁来说明力矩分配法计算的过程,同样也适用于无结点线位移的刚架。从上可知力矩分配法计算连续梁和无结点线位移刚架的一般步骤:

1. 求出汇交于各结点每一杆端的力矩分配系数,并确定各杆的传递系数。
2. 计算各杆端的固端弯矩和各结点的不平衡力矩。
3. 逐次循环放松各结点以使弯矩平衡。每平衡一个结点时,按分配系数将不平衡力矩反号分配于各杆端,然后将各杆端所得的分配弯矩乘以传递系数传到另一杆端。将此步骤循环计算直至各结点上的传递弯矩小到可以略去为止。
4. 将各杆端的固端弯矩与各次的分配弯矩和传递弯矩相加,即得各杆端的最后弯矩。
5. 作最后弯矩图。

例 21-10 试用力矩分配法计算图21-29a)所示刚架,并作弯矩图。

解 1. 计算各结点的分配系数

结点 A

$$\mu_{AD}=\frac{4\times\dfrac{EI}{4}}{4\times\dfrac{EI}{4}+4\dfrac{2EI}{6}}=0.43$$

$$\mu_{AB}=\frac{4\times\dfrac{2EI}{6}}{4\times\dfrac{EI}{4}+4\dfrac{2EI}{6}}=0.57$$

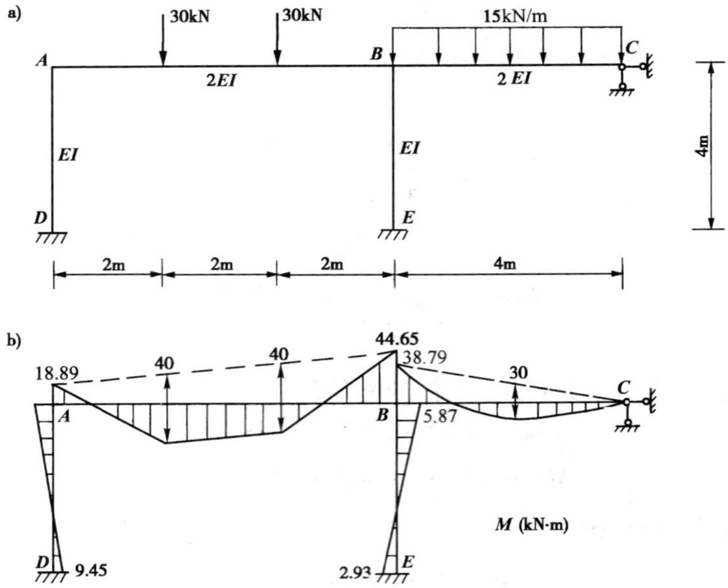

图 21-29

结点 B

$$\mu_{BA}=\frac{4\times\frac{2EI}{6}}{4\times\frac{2EI}{6}+4\frac{EI}{4}+3\times\frac{2EI}{4}}=0.35$$

$$\mu_{BE}=\frac{4\times\frac{EI}{4}}{4\times\frac{2EI}{6}+4\frac{EI}{4}+3\times\frac{2EI}{4}}=0.26$$

$$\mu_{BC}=\frac{3\times\frac{2EI}{4}}{4\times\frac{2EI}{6}+4\frac{EI}{4}+3\times\frac{2EI}{4}}=0.39$$

2. 计算各杆的固端弯矩

$$M_{AB}^{F}=-\frac{30\times2\times4^2}{6^2}-\frac{30\times2^2\times4}{6^2}=-40\text{kN}\cdot\text{m}$$

$$M_{BA}^{F}=\frac{30\times4\times2^2}{6^2}+\frac{30\times2^2\times4}{6^2}=40\text{kN}\cdot\text{m}$$

$$M_{BC}^{F}=-\frac{15\times4^2}{8}=-30\text{kN}\cdot\text{m}$$

$$M_{AD}^{F}=M_{DA}^{F}=M_{BE}^{F}=M_{EB}^{F}=M_{CB}^{F}=0$$

3. 力矩分配和传递计算

为了缩短计算过程，从结点不平衡力矩最大的结点 A 开始进行力矩的分配和传递，具体计算列于表 21-4 中。

表 21-4

结　点	D	A		B			E	C
杆端	*DA*	*AD*	*AB*	*BA*	*BC*	*BE*	*EB*	*CB*
分配系数		0.43	0.57	0.35	0.39	0.26		
固端弯矩			-40	40	-30			
A 结点一次分传	8.60	17.20	22.80	11.40				
B 结点一次分传			-3.75	-7.49	-8.35	-5.56	-2.78	
A 结点二次分传	0.81	1.61	2.14	1.07				
B 结点二次分传			-0.19	-0.37	-0.42	-0.29	-0.15	
A 结点三次分传	0.04	0.08	0.11	0.06				
B 结点三次分配				-0.02	-0.02	-0.02		
最后弯矩	9.45	18.89	-18.89	44.65	-38.79	-5.87	-2.93	0

4. 作弯矩图，如图 21-29b）所示。

例21-11　试用力矩分配法计算图21-30a）所示刚架，并绘出弯矩图。

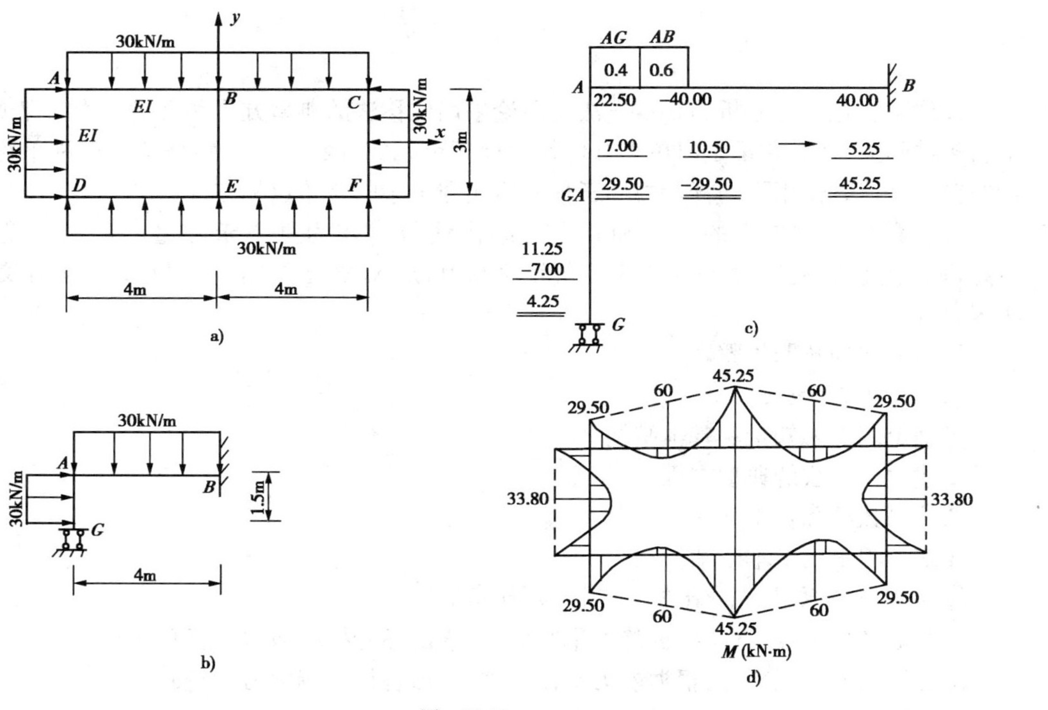

图　21-30

解　该刚架是具有两个对称轴 x-x 和 y-y 的对称刚架，且在正对称荷载作用下，根据简化结论，可取图 21-30b）所示的结构计算。

1. 计算分配系数

$$\mu_{AG}=\frac{\frac{EI}{1.5}}{\frac{EI}{1.5}+4\times\frac{EI}{4}}=0.4$$

$$\mu_{AB}=\frac{4\times\frac{EI}{4}}{\frac{EI}{1.5}+4\times\frac{EI}{4}}=0.6$$

2. 计算固端弯矩

$$M_{AG}^{F}=\frac{1}{3}\times30\times1.5^2=22.5\text{kN}\cdot\text{m}$$

$$M_{GA}^{F}=\frac{1}{6}\times30\times1.5^2=11.25\text{kN}\cdot\text{m}$$

$$M_{AB}^{F}=-\frac{1}{12}\times30\times4^2=-40\text{kN}\cdot\text{m}$$

$$M_{BA}^{F}=\frac{1}{12}\times30\times4^2=40\text{kN}\cdot\text{m}$$

3. 力矩的分配和传递计算

放松 A 结点进行力矩的分配和传递，具体计算见图 21-30c)所示。

4. 作弯矩图，如图 21-30d)所示。

小　　结

1. 位移法是结构分析的基本方法。不论采用位移法的典型方程和直接利用结点或截面的平衡条件建立方程，它都是以单个杆件作为计算单元的，因此，必须熟练掌握三种单跨超静定梁的在各种荷载作用下的杆端力和三种单跨超静定梁的转角位称方程。

2. 位移法以刚结点的转角和独立的结点线位移作为基本未知量。其未知量的数目与超静定次数无关。对刚结点的转角较容易判断，对独立的结点线位移宜采用铰化结点法来判定。

3. 位移法的解题步骤

(1)典型方程法

①确定基本未知量和基本结构；

②建立位移法的典型方程；

③求系数项和自由项；

④解方程求出基本未知量；

⑤应用叠加原理，先求出杆端弯矩，再作弯矩图；

⑥截取各杆为隔离体，根据静力平衡条件，求出各杆杆端剪力，作剪力图；

⑦截取结点为隔离体，根据静力平衡条件，求出各杆杆端轴力，作轴力图。

(2)用结点和截面的平衡条件计算

①确定基本未知量；

②建立各杆的转角位移方程；

③建立位移法的基本方程；

④解方程求出基本未知量；

⑤计算各杆的杆端弯矩，作弯矩图；

⑥截取各杆为隔离体，根据静力平衡条件求出各杆的杆端剪力，作剪力图；

⑦截取各结点为隔离体，根据静力平衡条件求出各杆的杆端轴力，作轴力图。

4. 力矩分配法

力矩分配法采用了固定—放松—传递重复运算过程，在计算过程中要准确的算出固端弯矩、分配系数和传递系数。因为如果计算有错误，就等于改变了问题的已知条件，于是算出的结果就没有意义。主要抓住以下三个环节：

(1)根据各杆的固端弯矩求出结点的不平衡力矩。

(2)根据结点的各杆端力矩分配系数，求出杆端的分配弯矩。

(3)根据传递系数，求出传递弯矩。

习　　题

21-1　对图示结构，试确定在位移法计算中其基本未知量的数目。

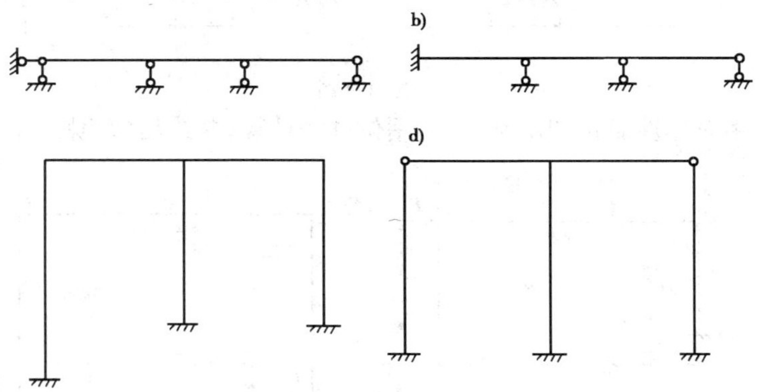

题 21-1 图

21-2　用位移法计算图示超静定梁并画出弯矩图和剪力图。

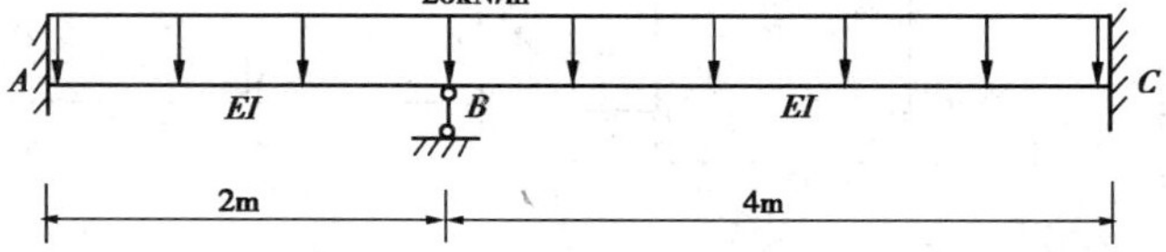

题 21-2 图

21-3　用位移法计算图示刚架，画出弯矩图、剪力图和轴力图。

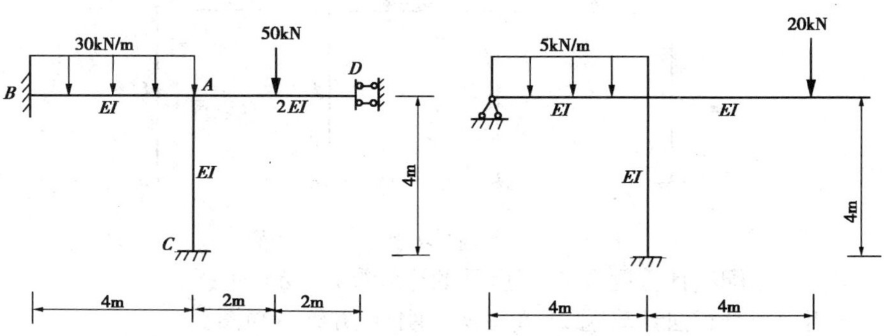

题 21-3 图

21-4　用位移法计算题 21-4 图示刚架，并作 M 图。

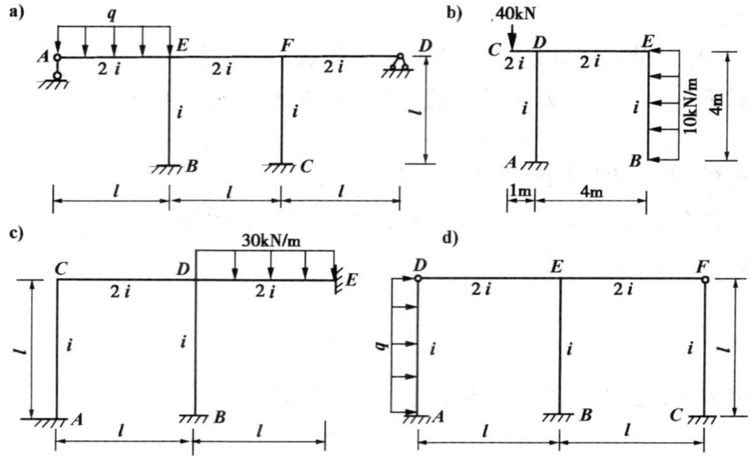

题 21-4 图

21-5　试利用对称性简化图示刚架，再用位移法计算，并给出弯矩图。

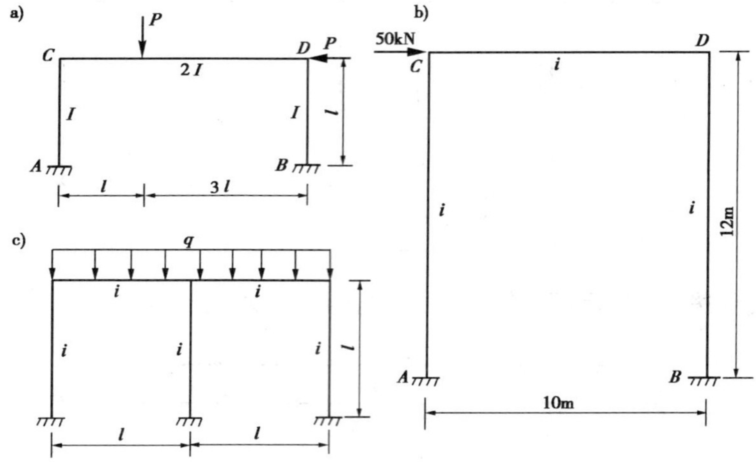

题 21-5 图

21-6　计算题 21-6 图示排架，并绘 M 图。

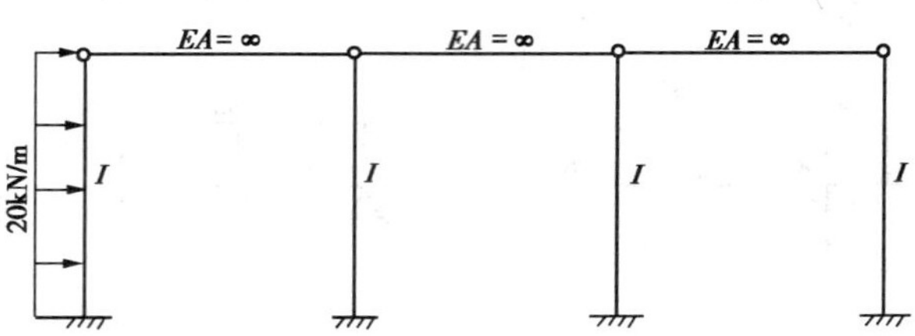

题 21-6 图

21-7　用力矩分配法计算题 21-7 图所示的连续梁，并绘弯矩图。

21-8　试用力矩分配法计算题 21-8 图所示刚架，并绘弯矩图。

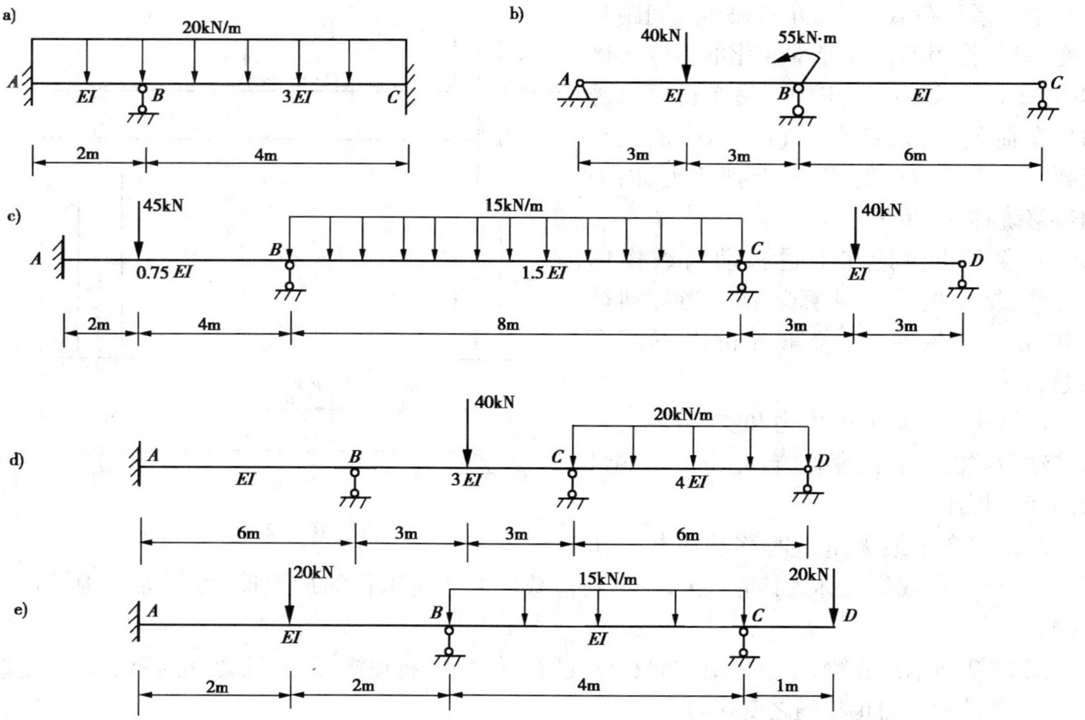

题 21-7 图

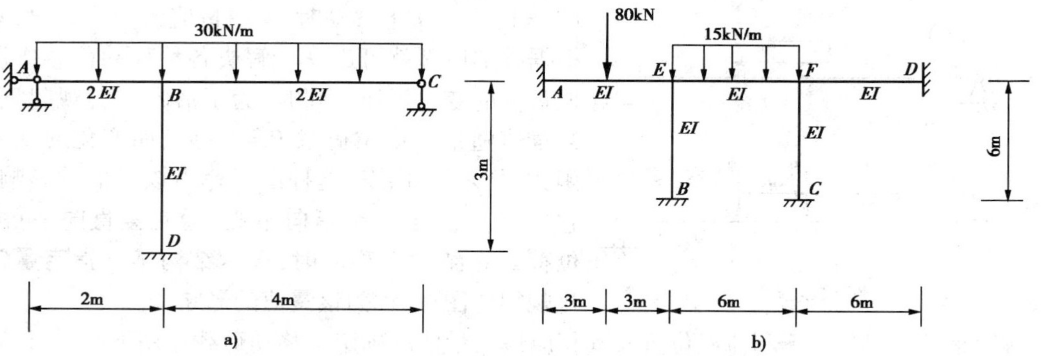

题 21-8 图

第二十二章 影 响 线

§22-1 影响线的概念

前面各章讨论了在固定荷载作用下结构的内力计算。所谓的固定荷载,是指荷载作用位置是固定不变的。但在实际工程中,有些结构除受固定荷载外,还受到移动荷载作用。移动荷载是指一系列荷载大小、方向和相互间距都不变，只是作用的位置经常变化的荷载。例如图22-1所示工业厂房中的吊车梁要承受的吊车荷载；图22-2所示桥梁承受的汽车荷载等。为了叙述简练，本章把反力、内力和位移统称为"量值"。

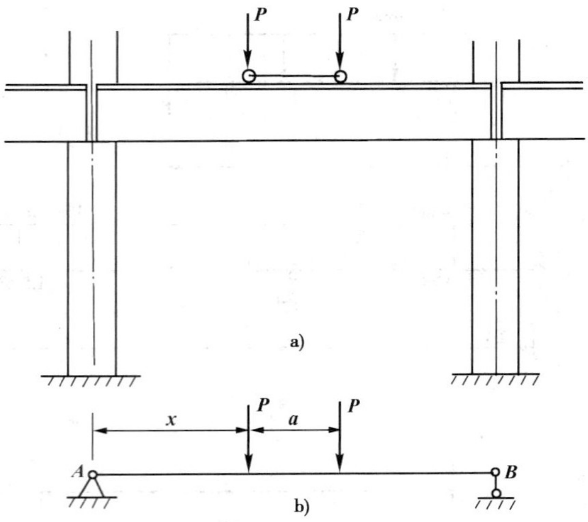

图 22-1

本章主要讨论在上述移动荷载作用下，静定结构的内力计算问题。当移动荷载作用于结构时，要着重分析以下两个问题：

1. 结构上某截面的内力和支座反力，将随移动荷载的位置而变化，首先研究这些量值的变化规律。

2. 研究产生最大量值时移动荷载的作用位置，这一荷载位置称为该量值的最不利荷载位置。所求得的最大值，可作为结构设计的依据。

图22-2所示简支梁，当汽车由左向右行驶时，反力 R_A 将逐渐减小，反力 R_B 将逐渐增大；此外，梁内各截面内力也将随之变化。

工程实际中的移动荷载是多种多样的，为简便起见，可先研究一个竖向单位集中荷载（$P=1$）在结构上移动时，某一量值的变化规律，然后根据叠加原理就可进一步解决各种移动荷载作用下该量值的变化规律。同时，为了清晰和直观起见，把某量值随集中单位荷载 $P=1$ 移动而变化的规律用函数图形表示出来，这种图形称为该量值的影响线。它的定义是：**当一个指向不变（通常竖直向下）的单位荷载在结构上移动时，表示结构某一指定量值变化规律的图形，称为该量值的影响线。**

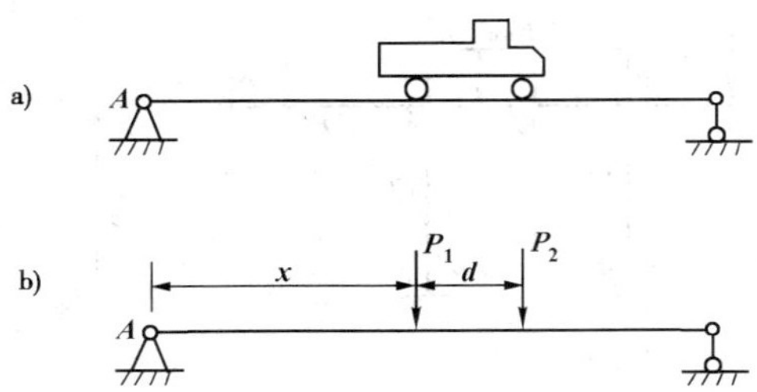

图 22-2

影响线的绘制，最不利荷载位置及其相应最大量值的确定是移动荷载作用下，结构计算中的几个关键问题。本章先介绍绘制影响线的基本方法，然后探讨确定最不利荷载位置及其相应最大值的方法，最后介绍简支梁和连续梁的内力包络图。

§22-2 用静力法作单跨静定梁的影响线

绘制静定梁的支座反力或内力影响线的方法分静力法和机动法。

静力法是以单位移动荷载 $P=1$ 的作用位置 x 为变量，利用静力平衡条件列出某指定量值与 x 之间的关系，表示这种关系的方程称为影响线方程。利用影响线方程即可求出相应量值的影响线。

下面介绍按静力法绘制简支梁的反力、剪力和弯矩影响线的方法。

一、反力影响线

图 22-3a)所示简支梁在单位移动荷载 $P=1$ 作用下,取 A 点为坐标原点,以 x 表示荷载 $P=1$离 A 点的距离;并设反力向上为正。由平衡条件$\sum M_B=0$ 得

$$R_A \cdot l - P(l-x) = 0$$

由此可得

$$R_A = l - \frac{x}{l}$$

这就是 R_A 的影响线方程。它是 x 的一次函数,故 R_A 影响线必为一条直线,用两点竖标即可确定。

$$当\ x=0\ 时\quad R_A=1$$
$$当\ x=l\ 时\quad R_A=0$$

绘制影响线时,取平行于梁轴线的水平直线为基线,一般正号竖标画在基线的上方,负号竖标画在基线的下方,并在图中标明正负号。R_A 影响线如图 22-3b)所示。

同时,由$\sum M_A=0$ 可得反力 R_B 的影响线方程为

$$R_B = \frac{x}{l}$$

按上式可绘 R_B 影响线如图 22-3c)所示。

在作影响线时,通常假定单位荷载 $P=1$ 为无量纲量,则由反力影响线方程可以看出,反力影响线的竖标也是一无量纲量。但在利用影响线求实际荷载影响时,要将影响线的纵坐标和实际荷载相乘,这时荷载的单位必须计入,方可得到该量值的实际单位。

二、剪力影响线

设要绘制 C 截面(图 22-4a))的剪力影响线,设取 A 点为坐标的原点,仍规定剪力使隔离体有顺时针转动趋势为正。则当荷载 $P=1$ 在截面 C 左侧(AC 段)移动时,可取 C 截面右侧为隔离体,由$\sum Y=0$ 得

$$Q_C = -R_B = -\frac{x}{l} \quad (0 \leqslant x \leqslant a)$$

这表明:Q_C 影响线在 AC 段上为一斜直线,只要将 R_B 影响线反号并截取 C 截面的左侧部分(AC 部分),即得 Q_C 影响线的左直线,如图 22-4b)所示。

当 $P=1$ 在截面 C 以右(CB 段)移动时,取 C 截面左侧部分为隔离体,由$\sum Y=0$ 得

$$Q_C = R_A = 1 - \frac{x}{l}(a \leqslant x \leqslant l)$$

此式表明,Q_C 影响线在右段 CB 上也是一条斜直线,只需截取 R_A 影响线上 C 截面的右侧部分(CB 段),即得 Q_C 影响线的右直线,如图 22-4b)所示。

作剪力影响线时,也是把正号竖标画在基线以上,负号竖标画在基线以下,并标明正、负号。从 Q_C 影响线可知,Q_C 影响由两段相互平行的直线所组成,且在 C 截面处有突变,突变值为 1。剪力影响线与反力影响线一样,它的竖标也是一个无量纲量。

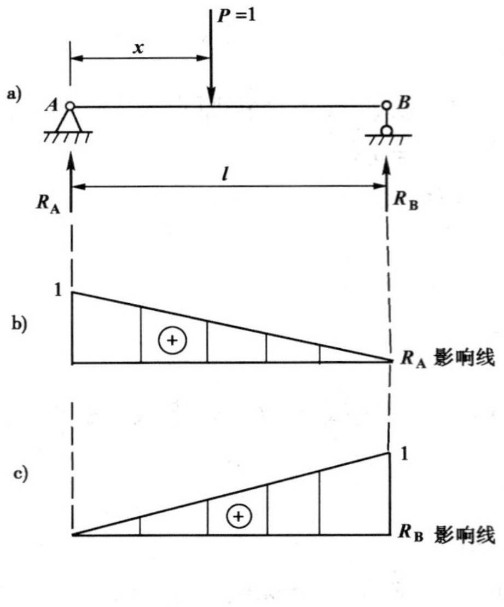

图 22-3

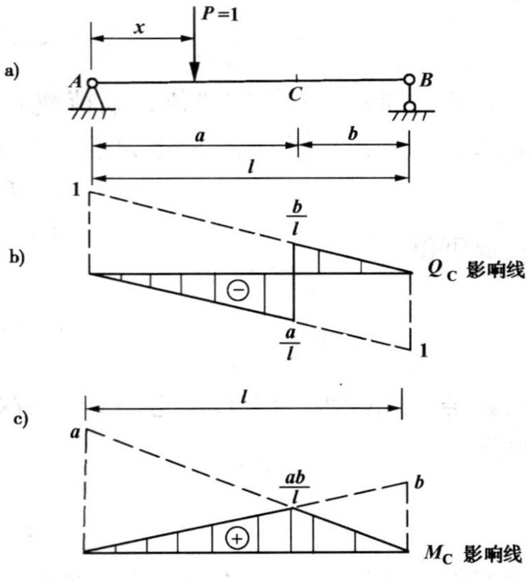

图 22-4

三、弯矩影响线

设要绘制简支梁指定截面 C 的弯矩影响线，同样取 A 点为坐标原点（图 22-4a)），且规定 M_C 是使梁下侧纤维受拉力正、反之为负。当荷载 $P=1$ 在截面 C 左侧移动时，取截面 C 右侧为隔离体，由 $\sum M_C=0$ 得

$$M_C = R_B \cdot b = \frac{x}{l}b \quad (0 \leqslant x \leqslant a)$$

上式表明，M_C 的影响线在截面 C 左侧（AC 段）是一条斜直线。

$$当 x=0 时 \quad M_C=0$$

$$当 x=a 时 \quad M_C=\frac{ab}{l}$$

故只需连接这两点竖标，即得 M_C 影响线的左直线，如图 22-4c）所示。

当荷载 $P=1$ 在截面 C 右侧移动时，取截面 C 左侧为隔离体，由 $\sum M_C=0$ 得

$$M_C = R_A \cdot a = \left(1-\frac{x}{l}\right)a \quad (a \leqslant x \leqslant l)$$

可见，M_C 影响线在截面 C 右侧（CB 段）也是一斜直线。

$$当 x=a 时 \quad M_C=\frac{ab}{l}$$

$$当 x=l 时 \quad M_C=0$$

据此可绘出 M_C 影响线的右直线，如图 22-4c）所示。

由图 22-4c）可知，M_C 影响线由左、右直线的交点（三角形顶点）与截面 C 的位置相对应，其竖标值为$\frac{ab}{l}$。

从上式弯矩方程可以看出：左直线可由反力 R_B 的影响线将竖标放大 b 倍而成，而右直线则可由反力 R_A 的影响线将竖标放大 a 倍而成。因此可利用 R_A、R_B 影响线来绘制 M_C 影响线。

具体方法是，先在左、右两支座处分别取竖标 a、b，将它们的顶点各与左、右两支座处的零点用直线相连，则这两根直线的交点与左、右零点相连的部分就是 M_C 影响线。

应当注意，因荷载 $P=1$ 是无量纲量，故弯矩影响线 M_C 的单位为长度单位。

必须指出：对于由直杆组成的静定结构，其反力和内力的影响线方程都是 x 的一次函数，故其影响线总是由直线段组成。

影响线和内力图形状有些相似，但这是两个截然不同的力学概念，必须加以区分清楚。图22-5为简支梁的弯矩影响线和弯矩图，现作相互比较：

弯 矩 影 响 线	弯 矩 图
荷载值为1，且无量纲	荷载为实际荷载，有量纲
荷载是移动的（随 x 变化）	荷载位置是固定的
所求截面弯矩影响线的截面位置是固定的	弯矩图的截面是变的（随 x 而变）
其上某点竖标表示 $P=1$ 移到该点时，对指定截面的弯矩值	某点的竖标表示实际荷载作用在固定位置上时，该竖标所对应的截面处的弯矩值
正的竖标画在基线上面	弯矩图画在杆件的受拉一侧
竖标的量纲是[长度]	竖标的量纲是[力]×[长度]

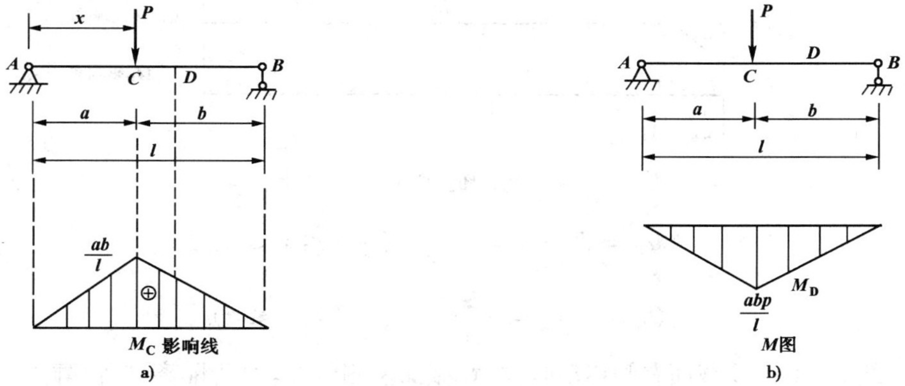

图 22-5

例22-1 试作图22-6a)所示伸臂梁的反力影响线，以及截面 C 和 D 的弯矩、剪力影响线。

解 （1）反力影响线

取支座 A 为坐标原点，AB 方向为 x 的正方向。由静力平衡条件可求得

$$R_A = 1 - \frac{x}{l} \quad (-d \leqslant x \leqslant l + d)$$

$$R_B = \frac{x}{l} \quad (-d \leqslant x \leqslant l + d)$$

据以上两个反力影响线方程，可绘出 R_A、R_B 影响线如图22-6b)、c)所示。

（2）作 C 截面的弯矩影响线和剪力影响线。

当荷载 $P=1$ 在 C 截面左侧移动时，取 C 截面左侧（CF 段）为隔离体，由静力平衡条件可得 M_C 和 Q_C 影响线方程为：

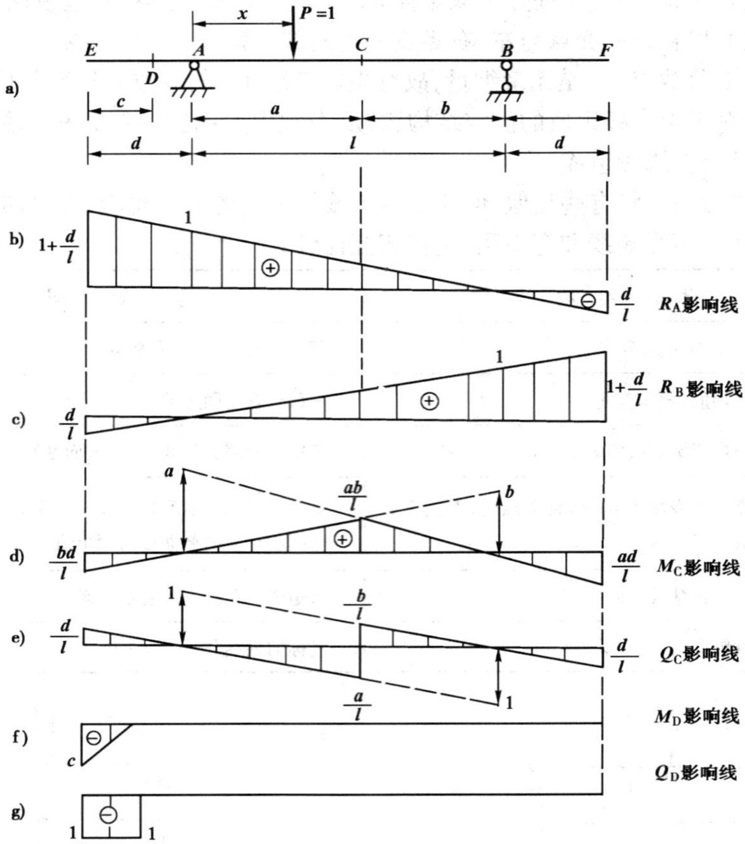

图 22-6

$$M_C = R_B \cdot b = \frac{bx}{l} \qquad (-d \leqslant x \leqslant a)$$

$$Q_C = -R_B = -\frac{x}{l} \qquad (-d \leqslant x \leqslant a)$$

当荷载 $P=1$ 在 C 截面右侧移动时,取 C 截面左侧(EC 段)为隔离体,由静力平衡条件可得到 M_C 和 Q_C 影响线方程为:

$$M_C = R_A \cdot a = \left(\frac{l-x}{l}\right)_a \qquad (a \leqslant x \leqslant l+d)$$

$$Q_C = R_A = 1 - \frac{x}{l} \qquad (a \leqslant x \leqslant l+a)$$

从这两个方程可知,伸臂梁在跨中的内力影响线方程与相应简支梁的相同,故只需将相应简支梁的反力和内力影响线向两个伸臂部分延伸。伸臂梁的 M_C 和 Q_C 影响线如图 22-6d)、e)所示。

(3)作 D 截面的弯矩影响线和剪力影响线

取 D 截面为坐标原点,DE 方向为 x_1 的正方向,则当 $P=1$ 在 D 截面左侧移动时,取 D 截面左侧部分(ED 段)为隔离体,由静力平衡条件可求得 M_D 和 Q_D 影响线方程为:

$$M_D = -x_1 \qquad (0 \leqslant x \leqslant c)$$

$$Q_D = -1 \qquad (0 \leqslant x \leqslant c)$$

当 $P=1$ 在 D 截面右侧移动时，仍取 D 截面左侧部分（ED 段）为隔离体，由静力平衡条件可求得：

$$M_D = 0 \qquad (0 \leqslant x_1 \leqslant -l-2d+c)$$

$$Q_D = 0 \qquad (0 \leqslant x_1 \leqslant -l-2d+c)$$

根据以上影响线方程，可作出 M_D 影响线和 Q_D 影响线如图 22-6f)、g) 所示。

§22-3 用机动法作单跨静定梁的影响线

上节讨论了用静力法作影响线的方法，本节介绍绘制影响线的另一种方法——机动法。

机动法作影响线是以刚体的虚位移原理为依据。现以图 22-7a) 所示外伸梁为例说明用机动法作简支梁的影响线的方法。为求反力 R_B 的影响线，首先去掉 B 支座的相应约束，而以正向反力 R_B 来代替作用，如图 22-7b) 所示。原结构具有一个自由度机构，使该机构产生微小的虚位移，并以 δ_B 和 δ_P 分别表示 R_B 和 P 的作用点沿该作用力方向的虚位移，由于该机构 R_B、P 和 R_A 作用下处于平衡，因此，根据虚位移原理，各力所作虚功的总和应等于零，即

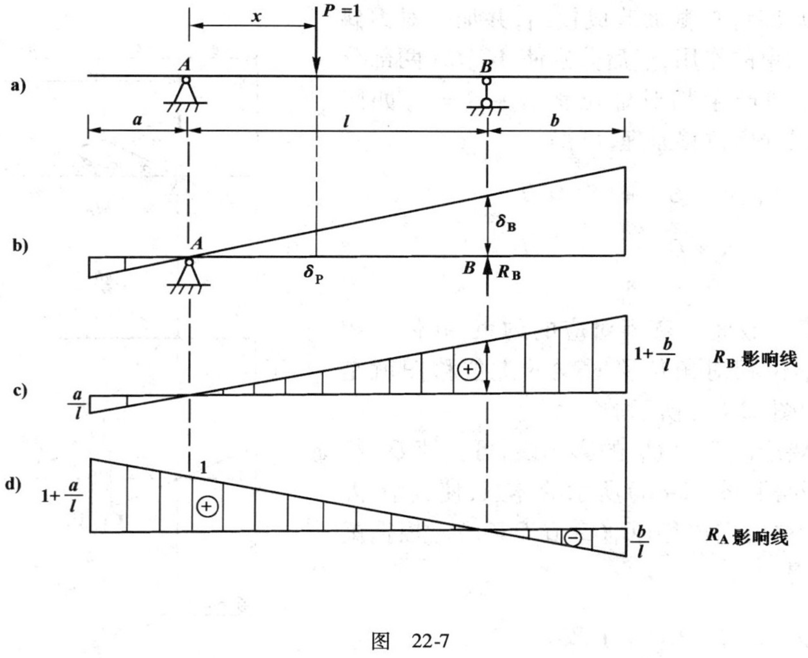

图 22-7

$$R_A \times 0 + R_B \cdot \delta_B + P\delta_P = 0$$

因为 $P=1$，故得

$$R_B = -\frac{\delta_P}{\delta_B}$$

式中 δ_B 的数值在给定虚位移的情况下是不变的；而 δ_P 却随 $P=1$ 位置的不同而变化。由于虚位移是任意的，可令 $\delta_B=1$，则上式为

$$R_B = -\delta_P$$

由上式可见，δ_P 的变化情况，即反映了荷载 $P=1$ 移动时 R_B 的变化规律。这就是说，δ_P 的位移图代表了 R_B 的影响线，只是符号相反。由于 δ_P 规定与力 P 的方向一致时为正，即 δ_P 图以向下为正，而 R_B 与 δ_P 反号，故 R_B 的影响线向上为正。据此可作 R_B 影响线如图 22-7c）所示。

若要作 R_A 影响线，可将 A 支座的竖直方向的约束去掉，并使之产生单位虚位移 $\delta_A=1$，则得图 22-7d）所示的 R_A 影响线。

由上述可知，用机动法作影响线绘制某截面某量值的影响线的方法是：首先将与该截面该量值相对应的约束去掉，并使所得体系沿该量值的正方向（规定反力向上为正、弯矩以使梁的下侧纤维受拉为正，剪力以使隔离体顺时针转动为正）产生单位虚位移，则该虚位移图即为该量值的影响线。

下面再举两例来说明机动法的应用。如图 22-8a）所示外伸梁，试用机动法作 M_C 影响线和 Q_C 影响线，要作 M_C 影响线，首先把 C 截面与 M_C 相对应的约束去掉，即将 C 截面改成铰结，并加一对力偶 M_C 来代替原约束的作用，然后分别使 AC、CB 两部分沿 M_C 的正方向产生相对虚位移 $\alpha+\beta=1$，如图 22-8b）所示，根据虚位移原理，可得

$$M_C(\alpha+\beta) + P\delta_p = 0$$

因为　　$\alpha+\beta=1$　　$P=1$

所以　　$M_C = -\delta_p$

故当去掉 C 截面的弯矩对应的约束，并使两相邻截面产生单位相对角位移时梁的虚位移图就是 M_C 影响线，如图 22-8c）所示。

同理，若要绘制剪力 Q_C 的影响线，可去掉 Q_C 相对应的约束而得到图 22-8d）所示的体系，使其沿 Q_C 的正方向产生单位虚位移（$C_1C+C_2C=1$）。根据虚位移原理，可得

$$Q_C(C_1C + C_2C) + P\delta_P = 0$$

因为　　$C_1C+C_2C=1$　　$P=1$

所以　　$Q_C = -\delta_P$

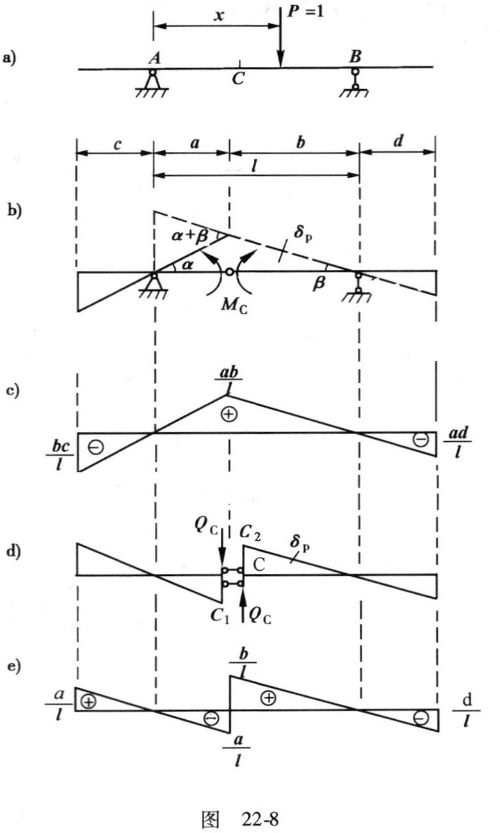

图　22-8

由此可见，虚位移图即表示 Q_C 的影响线，如图 22-8e）所示。值得注意，图 22-8d）中，AC_1 和 C_2B 两部分应相互平行，就是说，Q_C 影响线的左右两直线相互平行。

§22-4　影响线的应用

影响线是研究移动荷载作用下结构内力计算的基本工具，可以应用它来确定实际的移动荷载对结构上某量值的最不利影响。具体要解决两个方面的问题：一是当实际的移动荷载在结构上的位置已知时，如何利用某量值的影响线求出该量值的数值；二是如何利用某量值的影响线确定实际移动荷载对该量值的最不利荷载位置。

一、利用影响线求量值

在实际工程中常见的移动荷载有集中荷载和均布荷载两种，现来讨论如何利用影响线求该量值的大小。

1. 一组集中荷载作用的情况

图22-9a）所示外伸梁，承受一组位置已知的集中荷载P_1、P_2、P_3、P_4作用，要求计算C截面的弯矩M_C。首先作M_C影响线，如图22-9b）所示。设其在荷载作用点的竖标依次为y_1、y_2、y_3、y_4，根据叠加原理，可求出这组集中荷载作用下的M_C值为：

$$M_C = P_1y_1 + P_2y_2 + P_3y_3 + P_4y_4 = \sum_{i=1}^{4} P_iy_i$$

在一般情况下，设结构上承受一组集中荷载P_1、P_2、$\cdots P_n$作用，结构上某量值S的影响线在各荷载作用点相对应的竖标分别为y_1、y_2、$\cdots y_n$，则

$$S = P_1y_1 + P_2y_2 + \cdots + P_ny_n = \sum P_iy_i \tag{22-1}$$

应用式(22-1)时，应注意影响线竖标y_i的正、负号，例如：图22-9b)中y_1、y_4为负值，y_3、y_4为正值。

2. 均布荷载作用的情况

设图22-10a)所示外伸梁，在DE段承受均布荷载q，试利用影响线求C截面的弯矩值M_C。

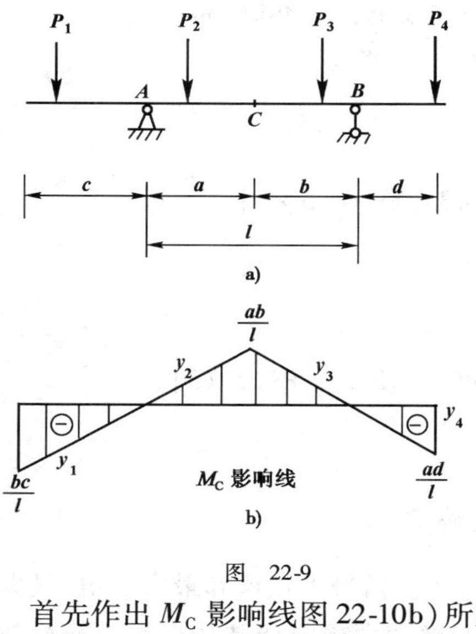

图　22-9

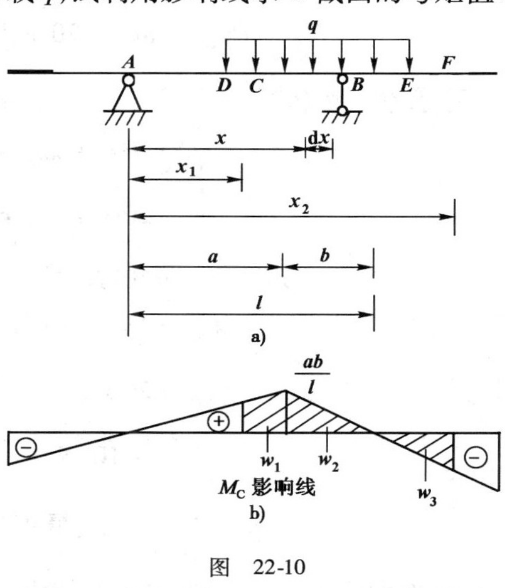

图　22-10

首先作出M_C影响线图22-10b）所示。将微段dx上的荷载qdx看成集中荷载，在微段集中力qdx作用下C截面的弯矩值为qd$x \cdot y$，式中y为x处影响线的竖标，进行积分可得到全部

均布荷载作用下的 C 截面的弯矩值 M_C。

$$M_C = \int_D^E q\mathrm{d}x \cdot y = q\int_D^C y\mathrm{d}x + q\int_C^B y\mathrm{d}x + q\int_B^E y\mathrm{d}x$$

$$= q\omega_1 + q\omega_2 + q\omega_3 = \sum q\omega_i$$

同时,当梁上作用有荷载集度不同,以及不连续的均布荷载时,则其计算式为

$$S = \sum q_i\omega_i \tag{22-2}$$

例 22-2 利用影响线图22-11a)所示简支梁,求 R_A、M_C 和 $Q_C^{左}$、$Q_C^{右}$ 的值。

解 首先绘出 R_A、M_C 和 Q_C 的影响线如图22-11b)、c)、d)所示。

(1)求 R_A

$$R_A = Py_1 + q\omega_1 = 20 \times 0.5 + 4 \times \frac{1}{2} \times 6 \times 1 = 22\text{kN}$$

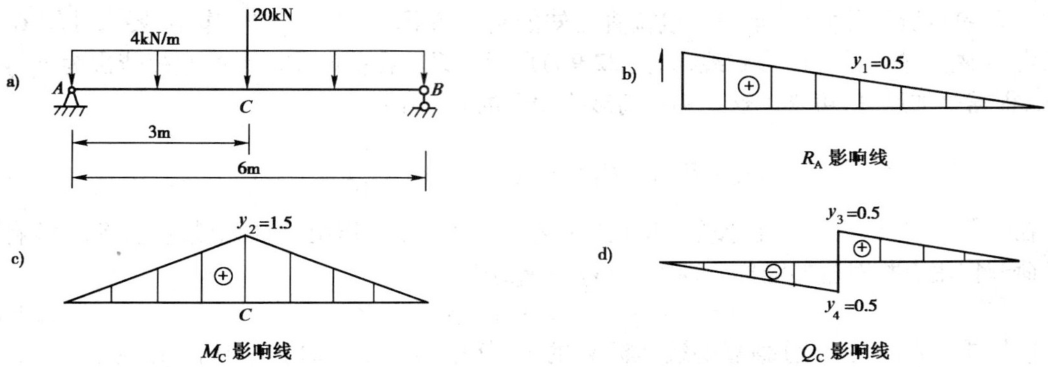

图 22-11

(2)求 M_C

$$M_C = Py_2 + q\omega_2 = 20 \times 1.5 + 4 \times \frac{1}{2} \times 6 \times 1.5 = 48\text{kN·m}$$

(3)求 $Q_C^{左}$ 及 $Q_C^{右}$

$$Q_C^{左} = Py_3 + q\omega_3 + q\omega_4$$

$$= 20 \times 0.5 + 4 \times \left(\frac{1}{2} \times 0.5 \times 3 - \frac{1}{2} \times 0.5 \times 3\right)$$

$$= 10\text{kN}$$

$$Q_C^{右} = Py_4 + q\omega_3 + qw_4$$

$$= 20 \times (-0.5) + 4 \times \left(\frac{1}{2} \times 0.5 \times 3 - \frac{1}{2} \times 0.5 \times 3\right)$$

$$= -10\text{kN}$$

二、最不利荷载位置的确定

在结构设计中,我们需要求出某量值 S 的最大值 S_{max}(包括最大正值和最大负值,最大负值也称为最小值 S_{min})作为设计的依据,而要解决这个问题须先确定使其产生最不利荷载位置,只要所求量值的最不利位置确定了,则其最大值可按式(22-1)、(22-2)求出。

1．一个集中荷载作用

当结构上只受一个移动集中荷载 P 作用时，首先作出所求量值 S 的影响线，从公式(22-1)可知：$S=Py$，要求量值 S 的最大值，必须使量值 S 影响线的竖标 y 最大，即 $S_{max}=Py_{max}$。如图 22-12a)所示的外伸梁，已知 M_C 影响线如图 22-12b)所示，则当 P 作用在 C 截面时的最大值为

$$M_{Cmax}=\frac{Pab}{l}$$

当 P 作用在 D 截面时的最大值为

$$M_{Cmin}=\frac{Pbc}{l}$$

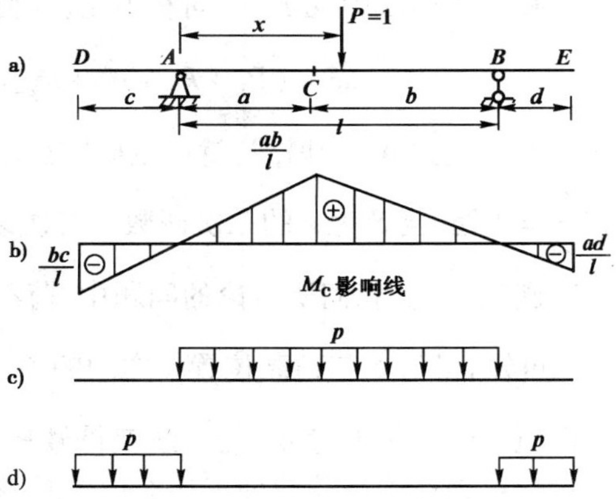

图 22-12

因此，当只有一个移动集中荷载作用时，只要将该集中荷载作用于影响线的最大竖标处，此时结构处于最不利荷载位置，其值等于 Py_{max}。

2．均布活荷载 p 作用

对于任意断续布置的均活荷载时，由式(22-2)可知 $S=q\sum\omega_i$，而 ω_i 为量值 S 影响线的面积。当均布活荷载 p 布满对应影响线正面积的部分时，则量值 S 将产生最大值 S_{max}；反之，当均布活荷载 p 布满对应影响线负面积的部分时，则量值 S 将产生最小值 S_{min}。如图 22-12 所示的外伸梁中 C 截面的弯矩的最大值 M_{Cmax} 和最小值 M_{Cmin}，则相对的最不利荷载位置如图 22-12c)、d)所示。

3．行列荷载作用

行列荷载是指由一组彼此间距不变、且相互平行的移动集中荷载。对于行列荷载来说，其最不利荷载位置的确定比较困难，现以影响线为三角形的情况讨论。

图 22-13a)、b)分别表示简支梁作用行列荷载和某一量值 S 的影响线，现要求其 S_{max} 值。

设行列荷载作用位置如图所示，相对应的影响线上的竖标分别为 y_1、y_2、…、y_n。此时量值 S 的相应值为

$$S_1=P_1y_1+P_2y_2+\cdots+P_iy_i+\cdots+P_ny_n$$

当荷载向右移动一距离 Δx 时，量值 S 相对应值为

$$S_2=P_1(y_1+\Delta y_1)+P_2(y_2+\Delta y_2)+\cdots+P_k(y_k+\Delta y_k)+\cdots+P_n(y_n+\Delta y_n)$$

式中 Δy_i 表示 P_i 的对应的影响线上的竖标增量。由上述两式可得到量值 S 的增量为

$$\Delta S=S_2-S_1=P_1\Delta y_1+P_2\Delta y_2+\cdots+P_k\Delta y_k+\cdots+P_n\Delta y_n$$

对三角形影响线图 23-13b)，可知同一直线的各竖标增量都相等，则

$$\Delta y_1=\Delta y_2=\cdots=\Delta y_k=\Delta x\tan\alpha=\frac{y_k}{a}\Delta x$$

$$\Delta y_{k+1}=\Delta y_{k+2}=\cdots=\Delta y_n=-\Delta x\tan\beta=-\frac{y_k}{b}\Delta x$$

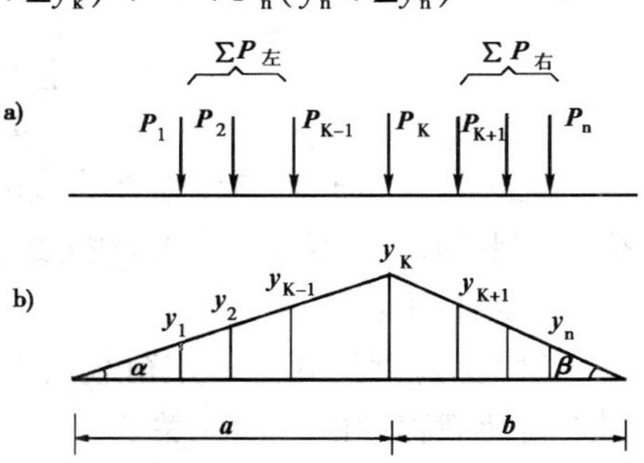

图 22-13

在上述两式中规定 Δx 向右为正，若荷载也向右移动，则

$$\Delta S=(P_1+P_2+\cdots+P_{k-1})\frac{y_k}{a}\Delta x-(P_k+P_{k+1}+\cdots+P_n)\frac{y_k}{b}\Delta x \tag{22-3}$$

根据上式 ΔS 的增减，就可以研究最不利荷载位置，从高等数学可知：函数的极值，或发生在 $\frac{\mathrm{d}x}{\mathrm{d}x}=0$ 处（当 S 为 x 的二次函数或二次以上函数时），或发生在 $\frac{\Delta S}{\Delta x}$ 变号的尖点处（当 S 为 x 的一次函数时）。我们所讨论的问题中，荷载为集中力，而影响线又是 x 的一次函数，故由 $S=\sum P_i y_i$ 可知，量值 S 与荷载位置 x 之间的关系是线性关系。因此，S 的极值发生在 $\frac{\Delta S}{\Delta x}$ 变号处。这一极值条件可用增量 ΔS 是否改变符号来判定。

现在来讨论当荷载处于什么位置时，有可能使 ΔS 变号。从式(22-3)可知，当没有集中荷载经过影响线的顶点时，ΔS 是一个不变的常数值，因此，要使 ΔS 变号，就必须有一个集中荷载由影响线顶点的左边过渡到右边。换句话说，只有当某一个集中荷载位于影响线的顶点时，才有可能使 ΔS 变号而使 S 有极值。由此可知，集中荷载位于影响线顶点是最不利荷载位置的一个必要条件，然而它并非是充分条件。因为荷载经过影响线的顶点虽然使 ΔS 的大小发生变化，但并不一定就能使 ΔS 变号。只有那个即通过影响线顶点又能使 ΔS 改变符号的荷载（设为 P_k）才会使 S 产生极值，我们称这一荷载 P_k 为临界荷载。与此相对应的荷载位置称为临界位置。显然，当 P_k 位于影响线顶点时，它应满足如下极值条件：

当 ΔS 小于零变为大于零；有时也可产生由 ΔS 小于零变为等于零或等于零变为大于零。量值 S 有极大值。

当 ΔS 由大于零变为小于零；有时也可能产生于由 ΔS 大于零变为等于零或由等于零变为小于零。量值 S 有极小值。

根据式(22-3)和对极值的讨论，S 有极大值的条件为：

$$(P_1+P_2+\cdots+P_k)\frac{y_k}{a}\Delta x-(P_{k+1}+P_{k+2}+\cdots+P_n)\frac{y_k}{b}\Delta x\geqslant 0$$

$$(P_1+P_2+\cdots+P_{k-1})\frac{y_k}{a}\Delta x-(P_k+P_{k+1}+\cdots+P_n)\frac{y_k}{b}\Delta x\leqslant 0$$

令 $\sum P_{左}$ 和 $\sum P_{右}$ 分别代表 P_k 以左和 P_k 以右的集中荷载之和，并考虑到 $y_k\Delta x$ 为正值，则上两个不等式可为

$$\left.\begin{aligned}\frac{\sum P_{左}+P_k}{a}&\geqslant\frac{\sum P_{右}}{b}\\ \frac{\sum P_{左}}{a}&\leqslant\frac{P_k+\sum P_{右}}{b}\end{aligned}\right\} \tag{22-4}$$

上式是三角形影响线临界荷载的判别式。对此可以这样理解：把不等式的每一方均看作是一个平均荷载，将 P_k 计入影响线顶点的哪一边，则哪一边的平均荷载就大些。

必须注意：

(1)上述判别式是假定荷载自左向右移动推得的，也同样适用于自右向左的情况。即判别式与荷载移动的方向无关。

(2)有些临界荷载不止一个。这时可将相对应的极值分别求出，取其中最大的一个。产生最大极值的那个荷载位置就是最不利荷载位置，此极值为量值 S 的最大值（最小值）。

现将确定荷载最不利位置的计算步骤归纳如下：

(1)从荷载中选定一个集中荷载 P_k，使其位于影响线的顶点。

(2)当 P_k 在顶点稍左或稍右时，如满足判别式(22-4)，则此荷载 P_k 就是临界荷载，此荷载位置就是临界位置。

(3)对每个临界位置可求出量值 S 的极值，然后从中选出最大值或最小值。同时，也就确定荷载的最不利位置。

例 22-3 设有一跨度为12m的简支吊车梁，同时承受两台吊车轮压作用，数据如图 22-14a)所示，试求跨中 C 截面的最大弯矩值。

解 (1)作 M_C 影响线如图 22-14b)所示。

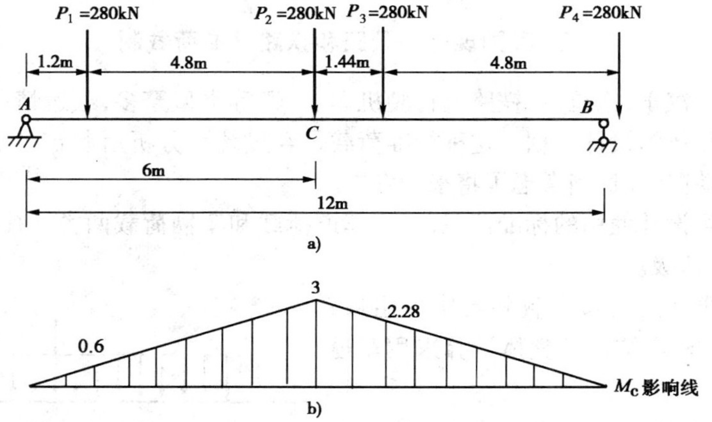

图 22-14

2. 判别临界荷载

(1) $P_k = P_1$

$$\frac{280}{6} = \frac{280}{6}$$

$$\frac{0}{6} < \frac{280+280}{6}$$

$$M_{C_1\max} = 280\times3 + 280\times0.6 = 1008\text{kN}\cdot\text{m}$$

(2) $P_k = P_2$

$$\frac{280+280}{6} > \frac{280}{6}$$

$$\frac{280}{6} < \frac{280+280}{6}$$

$$M_{C_2\max} = 280\times(2.28+3+0.6) = 1646.74\text{kN}\cdot\text{m}$$

(3) $P_k = P_3$

$$\frac{280+280}{6} > \frac{280}{6}$$

$$\frac{280}{6} < \frac{280+280}{6}$$

$$M_{C_3\max} = 280\times(0.6+3+2.28) = 1646.4\text{kN}\cdot\text{m}$$

(4) $P_k = P_4$

$$\frac{280+280}{6} > \frac{0}{6}$$

$$\frac{280}{6} = \frac{280}{6}$$

$$M_{C_4\max} = 280 \times (3+0.6) = 1008\text{kN}\cdot\text{m}$$

3. 求 M_C 的最大值

当 P_2、P_3 作用在 C 截面上时，M_C 有最大值

$$M_{C\max} = 1646.4\text{kN}\cdot\text{m}$$

* 三、我国现行的公路和铁路标准荷载制

公路上行驶的汽车、拖拉机，铁路上行驶机车、车辆等类型繁多，载运情况复杂，国家制定了统一的标准荷载作为设计依据。这种标准荷载是经过统计分析后制定出来的，它既概括了当前各类车辆的情况，又适当考虑了将来的发展。

我国公路桥梁设计使用的标准荷载，分为车道荷载和车辆荷载两类。荷载等级又分为公路—I 级和公路—II 级。

(1) 车道荷载是由均布荷载和集中力组成，如图 22-15 所示。桥梁结构的整体计算采用车道荷载。

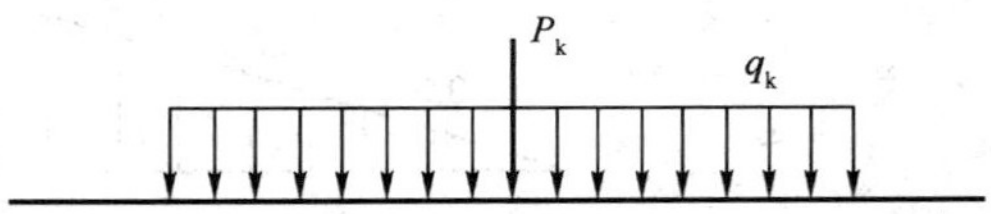

图 22-15　车道荷载

①公路—I 级车道荷载的均布荷载标准值为 $q_K = 10.5\text{kN/m}$；集中荷载标准值按以下规定选取：桥梁计算跨径小于或等于 5m 时，$P_K = 180\text{kN}$；桥梁计算跨径等于或大于 50m 时，$P_K = 360\text{kN}$；桥梁计算跨径在 5 ~ 50m 之间时，P_K 值采用直线内插求得。计算剪力效应时，上述集中荷载标准值应乘以 1.2 的系数。

②公路—II 级车道荷载的均布荷载标准值 q_k 和集中荷载标准值 P_K 按公路—I 级车道荷载的 0.75 倍采用。

③车道荷载的均布荷载值应布满于使结构产生最不利效应的同号影响线上；集中荷载标准值只作用于影响线中一个最大影响线峰值处。

(2) 车辆荷载的立面布置，如图 22-16 所示。桥梁结构的局部加载、涵洞、桥台和挡土墙土压力等的计算采用车辆荷载。车道荷载与车辆荷载的作用不得叠加。

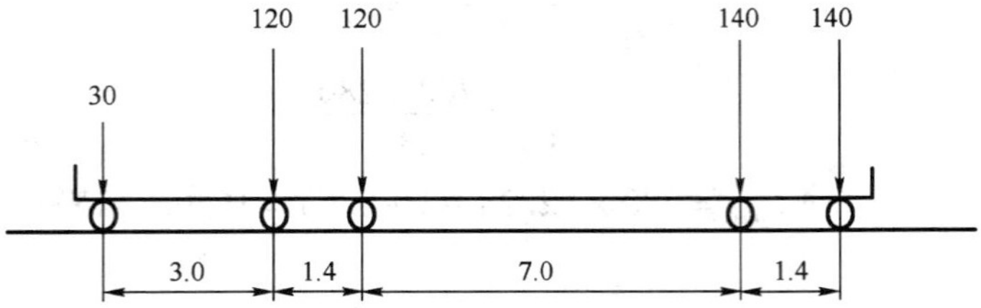

图 22-16　车辆荷载立面布置(重力单位：kN，长度单位：m)

公路—I 级和公路—II 级汽车荷载采用相同的车辆荷载标准值。

我国铁路桥涵设计使用的标准荷载，称为中华人民共和国铁路标准活载，简称“中—活载”。它包括普通活载和特种活载两种，如图 22-17 所示。在普通活载中，前面五个集中荷载

代表一台机车的五个重轴，中部一段均布荷载代表其煤水车和与之连挂的另一台煤水车的平均重力，后面任意长的均布荷载代表车辆的平均重力。普通活载代表某些机车、车辆的较大重轴。设计时应看普通活载与特种活载哪一个产生较大的内力，就采用哪一个作为设计标准。不过特种活载虽然轴重较大，但轴数较少，故其仅对短跨梁（约 7m 以下）控制设计。

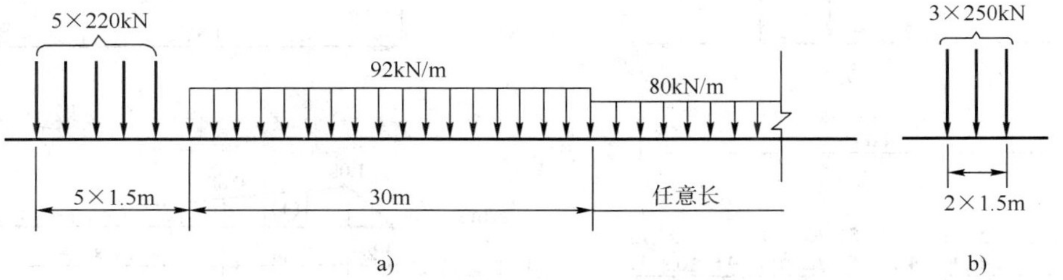

图 22-17

a）普通活载；b）特种活载

使用中—活载时，可以由图示中任意截取，但不能变更轴距。列车可以由左端或右端进入桥梁，由产生更大内力的方式为准。

§22-5　简支梁的内力包络图和绝对最大弯矩

一、简支梁的内力包络图

上一节讨论了在移动荷载作用下，梁内某一截面内力的最大值（或最小值）的计算方法。对结构设计来说，还应求出各截面上内力的最大值（或最小值）。如果把梁上各截面内力的最大值按同一比例标在图上，连成曲线，这一曲线称为**内力包络图**。显然，梁的内力包络图有两种：弯矩包络图和剪力包络图。包络图表示各截面内力变化的极限值，是结构设计中的主要依据，在吊车梁、楼盖的连续梁和桥梁设计中应用很多。下面将介绍简支梁内力包络图的作法。

图 22-18a）所示一简支梁，其上作用两个距离不变的移动集中荷载 P，相距 4m，梁的跨度 $l=12\text{m}$。求该梁的内力包络图。

1. 弯矩包括图

首先将梁分成 10 等分，根据对称性，本题只计算截面 1、2、3、4、5 的最大弯矩值。现将这 5 个截面的弯矩影响线绘于图 22-19b）、c）、d）、e）、f）。利用影响线分别确定临界荷载和临界位置，并求出各截面的弯矩最大值。

$$M_1 = 1.08P + 0.068P = 1.76P$$

$$M_2 = 1.192P + 1.12P = 3.04P$$

$$M_3 = 2.52P + 1.32P = 3.84P$$

$$M_4 = 2.88P + 1.28P = 4.16P$$

$$M_5 = 3.00P + 1.00P = 4.00P$$

根据各截面弯矩最大值,绘梁的弯矩包络图[图 22-18b)]。特别指出,跨中的竖标不是最大的,这在下面简支梁的绝对最大弯矩问题中讨论。

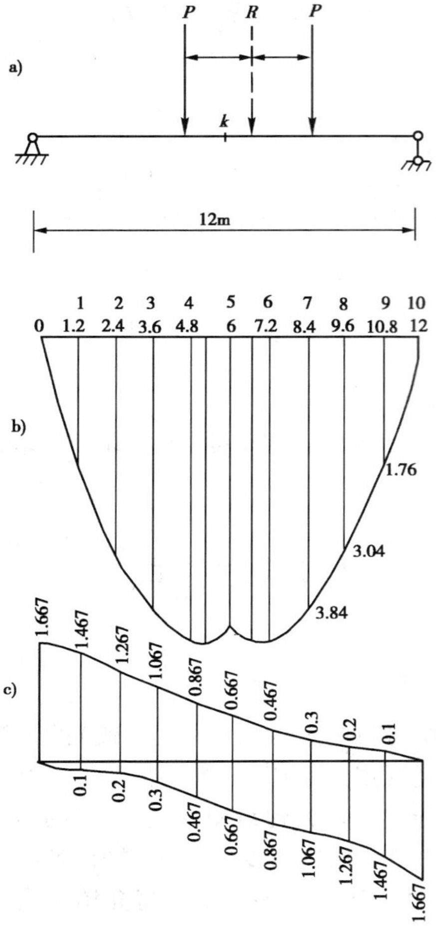

图 22-18

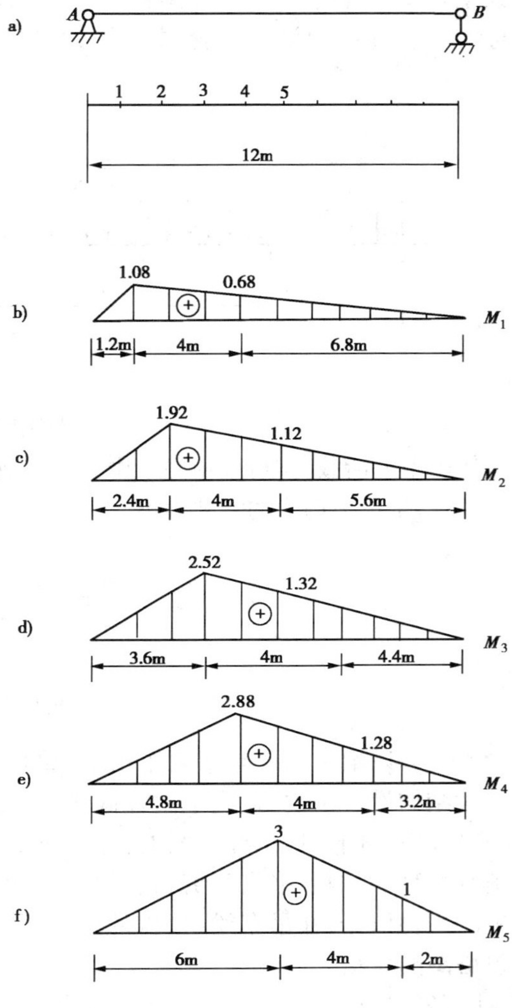

图 22-19

2. 剪力包络图

同理,可作出该梁的剪力包络图。首先分别绘出 1、2、3、4、5 截面的剪力影响线和相应的最不利荷载位置,如图 22-20b)、c)、d)、e)、f)所示。求算各截面的最大剪力值和最小剪力值。

(1)剪力最大值

$$Q_0 = 1.00P + 0.667P = 1.667P$$

$$Q_1 = 0.90P + 0.567P = 1.467P$$

$$Q_2 = 0.80P + 0.467P = 1.267P$$

$$Q_3 = 0.70P + 0.367P = 1.067P$$

$$Q_4 = 0.60P + 0.267P = 0.867P$$

$$Q_5 = 0.50P + 0.167P = 0.667P$$

(2)剪力的最小值

$$Q_0 = 0$$
$$Q_1 = -0.100P$$
$$Q_2 = -0.200P$$
$$Q_3 = -0.300P$$
$$Q_4 = -0.067P - 0.400P = -0.467P$$
$$Q_5 = -0.500P - 0.167P = -0.667P$$

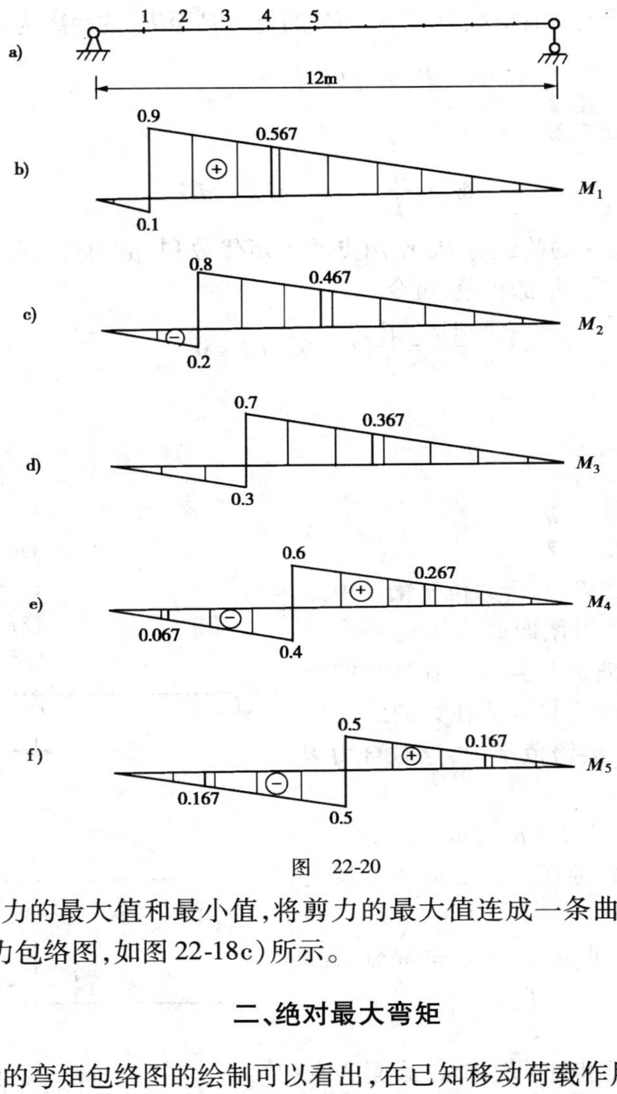

图 22-20

根据各截面剪力的最大值和最小值,将剪力的最大值连成一条曲线,最小值连成一条曲线,即得该梁的剪力包络图,如图 22-18c)所示。

二、绝对最大弯矩

从以上简支梁的弯矩包络图的绘制可以看出,在已知移动荷载作用的简支梁上任一截面处都可求出最大弯矩和相应的最不利荷载位置。然而,在所有各个截面的最大弯矩中,必然有一个最大的,这个最大的弯矩值称为绝对最大弯矩。要确定绝对最大弯矩,不仅要知道产生绝对最大弯矩的截面位置,而且要知道此截面的最不利荷载位置。

现介绍简支梁承受一组集中移动荷载作用时,如图 22-21 所示,求梁的绝对最大弯矩。由前述可知集中荷载作用时,弯矩图的顶点总是发生在某一集中荷载作用点处。因此,可以断定，绝对最大弯矩必定产生在某一集中荷载作用点处的截面。为解决究竟发生在哪个集中荷载作用点的问题，可先任选一个集中荷载作为临界荷载。然后，看它在哪一位置时，可以使它作用下的截面弯矩达到最大值。这样将各个荷载分别作为临界荷载，求出其相应的最大弯矩加以比较，即可确定绝对最大弯矩值。

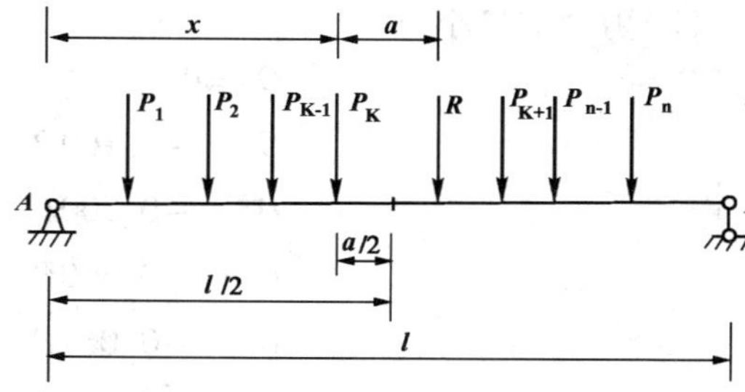

图 22-21

图 22-21 中，先以 P_k 作为临界荷载，设 P_k 到支座 A 的距离为 x，梁上所有荷载 P_1、P_1…、P_n 的合力 R 至 P_k 的距离为 a。则由 $\sum M_B=0$ 得

$$R_A=\frac{R}{l}(l-x-a)$$

P_k 作用点截面的弯矩 M_x 为

$$M_x=\frac{R}{l}(l-x-a)x-M_k \tag{22-5}$$

式中 M_k 表示 P_k 以左的荷载对 P_k 作用点的力矩代数和，由于荷载间距保持不变，故 M_k 为与 x 无关的常数。为求 M_x 的极值，可令

$$\frac{dM}{dx}=\frac{R}{l}(l-2x-a)=0$$

得

$$x=\frac{l}{2}-\frac{a}{2} \tag{22-6}$$

代入式(22-5)得

$$M_{max}=\frac{R}{l}\left(\frac{l}{2}-\frac{a}{2}\right)^2-M_k \tag{22-7}$$

上式表明，当所选的 P_k 与合力位于梁的中点两侧对称位置时，P_k 作用截面的弯矩达到最大值。应该注意的是，R 是梁上实际所有荷载的合力。当荷载较长时，有些荷载可能在梁的跨度以外。若某些荷载没有在梁跨范围内，这时合力 R 应重新计算。

计算简支梁的绝对最大弯矩的步骤：

(1)用式(22-4)判定使梁中点截面产生最大弯矩的临界荷载 P_k。

(2)移动行列荷载，使 P_k 与梁上全部荷载的合力 R 对称梁的中点(即 $x=\frac{l}{2}-\frac{a}{2}$)。

(3)计算该荷载位置时的 P_k 所在截面的弯矩，即为绝对最大弯矩。

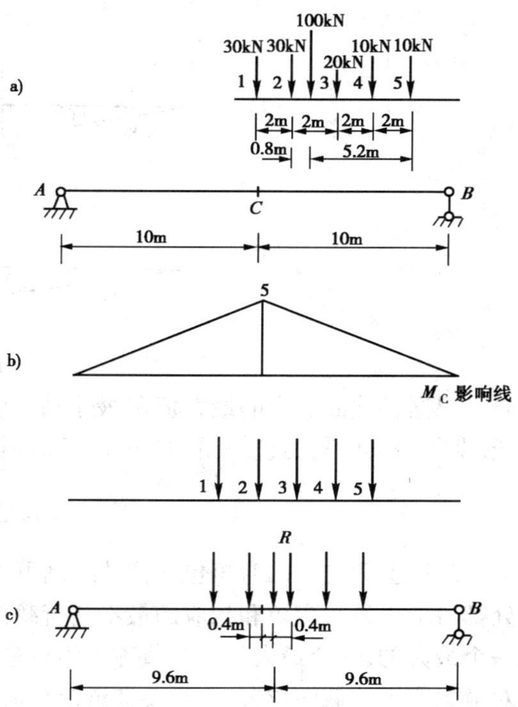

图 22-22

例22-4 试求图22-22a)所示简支梁在所给移动荷载作用下的绝对最大弯矩。

解 (1)确定临界荷载 P_k

首先作梁中点截面的 M_C 影响线图 22-22b)，

并确定临界荷载 P_k。

当 P_2 作用于 C 截面时,则

$$\frac{30+30}{10} > \frac{20+10+10}{10}$$

$$\frac{30}{10} < \frac{30+20+10+10}{10}$$

因其余荷载均不满足判别式(22-4),故 P_2 为梁跨中点截面 C 的临界荷载,此荷载也就是产生绝对最大弯矩的临界荷载。

(2)求合力 R 与临界荷载之间的距离 a

$$R = 30+30+20+10+10 = 100\text{kN}$$

$$a = \frac{20\times2+10\times4+10\times6-30\times2}{100} = 0.8\text{m}$$

(3)求绝对最大弯矩

$$M_{max} = \frac{R}{l}\left(\frac{l}{2}-\frac{a}{2}\right)^2 - M_k = \frac{100}{20}\left(\frac{20}{2}-\frac{0.8}{2}\right)^2 - 30\times2 = 400.8\text{kN}\cdot\text{m}$$

§22-6 连续梁的影响线和内力包络图

一、用机动法作连续梁的影响线

静定结构影响线的定义,也适用于超静定结构。在建筑工程中,通常只要知道连续梁影响线的轮廓,而不必求出其影响线的具体数值。只要用机动法就能不经计算绘出影响线轮廓,下面介绍用机动法作连续梁的影响线的概念。

设有一超静定连续梁图 22-23a),欲求反力 R_B 的影响线,首先撤除 B 支座的竖向约束,并以相应反力 R_B 代替,如图 22-23b)所示。然后在 B 支座处产生一个单位虚位移,如图 22-23c)所示。根据虚功原理

$$R_B \times 1 - P \times y = 0$$

$$R_B = y$$

根据上式可知,此时的竖向位移图就代表 R_B 的影响线。而对于超静定结构,其位移图是多余未知力作用的弹性曲线。所以,图 22-23c)所示的弹性变形曲线就是反力 R_B 的影响线。

其他反力和内力的影响线,都可按上述方法求得。即去掉与所求反力和内力相应的约束,然后使之产生与该反力和内力相对应的正向单位位移。所得到的梁的位移图,即为该反力和

内力的影响线的轮廓。

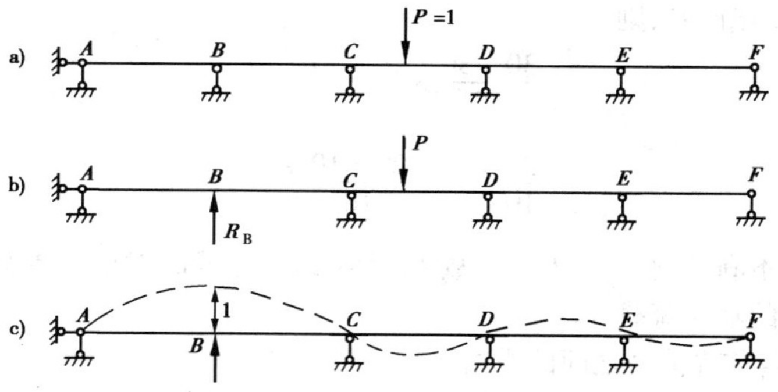

图 22-23

图 22-24 为一五等跨连续梁，支座反力、支座弯矩、支座剪力、跨中弯矩和跨中剪力的影响线轮廓，均用机动法作出。根据影响线的轮廓及正、负分布规律，就可确定相应的均布活荷载的最不利位置，从而找到最大反力和内力。详见图 22-24。

二、连续梁的内力包络图

连续梁在恒载和活载作用下，求出各截面的最大和最小内力，将各截面的最大和最小内力的竖标用一光滑曲线联接起来，就可得到连续梁的内力包络图。它表明梁在恒载和活载的共同作用下，所可能产生的内力（弯矩和剪力）的极限范围，活载处于任何位置，它与恒载共同作用下所引起的正负弯矩，以及正、负剪力值都不会超出这一范围。作内力包络图的具体步骤：

（1）求出恒载作用下的内力图。

（2）依次按每一跨上单独布满活载情况，逐一求出其内力图。

（3）将各跨分为若干等分，对每一等分点处截面，将恒载内力图中该截面的竖标值与所有各个活载内力图中对应的正（负）竖标值叠加，便得到各截面的最大（小）内力值。

（4）将上述各最大（小）内力值在同一图中按同一比例用竖标表示，并以曲线连接，即得到所求的内力包络图。

现以图 22-25a）所示在跨等截面连续梁为例说明内力包络图的绘制方法，设均布恒载 $q=20\text{kN/m}$，均布活载 $p=40\text{kN/m}$。

1. 弯矩包络图

首先用查表（或用力法、位移法、力矩分配法）的方法，作出在恒载 q 作用下该梁的弯矩图，如图 22-25b）所示。然后用同样的方法求出各跨单独承受活荷载 p 时该梁的弯矩图，如图 22-25c）、d）、e）所示。再将恒载弯矩图中各截面的竖标值和各跨分别承受活荷载的弯矩图中对应的正（负）竖标值相加，即得最大（最小）弯矩值。如支座 1 处的弯矩值：

$$M_{1\max} = -72 + 24 = -48\text{kN}\cdot\text{m}$$

$$M_{1\min} = -72 - 96 - 72 = -240\text{kN}\cdot\text{m}$$

最后，把各个最大弯矩值和最小弯矩值分别用曲相连线，即得弯矩包络图，如图 22-25f）所示。

2. 剪力包络图

为作剪力包络图，先绘出恒载作用下的剪力图［如图 22-26a）］所示和各跨分别承受活荷载时的剪力图[如图 22-26b)、c)、d)]。然后将图 22-26 中各支座左、右截面处的竖标值和图 22-26b)、c)、d)中的对应的正(负)竖标值相加得到最大(最小)剪力值,最后联以直线得剪力包络图如图 22-26e)所示。

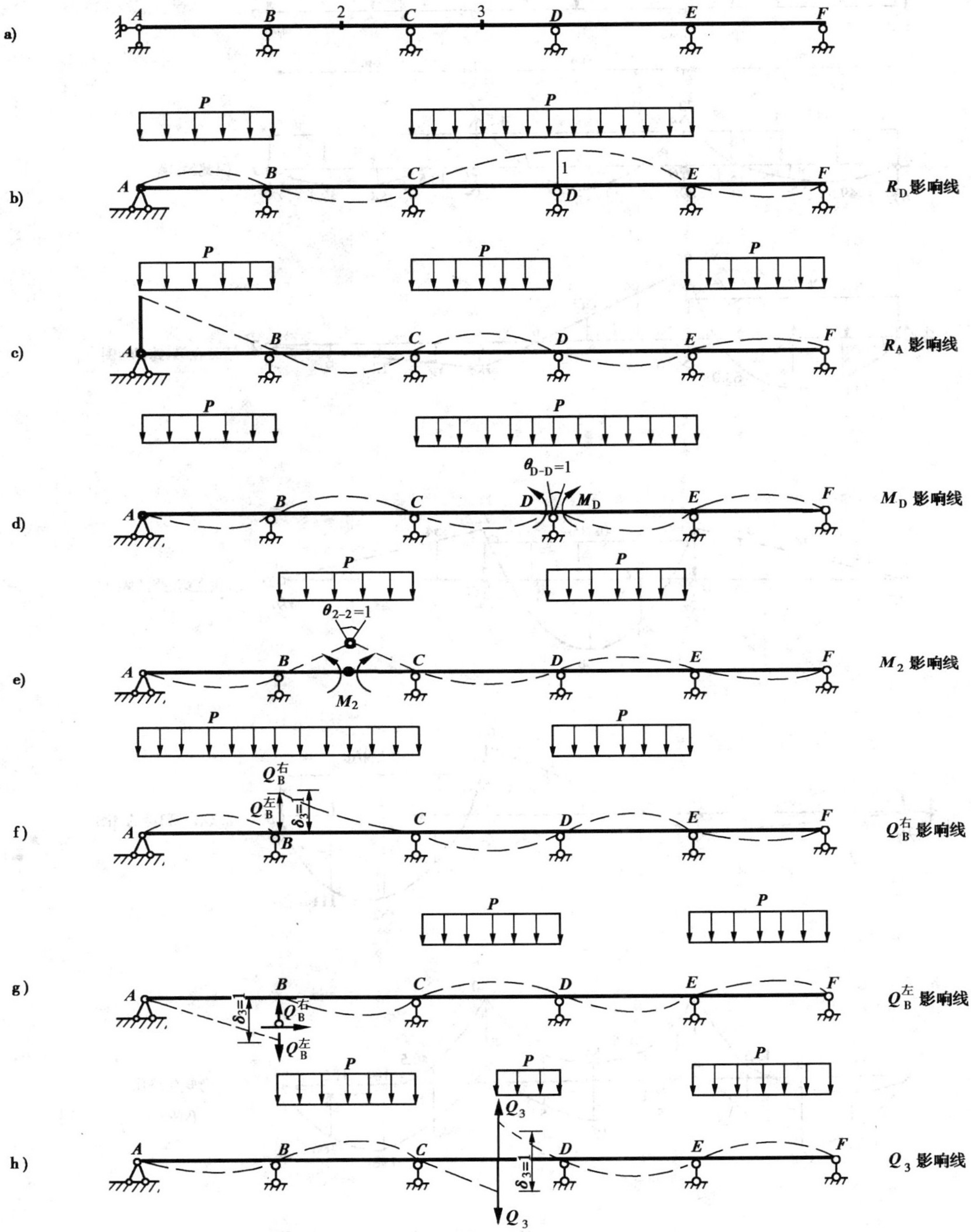

图 22-24

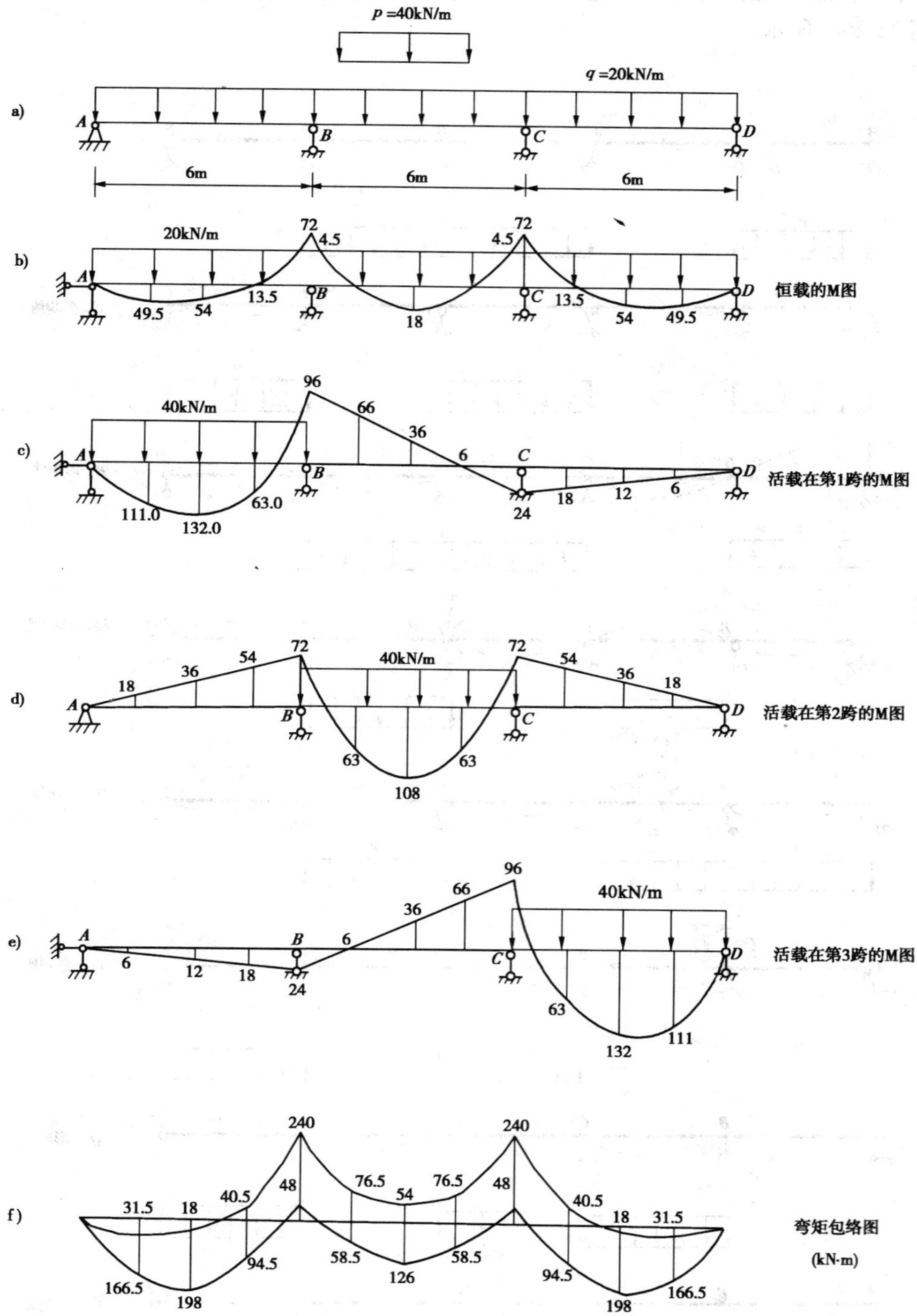
p =40kN/m
q =20kN/m
a)
A
B
C
D
6m
6m
6m
b)
20kN/m
72
4.5
72
4.5
49.5
54
13.5
18
13.5
54
49.5
恒载的M图
c)
96
40kN/m
66
36
6
111.0
132.0
63.0
24
18
12
6
活载在第1跨的M图
d)
72
18
36
54
40kN/m
72
54
36
18
63
108
63
活载在第2跨的M图
e)
96
66
36
40kN/m
6
12
18
24
6
63
132
111
活载在第3跨的M图
f)
240
240
31.5
18
40.5
48
76.5
54
76.5
48
40.5
18
31.5
166.5
198
94.5
58.5
126
58.5
94.5
198
166.5
弯矩包络图
(kN·m)

图 22-25

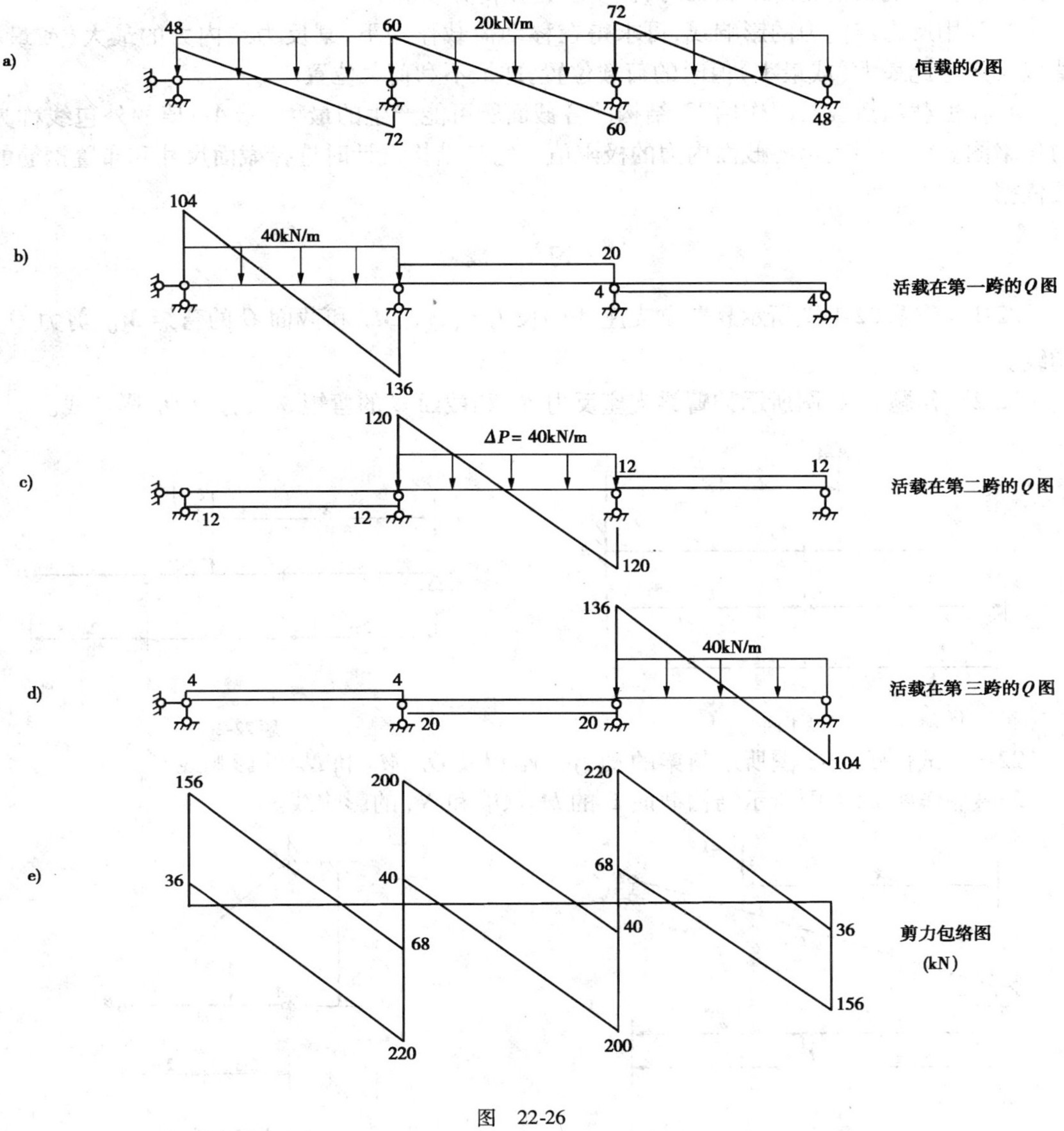

图 22-26

小　　结

1. 影响线表示当一个竖向的单位集中荷载 $P=1$ 沿结构移动时，某一指定截面某一量值变化规律的图形。利用影响线这个工具可以解决在移动荷载作用下，结构反力和内力的极值计算。

2. 绘制影响线的方法有静力法和机动法两种。

静力法是将单位荷载 $P=1$ 置于距坐标原点 x 的任意位置，然后利用静力平衡条件先求出影响线的方程，最后利用影响线方程来作影响线。此法适用于任何静定结构的反力和内力影响线的绘制。

机动法是利用虚位移原理，把作影响线这个静力计算问题转化为作位移图的几何问题。

对只要求作影响线的轮廓形状图时，机动法尤显得方便。

3. 利用反力或内力的影响线，可求得在移动荷载作用下，某反力或内力的最大（或最小）值以及产生此最大（或最小）值时的荷载位置，即最不利荷载位置。

4. 在恒载和活载共同作用下，结构的各截面所可能产生的最大（最小）值的外包线称为内力包络图。包络图表示各截面内力的极限值。它是结构设计时选择截面尺寸和布置钢筋的重要依据。

习　题

22-1　作题 22-1 图所示悬臂梁支座 A 的反力 x_A、y_A、M_A 和截面 C 的弯矩 M_C、剪力 Q_C 影响线。

22-2　作题 22-2 图所示伸臂梁支座反力 R_B 和截面 C 的弯矩 M_C、剪力 Q_C 影响线。

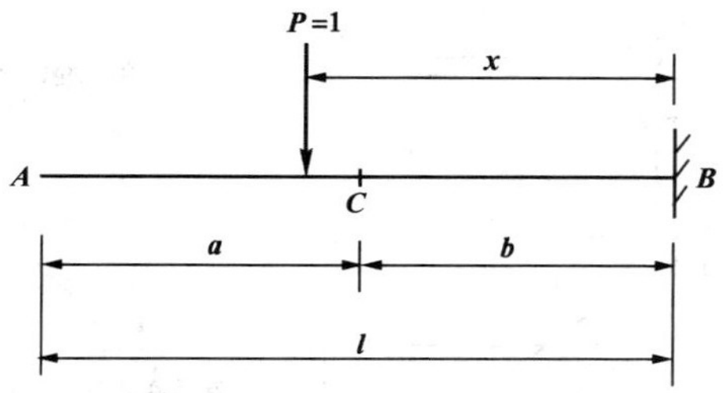

题 22-1 图

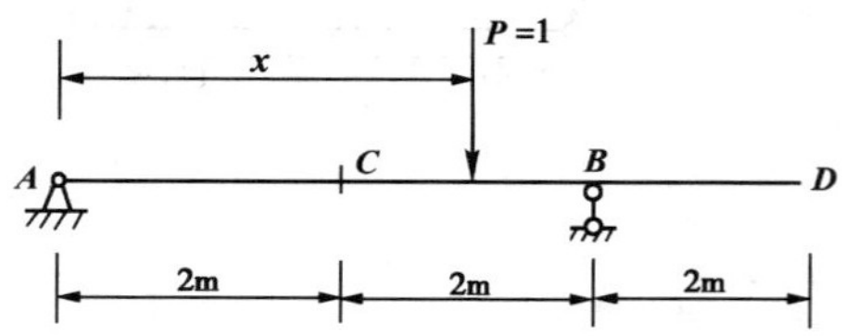

题 22-2 图

22-3　试作题 22-3 图所示斜梁的 x_A、y_A、y_B 以及 Q_C、M_C 和 N_C 的影响线。

22-4　作题 22-4 图所示结构截面 D 的 M_D、Q_D 和 N_D 的影响线。

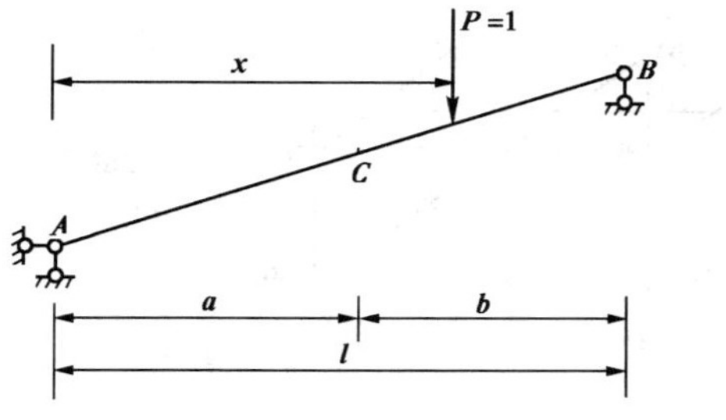

题 22-3 图

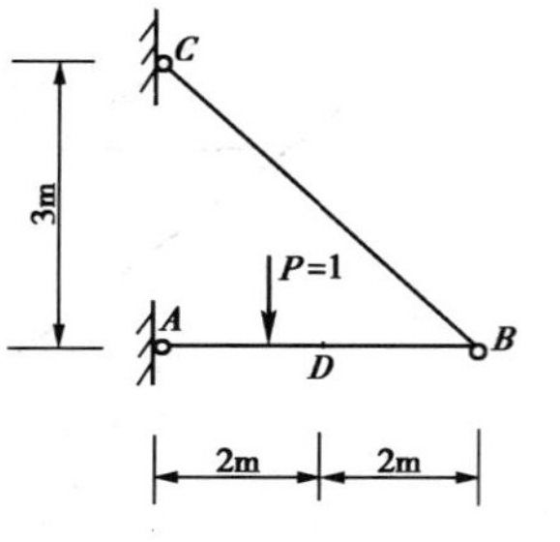

题 22-4 图

22-5　利用影响线求题 22-5 图所示伸臂梁的 R_B、M_C、Q_C 值。

22-6　求题 22-6 图所示简支梁在所给移动荷载作用下截面 C 的最大弯矩。

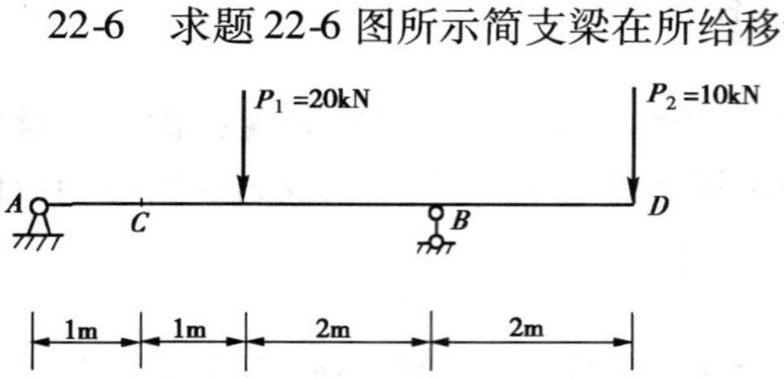

题 22-5 图

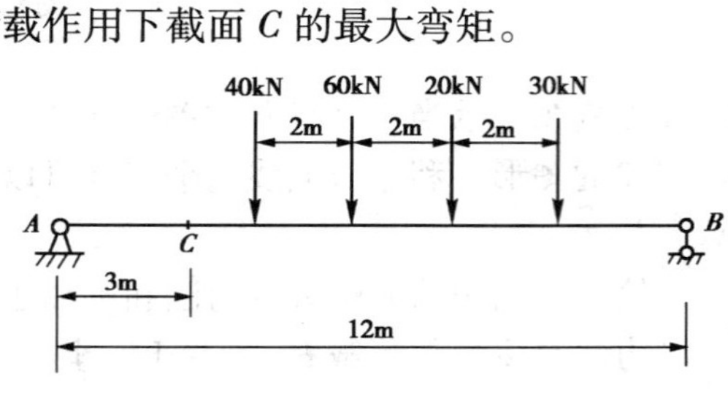

题 22-6 图

22-7　两台吊车如题 22-7 图所示，试求吊车梁 M_C、Q_C 的荷载最不利位置，并计算其最大、最小值。

22-8　试作题 22-8 图所示简支梁的内力包括图。图中集中荷载 p 和均布荷载 p 均为活荷载。

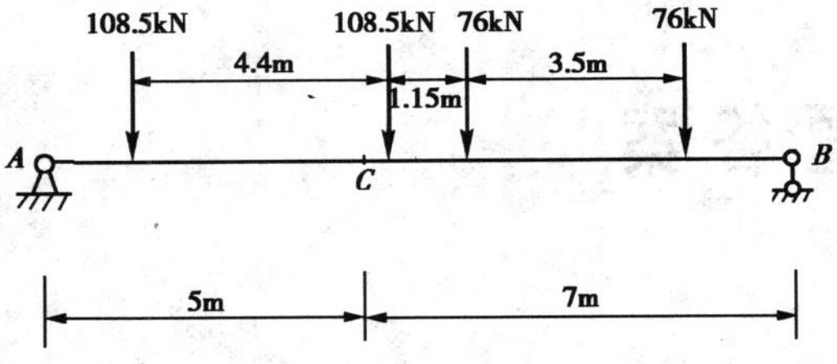

题 22-7 图

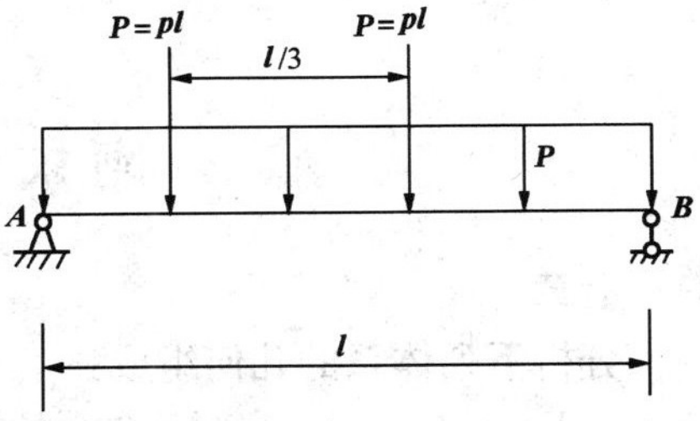

题 22-8 图

22-9　试作题 22-9 图所示四等跨连续梁的内力包络图。图中 q 为均布恒载，p 为可任意布置的均布荷载。

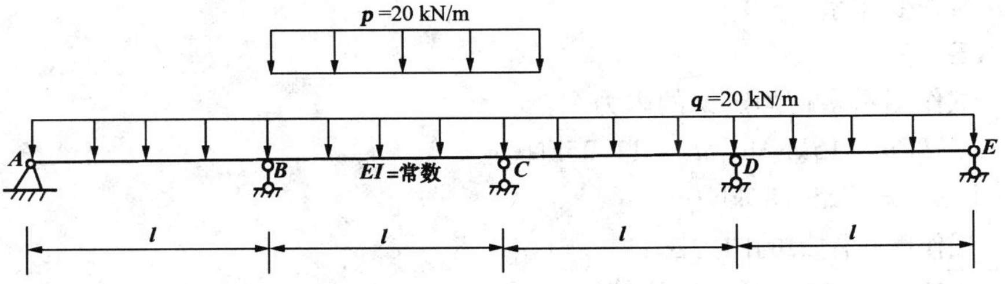

题 22-9 图

附录　习题答案

第十七章

分析下列体系的几何组成：

a、d、f、h、i、j、k、n、o 为无多余约束的几何不变体系。

e 为具有一个多余约束的几何不变体系。

c、g 为几何可变体系。

m 为具有两个多余约束的几何不变体系。

b 为瞬变体系。

第十八章

18-1　试作图示多跨静定梁的内力图：

a. $M_H = -15\text{kN·m}, M_E = 11.25\text{kN·m}$

b. $M_A = -254.84\text{kN·m}$

18-2　试作图示刚架的内力图：

a. $M_{DA} = 60\text{kN·m}$（上边受拉）

b. $M_{CA} = 240\text{kN·m}$（左侧受拉）

c. $M_{AB} = -30\text{kN·m}$（左侧受拉）

d. $M_{AC} = 180\text{kN·m}$（左侧受拉）

e. $M_{EC} = \dfrac{ql^2}{4}$（左侧受拉）

f. $M_{BA} = 320\text{kN·m}$（左侧受拉）

g. $M_{DA} = 6\text{kN·m}$（左侧受拉），$M_{CE} = 5\text{kN·m}$（下边受拉）

h. $M_{DC} = -10\text{kN·m}$（左侧受拉），$M_{EB} = -20\text{kN·m}$（右边受拉）$= M_{EF} = -8\text{kN·m}$（上边受拉），$M_{ED} = -28\text{kN·m}$（上边受拉）

i. $M_{DA} = \dfrac{3}{2}ql^2$（右边受拉），$M_{FE} = \dfrac{1}{2}ql^2$（下边受拉）

j. $M_{DA} = 320\text{kN·m}$（左侧受拉），$M_{FG} = 640\text{kN·m}$（下边受拉）

18-3　试求图示三铰拱截面 F 的内力：

$M_F = 29\text{kN·m}, Q_F = 18.3\text{kN}, N_F = 68.3\text{kN}$

18-4　试求图示抛物线三铰拱截面 D 和 E 的内力。已知拱轴方程为

$y = 4fx(1-x)/l^2$。

$M_D = 125\text{kN·m}$　　$M_E = 0$

$Q_{D右} = -46.4\text{kN}$　　$Q_E = 0$　　$Q_{D左} = 46.4\text{kN}$

$N_{D左} = 153.2\text{kN}$　　$N_{D右} = 116.1\text{kN}$　　$N_E = 134.7\text{kN}$

18-5　计算图示桁架中各杆的内力：

a) $N_{24} = -15\text{kN}, N_{23} = 6.25\text{kN}$

b) $N_{48}=2\text{kN}N_{15}=10\text{kN}, N_{27}=7.5\text{kN}$

c) $N_{13}=-PN_{25}=-P$

d) $N_{31}=N_{32}=\frac{\sqrt{2}}{2}pN_{24}=-1/2p$

18-6 试用截面法计算题 18-5b)图中各杆的内力：

(同 18-5)略)

18-7 试用较为简捷的方法计算中图示桁架中指定杆件的内力：

a) $N_a=40\text{kN}$ $N_b=20\text{kN}$ $N_c=-105\text{kN}$

b) $N_a=56.57\text{kN}$ $N_b=-28.28\text{kN}$

c) $N_a=0.75\text{p}$ $N_b=-\text{p}$

d) $N_a=-16\text{kN}$ $N_b=32\text{kN}$ $N_c=-20\text{kN}$

18-8 a) $N_{cD}=2.83aq$(压), $R_E=2aq(\uparrow)$, $M_E=2a^2q$(↻)

b) $N_{AC}=33.54\text{kN}$(拉), $H_A=35.71(\leftarrow)$, $R_E=60\text{kN}(\uparrow)$

c) $R_A=15\text{kN}(\uparrow)$, $H_4=13.33\text{kN}(\rightarrow)$, $H_E=25.71\text{kN}(\rightarrow)$

d) $R_A=160\text{kN}(\uparrow)$, $N_{DE}=213.33\text{kN}$(拉)

第十九章

19-1 a) $\Delta_V=\frac{ql^4}{8EI}(\downarrow)$ b) $\Delta_\omega=\frac{620}{EI}(\downarrow)$

c) $\varphi_c=\frac{ql^3}{8\text{EI}}(\downarrow)$ d) $\Delta_c=\frac{ql^4}{48EI}(\uparrow)$, $\varphi_c=\frac{ql^3}{24EI}(\downarrow)$

e) $\Delta_{8H}=\frac{11ql^4}{24EI}(\rightarrow)$ $\varphi_c=\frac{ql^3}{6\text{EI}}(\downarrow)$

f) $\Delta_{cH}=\frac{3ql^4}{8EI}(\rightarrow)$ $\varphi_B=\frac{ql^4}{12EI}(\swarrow)$

19-2 a) $\Delta_{cv}=0.78\text{mm}(\downarrow)$

b) $\varphi_{ADC}=1\text{rad}$

19-3 $\varphi_k=\frac{708}{EI}(\downarrow)$

19-4 a) $\Delta_{AV}=\frac{5}{48}pl^3(\downarrow)$, $\varphi_A=\frac{pl^2}{8}$(↻)

b) $\Delta_{AV}=\frac{705l}{2EI}(\downarrow)$, $\varphi_A=\frac{285}{EI}$(↻)

19-5 a) $\Delta_{cv}=0.32\text{cm}(\downarrow)$

b) $\Delta_{AV}=2.93\text{cm}(\uparrow)$

19-6 a) $\Delta_{AV}=\frac{1760}{EI}(\downarrow)$, $\Delta_{AH}=\frac{773.3}{EI}(\rightarrow)$, $\varphi_A=\frac{466.6}{EI}$(↺)

b) $\Delta_{CH}=\frac{106.7}{EI}(\rightarrow)$, $\varphi_B=\frac{53.3}{EI}$(↺)

c) $\Delta_{EH}=\frac{3}{256EI}(\rightarrow)$, $\varphi_B=\frac{11ql^3}{384EI}$(↺)

d) $\varphi_{c-c}=0.0201\text{rad}$(↺↻)

19-7 $\Delta_{CH}=\frac{Hb}{l}(\rightarrow)$

19-8 $\varphi=0.005\mathrm{rad}$(↩↪)

第二十章

20-1 a)2 次　b)2 次　c)3 次
d)6 次　e)6 次　f)2 次
g)5 次　h)1 次　i)5 次
j)18 次

20-2 a)$M_{AB^2}=\frac{1}{8}ql^2$(上边受拉)

b)$M_{AB}=\frac{pl}{6}$(下边受拉)

c)$M_{BA}=\frac{3pl}{32}$(上边受拉)

d)$M_B=\frac{pl}{6}$(下边受拉)

20-3 a)$M_{CA}=84\mathrm{kN\cdot m}$(右侧受拉)
b)$M_{DA}=M_{DC}=45\mathrm{kN\cdot m}$
c)$M_{AD}=36.99\mathrm{kN\cdot m}$(右侧受拉)
$M_{BE}=104.43\mathrm{kN\cdot m}$(右侧受拉)
d)$M_{BA}=4.5\mathrm{kN\cdot m}$(右侧受拉)
$M_{BC}=4.5\mathrm{kN\cdot m}$(右侧受拉)

20-4 $N_{AB}=0.415p$　$N_{DE}=0.17p$

20-5 $M_{CA}=23.60\mathrm{kN\cdot m}$(上侧受拉)　$N_{EF}=86.80\mathrm{kN}$

20-6 a)$M_{AC}=225\mathrm{kN\cdot m}$(左侧受拉)
b)$M_{AD}=16.8\mathrm{kN\cdot m}$(左侧受拉)　$M_{CG}=29.3\mathrm{kN\cdot m}$(左侧受拉)

20-7 a)$M_{DC}=\frac{3}{56}ql^2$(上边受拉)

b)$M_{CA}=M_{AC}=M_{DB}=M_{BD}=\frac{2qa^2}{9}$

c)$M_{DB}=\frac{1}{2}ql$(外侧受拉)

d)$M_{CD}=4.2p$(下边受拉)
$M_{EF}=1.8p$(内侧受拉)

20-8 $X_B=-324\mathrm{kN}(\downarrow)X_c=283.5\mathrm{kN}(\uparrow)(I=36\times10^{-4}\mathrm{m}^4)$

20-9 $M_{CB}=94.7\mathrm{kN\cdot m}$(上侧受拉)($EI=3\times10^5\mathrm{kN\cdot m^2}$)

20-10 $\Delta_{CH}=\frac{2160}{EI}(\rightarrow)$

第二十一章

21-1 a)2　b)2　c)4　d)2

21-2 $M_{AB}=0$　$M_{BA}=20\mathrm{kN\cdot m}$　$M_{CB}=30\mathrm{kN\cdot m}$

$Q_{BA} = -30kN$ $Q_{BC} = 37.5kN$

21-3 a) $M_{AB} = 54kN \cdot m$ $M_{AC} = 14kN \cdot m$

$M_{AD} = -68kN \cdot m$

$Q_{AB} = -65.25kN$

$Q_{AC} = -5.25kN$

$Q_{AD} = 50kN$

b) $M_{AB} = 40kN \cdot m$ $M_{AC} = 40kN \cdot m$

$Q_{AD} = -20kN$ $Q_{AC} = -15kN$

$N_{AB} = 15kN$ $N_{AC} = -40kN$

21-4 a) $M_{EA} = \frac{25}{308}ql^2$ $M_{EF} = -\frac{4}{27}ql^2$

$M_{FC} = \frac{1}{154}ql^2$ $M_{FD} = \frac{3}{308}ql^2$

b) $M_{DE} = -\frac{240}{19}kN$ $M_{DA} = -\frac{520}{19}kN$

$M_{BE} = \frac{200}{19}kN$

c) $M_{CA} = -\frac{5}{28}ql^2$ $M_{DB} = -\frac{15}{28}ql^2$

$M_{DE} = -\frac{10}{7}ql^2$ $M_{DC} = \frac{25}{28}ql^2$

d) $M_{AD} = -\frac{11}{56}ql^2$ $M_{BE} = -\frac{ql^2}{8}$

$M_{CF} = -\frac{ql^2}{14}$

21-5 a) $M_{AD} = \frac{373}{720}pl$ $M_{BD} = -\frac{437}{720}pl$

b) $M_{AC} = -171.4kN \cdot m$ $M_{CD} = 128.6kN \cdot m$

$M_{BC} = 128.6kN \cdot m$ $M_{BD} = -171.4kN \cdot m$

c) $M_{AD} = -\frac{ql^2}{48}$ $M_{DE} = -\frac{ql^2}{24}$

$M_{ED} = \frac{5ql^2}{48}$

21-7 a) $M_{AB} = -2.67kN \cdot m$

$M_{BA} = 14.67kN \cdot m$

$M_{CB} = 32.67kN \cdot m$

b) $M_{BA} = -5kN \cdot m$ $M_{BA} = -50kN \cdot m$

c) $M_{AB} = -24.51kN \cdot m$

$M_{BA} = 26.96kN \cdot m$

$M_{CD} = -68.3kN \cdot m$

d) $M_{AB} = 2.07kN \cdot m$

$M_{BA} = 4.13kN \cdot m$

$M_{CB} = 63.10\text{kN}\cdot\text{m}$

e) $M_{AB} = -7.14\text{kN}\cdot\text{m}$

$M_{BA} = 15.71\text{kN}\cdot\text{m}$

$M_{CB} = 20\text{kN}\cdot\text{m}$

21-8 a) $M_{BA} = 38.14\text{kN}\cdot\text{m}$

$M_{BC} = -48.43\text{kN}\cdot\text{m}$

$M_{BD} = 10.29\text{kN}\cdot\text{m}$

$M_{DB} = 5.14\text{kN}\cdot\text{m}$

b) $M_{AE} = -61.28\text{kN}\cdot\text{m}$

$M_{EA} = 57.43\text{kN}\cdot\text{m}$ $M_{FD} = -14.57\text{kN}\cdot\text{m}$

$M_{EF} = -54.86\text{kN}\cdot\text{m}$ $M_{FC} = -14.57\text{kN}\cdot\text{m}$

$M_{FE} = 29.15\text{kN}\cdot\text{m}$

第二十二章

22-5 $R_B = 25\text{kN}$ $M_C = 5\text{kN}\cdot\text{m}$ $Q_C = 5\text{kN}$

22-6 $M_{Cmax} = 242.5\text{kN}\cdot\text{m}$

22-7 $M_{Cmix} = 59.1\text{kN}\cdot\text{m}$ $Q_{Cmax} = 93.8\text{kN}$ $Q_{Cmin} = -41.17\text{kN}$

参 考 文 献

[1] 哈尔滨工业大学理论力学教研组. 理论力学(第五版). 北京:高等教育出版社,1996
[2] 张曙红,张宝中. 理论力学. 重庆:重庆大学出版社,1998
[3] 重庆建筑工程学院. 理论力学(第二版). 北京:高等教育出版社,1997
[4] 千光瑜,秦惠. 材料力学(第二版). 北京:高等教育出版社,1997
[5] 孙训芳. 材料力学(第三版). 北京:高等教育出版社,1998
[6] 李世清,舒昶. 材料力学. 重庆:重庆大学出版社,1998
[7] 范钦珊. 应用力学. 北京:中央广播电视大学出版社,1999
[8] 李廉锟. 结构力学(第三版). 北京:高等教育出版社,1994
[9] 李家宝. 结构力学(第二版). 北京:高等教育出版社,1997
[10] 陈位宫. 工程力学. 北京:高等教育出版社,2000
[11] 周国谨. 建筑力学(第二版). 上海:同济大学出版社,2000
[12] 杨天祥. 结构力学. 北京:人民教育出版社,1979
[13] 吴惠华. 结构力学. 北京:高等教育出版社,1986
[14] 胡国兴. 结构力学. 武汉:武汉工业出版社,1997